普通高等教育"十一五"国家级规划教材

工 程 制 图

（第三版）

主　编　赵增慧
副主编　王晓华　韩　豹　金　文　孙轶红
　　　　仵亚红　丁　乔

U0349835

中国石化出版社

内 容 提 要

　　本书是普通高等教育"十一五"国家级规划教材,是根据教育部工程图学课程指导委员会 2005 年制定的"普通高等院校工程图学课程教学基本要求",并参考全国多所高等院校历年来教学改革的经验编写的。

　　本书的主要内容包括:工程制图的基本知识、基本几何元素的正投影原理、立体的投影及相交、组合体的投影及尺寸标注、轴测投影、机件的表达方法、标准件和常用件的表达方法、零件图的绘制及技术要求、装配图的绘制、管道布置图、Solidworks 软件三维造型等。

　　与本书配套的《工程制图习题集》同时出版。

　　本书适用于普通高等学校 48~80 学时的工程制图课程的教学。

　　若使用本书的配套教学软件,请与作者联系。联系方式:zhaozenghui@bipt.edu.cn。

图书在版编目(CIP)数据

工程制图 / 赵增慧主编 . —3 版 .
—北京:中国石化出版社,2016.3(2019.7 重印)
普通高等教育"十一五"国家级规划教材
ISBN 978-7-5114-3882-9

Ⅰ.①工… Ⅱ.①赵… Ⅲ.①工程制图-高等学校-
教材 Ⅳ.①TB23

中国版本图书馆 CIP 数据核字(2016)第 046644 号

中国石化出版社出版发行
地址:北京市朝阳区吉市口路 9 号
邮编:100020　电话:(010)59964500
发行部电话:(010)59964526
http://www.sinopec-press.com
E-mail:press@sinopec.com
北京科信印刷有限公司印刷
全国各地新华书店经销
＊
787×1092 毫米 16 开本 18 印张 445 千字
2019 年 7 月第 3 版第 3 次印刷
定价:36.00 元

第三版前言

《工程制图》课程是我国高等工程教育的专业基础课程，在专业培养方案中对毕业要求的达成起着重要的基础支撑作用。

此次修订听取了众多院校的意见和建议，保持原书风格与特点，着力体现高等工程教育的毕业要求对基础课程教学内容与教学方法的要求。

（1）在指导思想上，以培养"具有运用工程基础知识解决问题的能力"为核心，将投影理论的基础知识与工程应用基础相结合，对选择的例题进行了部分修改，注重工程图样的阅读能力培养，注重查阅工程技术资料的能力培养。

（2）期望培养学生的文献检索、资料查询能力，附录中列举了机械制图相关的国家标准，教材内容中较详细讲解了这些国家标准的查询与使用，在配套的习题集中有相应的习题。

（3）期望培养学生具有不断学习和适应发展的能力，仍然保留了"三维造型"应用方法的内容，该内容以学生自学为主、教师讲解为辅、教师指导为助的教学方式，以强化实践能力、研究性学习方法的训练与培养。

（4）与教材配套使用的《工程制图习题集》也进行了相应的修改。习题的选择与配置，注重徒手绘图能力、尺规工具绘图能力、计算机绘图能力的培养。习题中仍以尺规手工工具绘图为主，有一定徒手绘图习题的数量。在立体投影、组合体视图、轴测图和剖视图等内容都有徒手绘图的习题，以期循序渐进培养学生的图形表达能力。制作了习题的全部题解。

本教材是普通高等教育"十一五"国家级规划教材，自 2007 年 8 月出版以来，被许多院校选用，并获得好评。

参加本教材修订的高等院校有：北京石油化工学院（绪论、第 1、2、3、11 章、附录等部分）、东北农业大学（第 4、5 章）、沈阳化工大学（第 6、9、10 章）、北京印刷学院（第 7、8 章）、沈阳工业大学辽阳校区（制作配套多媒体课件）。

由于编者水平有限，书中疏漏和错误在所难免，敬请各位读者批评指正。

编　者
2016 年元月于北京

前　言

本书是普通高等教育"十一五"国家级规划教材，是根据教育部工程图学课程指导委员会2005年制定的"普通高等院校工程图学课程教学基本要求"，汇聚全国多所高等院校教育教学改革实践经验和成果编写而成的。

近年来，我国高等教育快速发展，教育规模持续扩大，高等教育事业实现了从精英教育向大众化教育的跨越式发展，北京进一步实现了高等教育的普及化。在高等教育快速发展的同时，如何进一步提高教育教学质量、培养高素质和创新人才成为急需解决的一个重要而艰巨的任务。随着科学技术的高速发展，特别是计算机技术、多媒体技术和计算机网络技术的日趋成熟，我国工程图学的教育面临着新的挑战。

本教材结合一般工科院校的人才培养目标，在多年的教学改革和教学实践的基础上，按照教育部专业规范制定中有关知识领域、知识单元和知识点的设置要求，涵盖了知识体系中的全部核心知识单元及反映学科前沿和各校特色的选修知识单元，力图体现以下几项重要内容：

（1）在指导思想上，强调工程制图课程对学生知识、能力、素质的培养

一般工科院校的人才培养普遍注重工程素质、实践能力和创新精神的培养。多年来，在这一目标的指导下，编著者明确了课程建设和教学改革思路与方向，在"工程制图"本科教学中不断积累教学改革经验，加强工程设计概念与实践，注重徒手绘图能力、尺规工具绘图能力、计算机绘图能力的培养，注重工程图样的阅读能力培养，注重查阅工程技术资料的能力培养，以突出一般工科院校人才培养目标，强化学生工程意识和综合分析素养的养成。

（2）在体系结构上，重视知识的科学性与系统性，强调横向拓宽

教材在内容上继承传统教材学科理论严谨的优势，突出本学科基本理论的科学性，详细讲解正投影法的基本理论，以机械制图为主，增加了化工工艺图读图方法；以国家标准的第一角视图为主，考虑国际间技术交流日益增多的需要，介绍了国际上流行的第三角视图。科学思维方法、科学研究方法和求实创新的科学素质贯穿整个教材的始终。

（3）在理论前沿问题上，强调内容更新、与时俱进

将计算机三维设计软件"Solidworks"的应用融入到教材中，旨在发挥两个作用：一是在课堂教学中运用三维造型帮助学生理解教学内容，提高空间想象能力；二是学生学习三维 CAD 系统的基本应用方法，初步理解计算机生成三维实体的方法，能够进行一般零件的造型设计，为以后学习机械设计、计算机辅助设计等相关课程打下基础。

在此基础上，编写了辅助教学课件并配以部分视频教学资料，出版了配套的习题集，形成立体化教学支持群。

共有五所国内院校参加教材编写，这五所高校都是以培养工程应用型技术人才为目标的普通工科院校，教材融合了各校的教学经验及教改成果，是广大教师集体智慧的结晶。

参加本教材编写的高等院校有：北京石油化工学院(绪论、第 1、2、3、11章、附录等部分)、东北农业大学(第 4、5 章)、沈阳化工大学(第 6、9、10章)、北京印刷学院(第 7、8 章)、沈阳工业大学辽阳校区(制作配套多媒体课件)，同时配套出版了《工程制图习题集》。所有参加编写的院校均投入了大量的人力、物力和财力，全书由赵增慧任主编，由李卫清、金文、韩豹、王晓华、魏晓波、陈富新、郭慧、孟庆尧、秦然、仵亚红、孙轶红、丁乔、李季成、李红艳、李光、赵世英、张静、王文友、张瑞琳、张国宏、刘长军、冯杰、庄殿铮等教师编写并相互提出有益的修改意见。

由于作者水平有限，书中内容不当之处在所难免，敬请各位读者批评指正。

编　者

目　录

绪　论

1. 课程的性质、研究对象

在现代的工业制造和建筑施工中所使用的工程图样通常包括：图形——表达产品的形状即形象性；尺寸——表达产品的大小及制造误差即度量性；技术要求及附注——表达产品设计、制造、施工等环节中的规范及要求，以上三要素使工程图样包含了产品的全面的信息。纵观人类科技发展长河，没有图或图样，任何大规模的工业化生产过程都是无法进行的。

工程制图是一门研究图示法和图解法，以及根据投影原理和工程技术规定等知识来绘制和阅读图样的科学。工程制图能够画出建筑图、机械图、水利施工图以及其他工程图样，并且依据这样的图样可以直接施工和制造产品。所以说，图样是指导生产的重要技术文件，是进行技术交流的重要工具，是一切工程技术的基础。

2. 课程的学习任务

（1）学习正投影法的基本原理，掌握空间基本几何元素点、线、平面的正投影图的绘制方法，掌握基本立体的正投影图的绘制方法，研究在正投影图上解决空间对象的度量、定位、相交等几何问题的方法。

（2）学习工程图样的绘制方法、国家标准规定及技术要求，掌握较复杂形体的正投影图的绘制和阅读，掌握《技术制图》、《机械制图》国家标准中关于图样绘制、尺寸标注、规定画法的相关内容，了解图样中技术要求的表达，能正确绘制和阅读工程图样。

（3）学习轴测投影的基本原理，能绘制和阅读正等轴测图和斜二轴测图。

（4）学习螺纹连接件和其他常用件的图样表达方法，掌握与这些零件相关的技术资料的查阅方法。

（5）学习化工管道布置图，掌握阅读管道布置图的方法。

（6）学习计算机三维造型技术，了解"Solidworks"软件进行三维造型设计的方法。

3. 课程的目的、要求

本课程是我国普通高等学校工科各专业的必修的技术基础课程之一。学科理论严谨，工程实践特色突出。通过投影理论的学习，希望提高学生的空间想象能力和分析能力，通过本课程的学习，学生应能正确绘制和阅读机械工程的技术图样，理解和掌握《技术制图》、《机械制图》的国家标准，掌握徒手绘图、尺规工具绘图、计算机绘图的多种技能，掌握查阅技术资料的初步能力。

在课程的学习过程中，时刻体现严肃认真、耐心细致、一丝不苟的工作作风，为后续课程的学习打好基础，为今后成为一名胜任职责的工程技术人员打好基础。

4. 中国工程图发展概况

工程图学在中国和世界上的形成和发展都经历了漫长的历史岁月，随着科学技术的不断进步而向前发展。

中国古代典籍中最早记载图的文献是《世本》，《世本》云："史皇作图"。汉代人注："史皇，黄帝臣也"，与造字的仓颉为同时代人，黄帝时代为公元前 26 世纪，"作图"解释为

"画物象"或"图画形象"，制图源于绘画，人类早期的绘画已蕴含着制图所要的技法。

工程几何作图是几何学的重要组成部分，也是工程制图的技术基础。早在公元前16世纪的商代，我国已进入青铜时代，出土该时期的青铜纹饰上有多种繁复的几何图案，结构严谨，纹线均匀。商代安阳车马坑中出土的车轮由22根圆柱形轮辐组成，排列整齐，无疑，车轮的制造需要几何作图的方法去测量和计算，车轮为圆形，轮辐由轮毂向外发射而把车轮进行等分。

在曾侯乙墓出土的文物中，无论是青铜漆器或织物上均有各种精美变化的几何图案，足见当时的工匠已具有了高超的几何作图方法和技巧。

几何作图是工程作图的先决条件，而作图工具又是一种重要手段。在《墨子》、《孟子》和《周礼》等典籍中已有详尽关于矩(直尺)和规(圆规)的应用和改进的记载。

随着时代的发展，到了宋代，使中国古代工程绘图达到了世界图学发展史的顶峰。该时代有大量的图学及工程制图专著出现，如《武经总要》(1040年)、《新仪象法要》(1086年)、《考古图》(1092年)、《营造法式》(1100年)等，都已相当成功地运用了现代画法几何学的投影方法，包括正投影、斜投影和透视投影，出现了水平视图、水平剖视图等，特别是《营造法式》中的图样和现代的施工图已相去不远。

明代的图学上的成就首推宋应星所著《天工开物》，可以把它当作研究中国科学技术发展的百科全书，《天工开物》详细记载明代农业、冶铸、机械诸方面的技术，文字简洁，记述扼要，工艺数据极为详尽。该书系统地用图示法向人们展示了中国古代的造纸技术、已具有了绘制生产工艺过程图样的思想和方法。明末之际，西学输入，当时的学者已将国外图样学的专著引入我国。

到了清代，图学思想经过长期的积累，也由于出版业的发达，成就更大，更加注重绘图的质量，当时最有名的学者应推章学诚、孙诒让。在建筑界出了"样式雷"家族，对故宫三大殿、故宫角楼、圆明园、颐和园都留下了该家族几代人的设计范例，至今他们所绘制的一些建筑图样还保留在故宫博物院，这些图样非常精美详尽，同时还制作了建筑模型，这与现代建筑复杂工程的手段完全相同，令人叹服。

中国古代工程图学有非常高的成就，对现代工程图学有巨大贡献也是科学技术与艺术的结合的典范，可总结为"卓识明理，独见别裁"的图学思想，"至详至悉，毫发不爽"的图学理论和绘制技术。

5. 计算机技术在图学教育中的重要作用

从20世纪80年代以来，全国普通高等院校的"工程制图"课程的教学和教材经历了较大的改革，随着计算机的性能和辅助设计软件的功能越来越提高，计算机的应用对"工程制图"课程的教学内容影响也越来越深，可以总结为以下几点：

(1) 从手工绘图到计算机绘图是提高绘图质量的飞跃：这种改革仅仅是绘图方法的改变，没有触及到制图教学的根本实质，但提高绘图质量效果明显，易于实现。在国内大多数高校中已经进行了很好的教学实践，均取得了较好效果。

(2) 从二维图样到三维造型是思维方法的改变：二维工程图样在现代社会的发展进步中起到了巨大的作用。在制图教学中，训练学生由三维物体画二维图形，由二维图形想象三维实物是制图课程的重要教学目的，也是教学的难点。

现在很多CAD系统都支持三维造型和二维工程图生成的功能，使得以往通过模型、挂图、黑板画图的教学过程，通过计算机能够全面展示。在我们的教学实践中，课堂上教师利用 CAD 系统的三维造型教学，将读图想象空间几何关系和三维实体的过程演示出来，受到了学生的欢迎。

（3）从二维设计到三维设计是设计方法的革命：直接的三维造型设计方法越来越被广泛的应用于生产实践。现代 CAD 系统使设计人员直接在屏幕上看到设计的三维立体效果；提前看到大楼建成后的模样；其结构设计和计算相结合的功能，是手工设计所根本无法比拟的；可以保障设计信息的完备性和共享。

（4）二维图样与三维设计是本科工程图学课程不可分割的一部分：计算机二维绘图和三维造型是适应现代化建设的新技术，其基础内容对学生以后掌握机械设计、计算机辅助设计技术有着重要的影响，是本科工程图学课程不可分割的一部分。

在实际工作中，计算机的广泛应用使技术人员将更多的时间与精力投入到创造性设计中，用图形表达和交流信息显得更加重要。

第1章 工程制图基本知识

图样是设计、制造与维修机器的重要技术资料，是工程界的技术"语言"。要正确地绘制机械图样，必须遵守国家标准的各项规定，学会正确地使用绘图工具，掌握合理的绘图方法和步骤。本章主要介绍国家标准《技术制图》关于图幅、比例、字体、线型、尺寸注法等的规定，绘图仪器及工具的使用，以及几何作图的方法和步骤。

1.1 国家标准《技术制图》的基本规定

为了适应现代化生产、管理以及便于技术交流，国家标准局制订并颁布了《技术制图》国家标准，对绘图规则、图样的画法等作了统一规定。我国国家标准的代号是"GB"，简称国标。例如 GB/T 14690—1993 为技术制图"比例"的标准，其中 14690 为标准顺序号，1993表示该标准是 1993 年发布。

本节仅介绍其中的"图纸幅面和格式"、"比例"、"字体"和"图线"。

1.1.1 图纸幅面及格式（GB/T 14689—2008）

1. 图纸幅面

在绘图时，应优先采用表 1.1 -1 所规定的图纸幅面（如图 1.1 -1 中粗实线所示），图纸幅面代号有 A0、A1、A2、A3、A4 五种。必要时也允许选用表 1.1 -2、表 1.1 -3 所规定的加长幅面，分别见图 1.1 -1 中的细实线和虚线所示。

2. 图框格式

在图纸上，无论何种幅面的图样，均需用粗实线画出图框线。其格式分为不留装订边和留装订边两种，同一产品的图样只能采用同一种图框格式。

表 1.1 -1　图纸幅面尺寸（第一选择）　　mm

幅面代号	尺寸 $B \times L$
A0	841×1189
A1	594×841
A2	420×594
A3	297×420
A4	210×297

表 1.1 -2　图纸幅面尺寸（第二选择）　　mm

幅面代号	尺寸 $B \times L$
A3 ×3	420×891
A3 ×4	420×1189
A4 ×3	297×630
A4 ×4	297×841
A4 ×5	297×1051

不留装订边的图框格式如图 1.1 -2 所示，其尺寸按表 1.1 -4 来确定。留有装订边的图框格式如图 1.1 -3 所示，其尺寸也按表 1.1 -4 的规定。

加长幅面的图框尺寸，按所选用的基本幅面大 1 号的图框尺寸确定。例如 A3 ×4 的图框尺寸，应按 A2 的图框尺寸绘制，即 e 为 10 或 c 为 10。

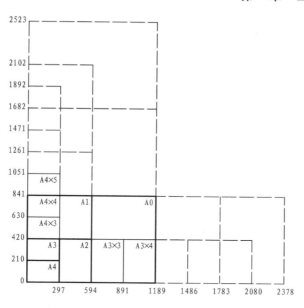

图 1.1 - 1　图幅及加长边

表 1.1 - 3　图纸幅面尺寸(第三选择)　　　　　　　　　　　　　　　　　　mm

幅 面 代 号	尺 寸 $B \times L$	幅 面 代 号	尺 寸 $B \times L$
A0 × 2	1189 × 1682	A3 × 5	420 × 1486
A0 × 3	1189 × 2523	A3 × 6	420 × 1783
A1 × 3	841 × 1783	A3 × 7	420 × 2080
A1 × 4	841 × 2378	A4 × 6	297 × 1261
A2 × 3	594 × 1261	A4 × 7	297 × 1471
A2 × 4	594 × 1682	A4 × 8	297 × 1682
A2 × 5	594 × 2102	A4 × 9	297 × 1892

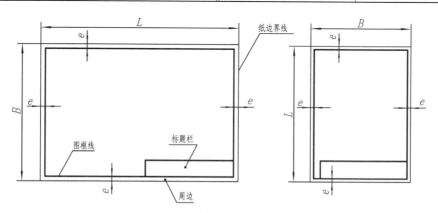

图 1.1 - 2　不留装订边的图框格式

表 1.1 – 4　图纸幅面及图框尺寸　　　　　　　　　　mm

幅面代号	A0	A1	A2	A3	A4
$B \times L$	841×1189	594×841	420×594	297×420	210×297
e	20			10	
c	10			5	
a	25				

3. 标题栏(GB/T 10609.1—2008)

图纸的右下角都必须画有标题栏,如图 1.1 – 3 所示。

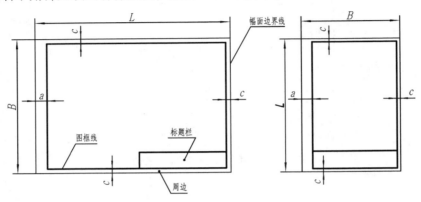

图 1.1 – 3　留装订边的图框格式

(1) 标题栏的构成　标题栏通常由更改区、签字区、其他区、名称及代号区组成,如图 1.1 – 4 所示。也可按实际需要增加或减少。更改区一般由更改标记、处数、分区、更改文件号、签名和日期组成。签字区一般由设计、审核、工艺、标准化、批准、签名和日期组成。其他区一般由标记、阶段标记、质量、比例、共　张、第　张等组成。名称及代号区一般由单位名称、图样名称和图样代号组成。

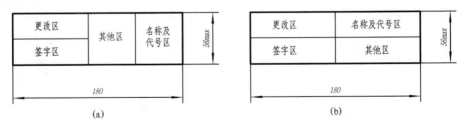

图 1.1 – 4　标题栏组成

(2) 标题栏的尺寸与格式　标题栏的尺寸与格式有两种,如图 1.1 – 4(a)、(b)所示。当采用图 1.1 – 4(a)的形式配置标题栏时,名称及代号区中的图样代号应放在该区的最下方,如图 1.1 – 5 所示。图 1.1 – 5 是国标推荐企业图样使用的标题栏参考格式,在制图作业中可采用图 1.1 – 6 所示的简化格式。简化的标题栏外框是粗实线,其右边和底边与图框重合,框内为细实线。

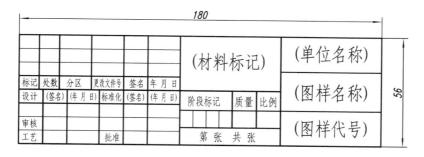

图 1.1-5　国标推荐企业使用的标题栏格式

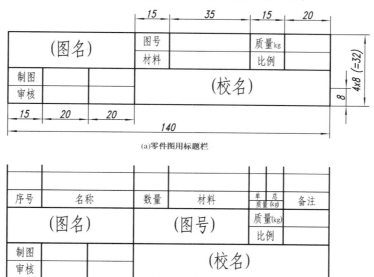

(a)零件图用标题栏

(b)部件图、装配图用标题栏

图 1.1-6　推荐学生使用的标题栏格式

1.1.2　比例（GB/T 14690—1993）

1. 比例的概念

图样的比例是指图样中图形与其实物相应要素的线性尺寸之比。图样比例分原值比例、放大比例、缩小比例三种。根据机件的大小与结构的不同，绘图时可根据情况放大或缩小。为了能使图样直接反映出机件的大小，绘图时应尽量采用 1:1 的比例。采用的比例应从表 1.1-5 规定的系列中选取，必要时也允许选用表 1.1-6 中规定的比例。

2. 比例的有关规定

（1）无论采用哪种比例值，图形上所标注的尺寸数值必须是机件的实际大小，与图形的绘图比例无关，如图 1.1-7 所示。

（2）绘制同一机件的各个视图一般应采用相同的比例，并填写在标题栏中的比例栏内，例如 1:5。当某个视图采用不同于标题栏内的比例时，可在视图名称的下方另行标注，例如：

$$\frac{\text{I}}{2:1}\qquad \frac{A}{1:100}\qquad \frac{B-B}{2.5:1}$$

表 1.1 – 5　一般选用的比例

种　类	比　例		
原值比例	1:1		
放大比例	5:1	2:1	
	$5 \times 10^n:1$	$2 \times 10^n:1$	$1 \times 10^n:1$
缩小比例	1:2	1:5	1:10
	$1:2 \times 10^n$	$1:5 \times 10^n$	$1:1 \times 10^n$

表 1.1 – 6　允许选用的比例

种　类	比　例				
放大比例	4:1		2.5:1		
	$4 \times 10^n:1$		$2.5 \times 10^n:1$		
缩小比例	1:1.5	1:2.5	1:3	1:4	1:6
	$1:1.5 \times 10^n$	$1:2.5 \times 10^n$	$1:3 \times 10^n$	$1:4 \times 10^n$	$1:6 \times 10^n$

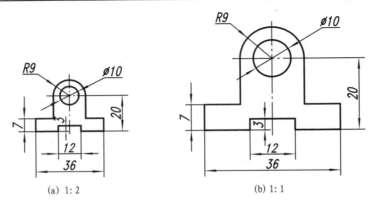

图 1.1 – 7　用不同比例绘制的同一图形

1.1.3　字体(GB/T 14691—1993)

图样上的字体包括汉字、字母和数字三种。书写字体必须做到:字体工整、笔画清楚、间隔均匀、排列整齐。

字体的高度称为字体的号数。字体高度(用 h 表示)的公称尺寸系列为:1.8mm,2.5mm,3.5mm,5mm,7mm,10mm,14mm,20mm 等 8 种。若需要书写大于 20 号的字,其字体高度应按 $\sqrt{2}$ 的比率递增。

1. 汉字

汉字应写成长仿宋体字,并采用我国国务院正式公布推行的简化字。汉字的高度 h 不应小于 3.5 mm,字宽一般为 $h/\sqrt{2}$。

长仿宋体的书写要领是:横平竖直,注意起落,结构匀称,填满方格。

(1)基本笔画的书写方法　基本笔画有点、横、竖、撇、捺、挑、钩、折等,写法示例如图 1.1 – 8 所示。若想书写出合乎标准的长仿宋体字,必须要掌握其基本笔划的特点及运笔方法,每一笔划要按一定的运笔方法一笔写成,不宜勾描。

(2)汉字的字形结构　汉字除单体字外,一般由上、下或左、右几部分组成,常见的情况是各部分分别占整个汉字宽度或高度的 1/2、1/3、2/3、2/5、3/5 等,如图 1.1 – 9 所示。

为了使书写的长仿宋体结构匀称，要注意字首、偏旁以及笔划间的位置安排和比例关系。

图 1.1-8　汉字的基本笔划

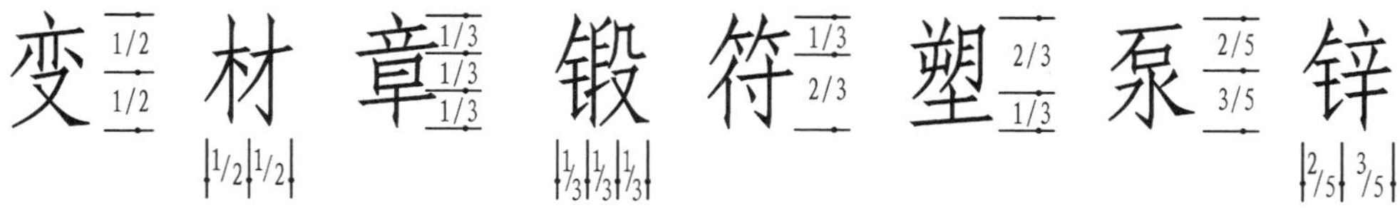

图 1.1-9　汉字的结构分析示例

（3）长仿宋体汉字示例　图 1.1-10 给出了一些长仿宋体示例，读者可照此模仿书写。开始练习时不要凭想象书写，应按照标准字样，仔细分析其字形结构进行模仿。

长仿宋字在图样中通常采用横式书写，为了得到好的宏观效果，字体之间的排列，行距应比字距大。字距一般为字宽的 1/4，行距为字高的 2/3。为了使长仿宋体的字形结构合理，写字前可用较硬的铅笔（如 3H）轻轻画出字格，写时注意填满方格；用 HB 铅笔书写字体比较合适。

10 号字

字体工整　笔画清楚　间隔均匀　排列整齐

7 号字

横平竖直注意起落结构均匀填满方格

5 号字

技术制图机械电子汽车航空船舶土木建筑矿山井坑港口纺织服装

3.5 号字

螺纹齿轮端子接线飞行指导驾驶舱位挖填施工引水通风闸阀坝棉麻化纤

图 1.1-10　长仿宋体汉字书写示例

2. 字母和数字

字母和数字分为 A 型和 B 型。A 型字体的笔画宽度（d）为字高（h）的十四分之一；B 型字体的笔画宽度（d）为字高（h）的十分之一。在同一图样上，只允许选用一种型式的字体。字母和数字可写成斜体和直体。斜体字字头向右倾斜，与水平基准线成 75°。

工程上常用的数字有阿拉伯数字和罗马数字，其书写示例如图 1.1-11 所示。字母有拉丁字母和希腊字母，拉丁字母书写示例如图 1.1 – 12 所示。数字和字母常用斜体。

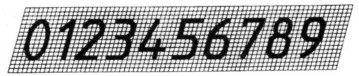

(a)B型斜体阿拉伯数字

(b)B型直体阿拉伯数字

(c)B型斜体罗马数字

图 1.1 – 11　数字书写示例

(a)A型大写斜体拉丁字母

(b)A型小写斜体拉丁字母

图 1.1 – 12　字母书写示例

1.1.4　图线（GB/T 17450—1998，GB/T 4457.4—2002）

1. 图线的有关规定

GB/T 17450—1998 规定了图线的名称、型式、结构、标记和画法规则。它适用于各种技术图样，如机械、电气、建筑和土木工程图样等。绘制各种技术图样有 15 种基本线型，如表 1.1−7 所示。图线的形状可以是直线或曲线、连续或不连续线，01 是连续线，02～15 是不连续线，不连续线由点、长度不同的画和间隔等线素构成。

手工绘图时各线素的长度应符合表 1.1−8 的规定。

图线的宽度 d 应按图样的类型和尺寸大小在下列数系中选择：0.13mm；0.18mm；0.25mm；0.35mm；0.5mm；0.7mm；1mm；1.4mm；2mm。

在机械图样中采用粗细两种线宽，它们之间的比例为 2∶1。粗线线宽宜在 0.5～1mm 之间，建议选用(0.5 和 0.25)、(0.7 和 0.35)、(1 和 0.5)的粗细线宽。

表 1.1−7　基本线型

代码 No.	基　本　线　型	名　　称
01		实线
02		虚线
03		间隔画线
04		点画线
05		双点画线
06		三点画线
07		点线
08		长画短画线
09		长画双短画线
10		画点线
11		双画单点线
12		画双点线
13		双画双点线
14		画三点线
15		双画三点线

表 1.1−8　图线的线素

线　素	线型 No.	长　　度	线　素	线型 No.	长　　度
点	04～07，10～15	$\leqslant 0.5d$	画	02，03，10～15	$12d$
短间隔	02，04～15	$3d$	长画	04～06，08，09	$24d$
短画	08，09	$6d$	间隔	03	$18d$

2. 图线的应用

表 1.1−9 列出了机械图样中常用的 9 种基本线型和应用(参考 GB 4457.4—2002)。

图 1.1－13 说明了图线的用法。

表 1.1－9　图线画法和应用

代码	图线名称	图 线 型 式	应　用
01.1	细实线	——————————	过渡线、尺寸线、尺寸界限、指引线和基准线、剖面线、重合断面的轮廓线、短中心线、螺纹牙底线、表示平面的对角线、范围线及分界线、重复要素表示线、锥形结构的基面位置线、辅助线、不连续同一表面连线、成规律分布的相同要素连线
	波浪线	～～～～	断裂处边界线、视图与剖视的分界线
	细双折线	─∿─∿─	断裂处边界线、视图与剖视的分界线
01.2	粗实线	━━━━━━	可见棱边线、可见轮廓线、相贯线、螺纹牙顶线、螺纹长度终止线、齿顶圆(线)、部切符号用线
02.1	细虚线	– – – – –	不可见棱边线、不可见轮廓线
02.2	粗虚线	▬ ▬ ▬ ▬	允许表面处理的表示线
04.1	细点画线	—·—·—·—	轴线、对称中心线、分度圆(线)、孔系分布的中心线、剖切线
04.2	粗点画线	━·━·━·	限定范围表示线
05.1	细双点画线	—··—··—	相邻辅助零件的轮廓线、可动零件的极限位置的轮廓线、中心线、成型前轮廓线、剖切面前的结构轮廓线、轨迹线

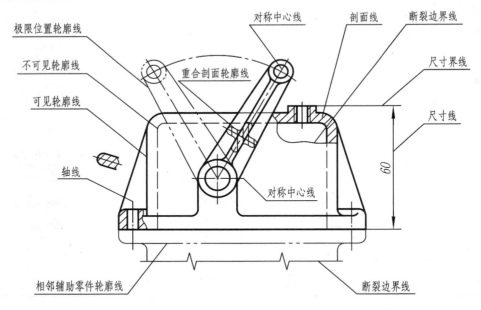

图 1.1－13　图线应用示例

3. 图样上图线的画法

（1）同一图样中，同类图线的宽度应基本一致。虚线、点画线及双点画线的线段长度和间隔应各自大致相等。

（2）两条平行线（包括剖面线）之间的最小间隙应不小于 0.7mm。

（3）两种或多种图线相交时，都应相交于画，而不应该相交于点或间隔，如图1.1 – 14所示。当虚线是粗实线的延长线时，在分界处应留空隙。

（4）圆的中心线、孔的轴线、对称中心线等用细点画线绘制，且细点画线的两端应为画，并超出轮廓线12d，约为2 ~ 5mm。当图形较小时，可用细实线代替细点画线，如图1.1 – 14所示。

（5）当两种或多种图线重合时，只需绘制其中的一种，其先后顺序为：可见轮廓线（粗实线）→不可见轮廓线（虚线）→尺寸线→多种用途的细实线→轴线或对称中心线（点画线）→假想线（双点画线）。

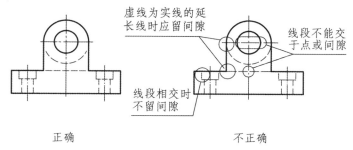

图 1.1 – 14　图线的画法

1.1.5　尺寸注法（GB/T 4458.4—2003）

图样中的图形只能表达物体的结构形状，不能确定物体的大小，物体的真实大小由尺寸确定。在一张完整的图样中，其尺寸注写应做到正确、完整、清晰、合理。本节就尺寸的正确注法摘要介绍国家标准尺寸注写的一些规定，对尺寸注写的其他要求将在后续章节中介绍。

1. 基本规则

（1）机件的真实大小应该以图样上所注的尺寸数值为依据，与图形的大小及绘图的准确度无关。

（2）图样中（包括技术要求和其他说明）的尺寸，以 mm 为单位时，不需标注计量单位的代号或名称。如采用其他单位，则应注明相应的单位符号。

（3）机件的每一尺寸，一般只标注一次，并应标注在反映该结构最清晰的图形上。

（4）图样中所标注的尺寸，为该图样所示机件的最后完工尺寸，否则应另加说明。

2. 尺寸的组成

一个完整的尺寸由尺寸界线、尺寸线、尺寸线终端和尺寸数字四个要素组成，如图1.1 – 15所示。

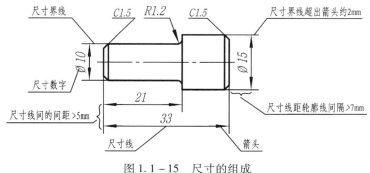

图 1.1 – 15　尺寸的组成

（1）尺寸界线

尺寸界线表明所注尺寸的范围，用细实线绘制，并应由图形的轮廓线、轴线或对称中心线处引出，也可以借用图形的轮廓线、轴线或对称中心线，并超出尺寸线终端约 2~3mm。

尺寸界线一般应与尺寸线垂直，必要时允许倾斜。在光滑过渡处标注尺寸时，必须用细实线将轮廓线延长，从它们的交点处引出尺寸界线，如图 1.1-16 所示。

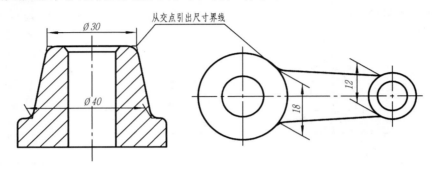

图 1.1-16　尺寸界线的画法

（2）尺寸线

尺寸线用细实线绘制，必须单独画出，不能用其他任何图线代替，一般也不得与其他图线（如图形轮廓线、中心线等）重合或画在其延长线上，如图 1.1-17(b) 所示。标注线性尺寸时，尺寸线必须与所标注的线段平行，相同方向的各尺寸线之间的距离要均匀，间隔应大于 5mm，如图 1.1-17(a) 所示。相互平行的尺寸，应使较小的尺寸靠近图形，较大的尺寸依次向外分布，避免尺寸线与尺寸界线相交，如图 1.1-17(b) 所示。

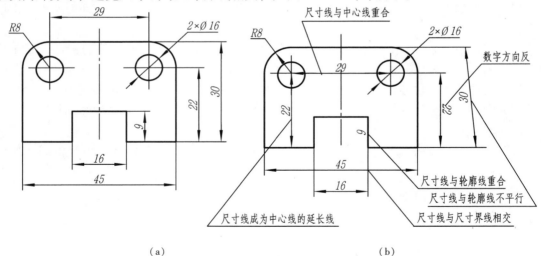

（a）　　　　　　　　　　　　　　　　　（b）

图 1.1-17　尺寸标注的正误对比

（3）尺寸线终端

尺寸线的终端有箭头和斜线两种形式，如图 1.1-18 所示。其中箭头适用于各种类型的图样；斜线用细实线绘制。当尺寸线终端采用斜线形式时，尺寸线和尺寸界线应相互垂直。机械图样中一般采用箭头作为尺寸线的终端。当尺寸线与尺寸界线相互垂直时，同一张图样中只能采用一种尺寸线终端的形式。

箭头尽量画在尺寸界线的内侧，尖端应与尺寸界线接触，不得超出，也不得离开。如图 1.1-19 所示。

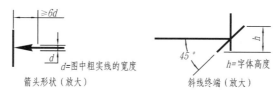

图 1.1-18　尺寸终端的两种形式

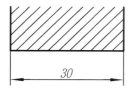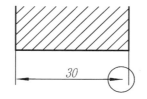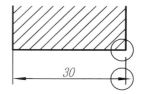

图 1.1-19　箭头的应用

（4）尺寸数字

① 线性尺寸的注法　线性尺寸的数字一般应注写在尺寸线的上方，也允许注写在尺寸线的中断处。线性尺寸数字的方向应按图 1.1-20（a）所示的方向注写，并尽可能避免在图示 30°范围内标注尺寸，当无法避免时，可按图 1.1-20（b）所示的形式标注。

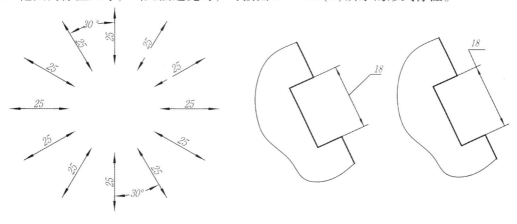

（a）尺寸数字的注写方向　　　　　　　（b）向左倾斜30°范围的尺寸数字的注写

图 1.1-20　线性尺寸数字的注写方向

尺寸数字不可被任何图线所通过，当不可避免时，必须将图线断开，如图 1.1-21 所示。

② 圆、圆弧及球面尺寸的注法　整圆、大于半圆的圆弧一般标注直径尺寸，并在尺寸数字前加注符号"ϕ"，直径尺寸可以注在圆的视图上，也可以注在非圆视图上，如图 1.1-22 所示。

半圆、小于半圆的圆弧一般标注半径，并在尺寸数字前加注符号"R"，半径尺寸只能注在投影为圆弧的图形上，且尺寸线自圆心引出，如图 1.1-23 所示。当圆弧半径过大或在图

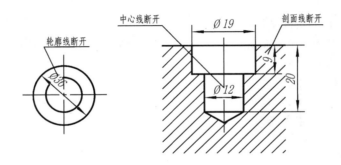

图 1.1－21　图线通过尺寸数字时的处理

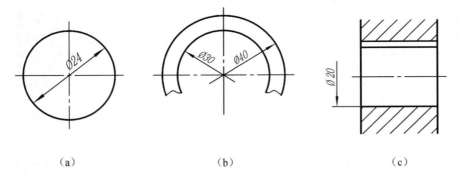

（a）　　　　　　　　　（b）　　　　　　　　　（c）

图 1.1－22　圆的直径注法

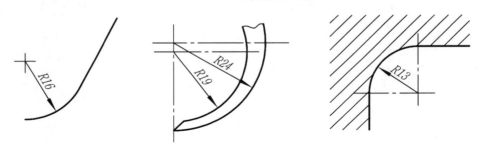

图 1.1－23　圆弧半径的注法

纸范围内无法标注其圆心位置时，可按图 1.1－24(a)所示的形式标注。若无需标注圆心位置时，可按图 1.1－24(b)所示的形式标注。

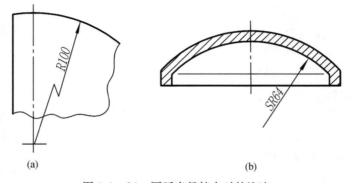

(a)　　　　　　　　　　　　　(b)

图 1.1－24　圆弧半径较大时的注法

标注球面的直径或半径时，应在数字前加注符号"$S\phi$"或"SR"，如图 1.1 – 25 所示。

③ 角度尺寸的注法　标注角度尺寸时，尺寸界线应沿径向引出，尺寸线是以该角顶点为圆心的一段圆弧。角度的尺寸数字一律写成水平方向，并一般注写在尺寸线中断处，必要时也可引出标注或写在尺寸线的旁边，如图 1.1 – 26 所示。

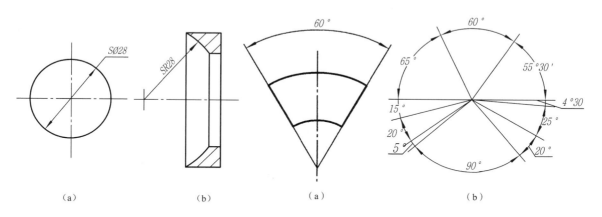

图 1.1 – 25　球面尺寸的注法　　　　　　　　图 1.1 – 26　角度尺寸的注法

④ 弧长及弦长尺寸的注法　弧长及弦长的尺寸界线应平行于该弦的垂直平分线，弦长的尺寸线用直线，如图 1.1 – 27(a)所示。弧长的尺寸线用圆弧，并应在尺寸数字左方加注符号"⌒"，如图 1.1 – 27(b)所示。当弧长较大时，尺寸界线可改用沿径向引出，如图 1.1 – 27(c)所示。

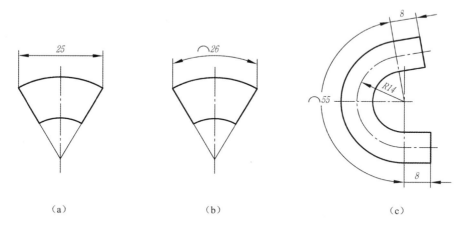

图 1.1 – 27　弧长及弦长尺寸的注法

⑤ 小尺寸的注法　对于小尺寸在没有足够的位置画箭头或注写数字时，允许将箭头画在尺寸线外边，或用小圆点代替两个箭头；尺寸数字也可采用旁注或引出标注，如图 1.1 – 28 所示。

⑥ 倒角的注法　零件上的 45°倒角，按图 1.1 – 29(a)、(b)、(c)注出。其中 C 代表 45°倒角，C 后的数字代表倒角的高度。非 45°倒角则需要分别注出，如图 1.1 – 29(d)所示。

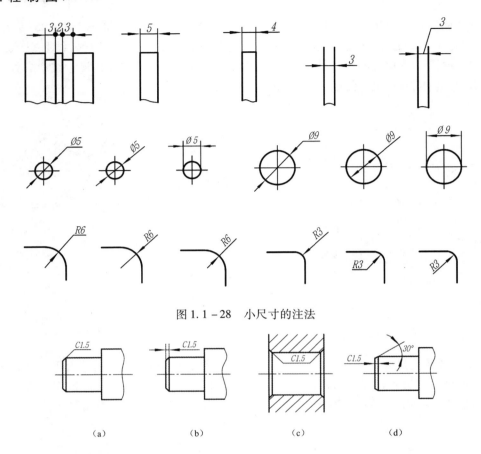

图 1.1 - 28   小尺寸的注法

（a）　　　　　（b）　　　　　（c）　　　　　（d）

图 1.1 - 29   倒角的注法

1.2　绘图工具和仪器

　　学习制图应首先掌握绘图工具和仪器的正确使用方法，以提高制图的质量和速度。下面介绍几种常用工具和仪器的使用方法。

1.2.1　绘图铅笔

专门用于绘图的铅笔是"中华绘图铅笔"，根据铅芯的软硬程度有多个品种，建议使用：

2B 或 B 铅笔用于绘制粗实线；

HB 铅笔用于写字；

H 铅笔用于绘制各类细线；

H 铅笔或 2H 铅笔用于画底稿。

　　笔尖可以修成圆锥形和矩形两种，如图 1.2 - 1 所示。圆锥形笔尖是大家已经熟悉的形状，适于各种软硬程度的铅笔；当画较长线条时，为了保持图线粗细均匀，可以边画边缓慢地旋转铅笔，如图 1.2 - 2 所示；矩形笔尖只适用于画粗实线的铅笔，应在教师指导下练习其使用方法。

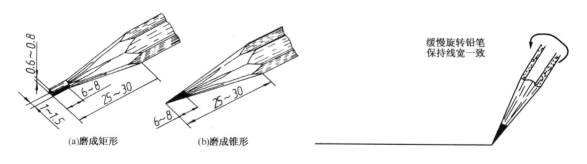

图 1.2 – 1　铅笔的削法　　　　　图 1.2 – 2　较长线条的画法

1.2.2　图板、丁字尺和三角板

绘图板用于固定图纸，一般是使用透明胶带将图纸的四个角粘在图板上，要求图板的板面必须平整、光滑，不要在板面上随意涂写或刻划。图板的左边与丁字尺配合称为工作边，一定要保持平直，否则将影响绘图的准确性。

丁字尺的尺头与尺身必须保持垂直，连接牢固。用左手扶持住尺头，使其紧贴图板工作边，上下推动，如图 1.2 – 3 所示。

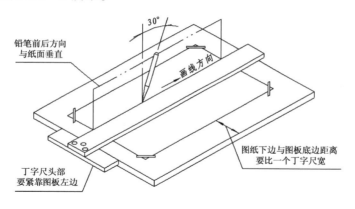

图 1.2 – 3　图板、丁字尺和固定图纸

三角板有两种形状，一种是 45°等腰直角三角形，另一种是 30°/60°直角三角形，尺身背面的尺寸刻度是小的沟槽，可以将圆规的针尖卡住，便于量取尺寸。两块三角板与丁字尺配合可以画出 15°角度倍数的直线；两块三角板配合可以画平行线或垂直线。

（1）画水平线　推动丁字尺到画线位置，保持尺头与图板工作边贴紧，左手按住丁字尺，右手持笔，从左向右画水平线。铅笔向右倾斜与纸面约 60°角，在前后方向应与图纸面垂直，画线时可以缓慢旋转铅笔，如图 1.2 – 4 所示。

（2）画垂直线　将三角板的一直角边紧贴在丁字尺上，用左手同时按住丁字尺与三角板，右手持笔，从下向上画垂直线。铅笔向前倾斜与纸面约 60°角，在左右方向应与图纸面垂

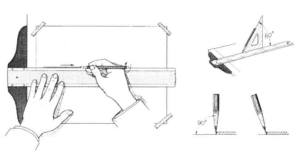

图 1.2 – 4　水平线的画法

直，可将身体向前、向左转，如图 1.2 - 5 所示。

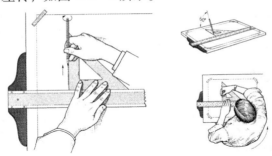

图 1.2 - 5　垂直线的画法

（3）画 15°倍角线和平行线　图 1.2 - 6 显示了画 45°平行线和 75°角直线的方法。

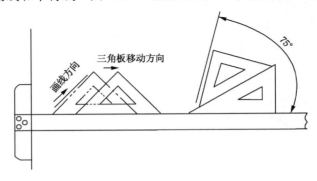

图 1.2 - 6　15°倍角线和平行线

1.2.3　大圆规

用圆规画圆及圆弧。使用大圆规时应注意以下几点：

（1）应准备软硬不同的几种圆规铅芯。画各类细线圆时，用 H 或 HB 铅芯，并磨成铲形，如图 1.2 - 7(a)所示；画粗实线圆时为了与粗直线的深浅一致，圆规的铅芯应比画粗直线的铅笔芯软一个等级，一般可用 2B，并磨成矩形截面，如图 1.2 - 7(b)所示。

（2）画粗实线圆时，大圆规的针脚应使用带支承面的小针尖，如图 1.2 - 7(b)所示，圆规两脚合拢时，针尖应比铅芯稍长些，画圆时将针尖扎入图板，如图 1.2 - 7(a)、(b)所示。

（3）画圆时针脚与铅芯均应保持与纸面垂直，沿顺时针方向旋转，圆规稍向前倾斜，便于用力，应匀速前进，如图 1.2 - 8(a)所示；画大直径圆时还可以使用加长杆，仍应保持铅

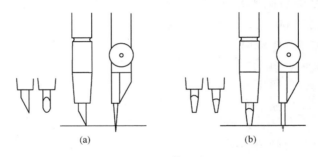

(a)　　　　　　　　　　　　(b)

图 1.2 - 7　圆规的使用方法（一）

芯和针脚与纸面垂直，如图 1.2 - 8(b)所示。

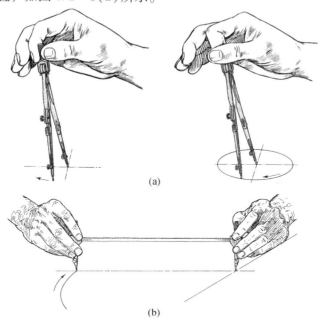

(a)

(b)

图 1.2 - 8　圆规的使用方法(二)

1.2.4　分规

分规的两脚都是针尖，伸出长度对齐。分规用来截取某一定长的线段或等分线段。

截取某一定长的线段时，可以将分规针尖卡在比例尺刻度的沟槽内，量取长度尺寸，再在图形线段上截取；截取多段定长线段的操作如图 1.2 - 9(a)所示。

等分线段时，如图 1.2 - 9(b)将 AB 线段 4 等分，先凭目测估计，使分规两针尖的距离接近等分段的长度，先在 AB 段上试分，当分至第四等分时，若针尖落在 4 点(或 4′点)，与 B 点的距离为 l(或 l′)，把针尖距离缩短 l/4（或增加 l′/ 4），再重新试分，直到 4 点正好落在 B 点上，这时的 4 个点就是等分点。同理可对圆弧及角度等分。等分线段的其他方法如图 1.3 - 2 所示。

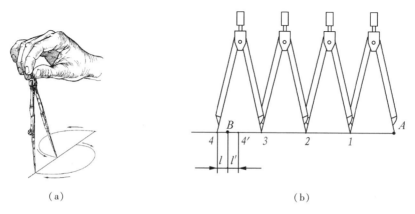

（a）

（b）

图 1.2 - 9　分规及其用法

1.2.5 曲线板

曲线板用于绘制非圆曲线，其使用方法如图1.2-10(a)所示，画曲线的步骤如下：

(1) 求出曲线上若干点，点愈密则曲线的准确度愈高。

(2) 用铅笔徒手将各点按顺序轻轻地连成一条光滑曲线。

(3) 从曲线一端开始，找出曲线板上与曲线相吻合的线段，应不少于四个点，用铅笔沿曲线板轮廓画出1、2、3点之间的曲线，留出3、4两点之间的曲线不画。

(4) 从3点开始，再找出连续的四个点(包括4点)，连接三个点，如此重复直至画完。

曲线板的这种用法可以归纳为"找四连三，首尾重叠"。

若画对称曲线时，曲线板的用法如图1.2-10(b)所示。

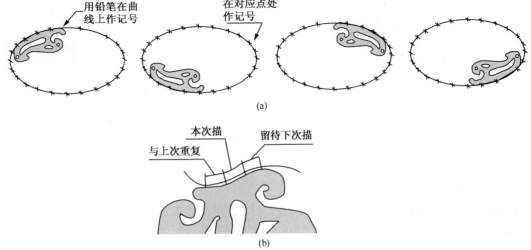

(a)

(b)

图 1.2 - 10 曲线板的用法

1.2.6 比例尺

常用的是三棱比例尺，尺面上有各种不同比例的刻度，画图时用来度量尺寸，如图1.2-11(a)所示。一种比例的刻度，常可读出几种不同的比例尺寸。

例如，比例尺上标明1:2，若认为它的每一小格(真实长度为1mm)代表2mm长，则是1:2的比例；若认为它的每一小格代表20mm长，就是1:20的比例；若认为它的每一小格代表0.5mm长，它就是5:1的比例，如图1.2-11(b)所示。

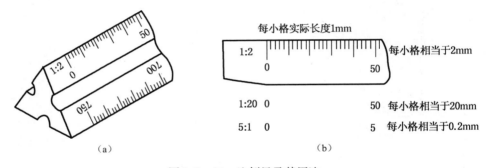

(a)　　　　　　　　　　　　　　　(b)

图 1.2 - 11 比例尺及其用法

1.2.7　其他工具

绘图中使用的其他工具有：量角器、擦图片、橡皮、胶带、小刷子、砂纸等，还有可代替图板、丁字尺、三角板等的专用绘图机。

目前，计算机绘图发展迅速，已经在广大设计部门应用，用绘图工具的手工绘图成为了学生制图的基本训练。

1.3　几何作图

几何作图是指各种直线、正多边形、椭圆、圆弧连接等图形的作图方法。

1.3.1　平行线和垂直线

两块三角板配合使用，可画出任意倾斜直线的平行线或垂直线，如图 1.3 – 1 所示。

等分线段可采用平行线法。图 1.3 – 2 是对直线 AB 进行 4 等分的步骤。首先过点 A 作任意角度的一条辅助直线 AC，在 AC 上截 4 个等分点，连接 $B4$，再过其他等分点作 $B4$ 的平行线交 AB 即可。

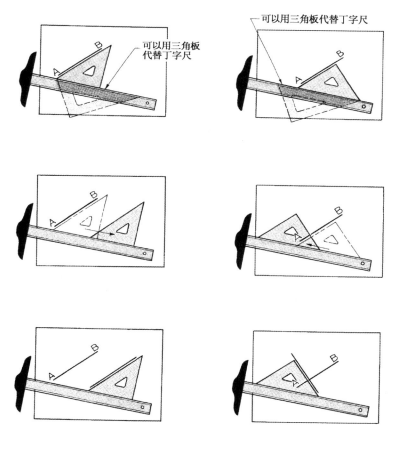

(a) 作 AB 的平行线　　　　　(b) 作 AB 的垂直线

图 1.3 – 1　倾斜直线的平行线或垂直线画法

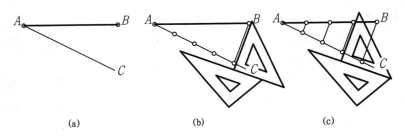

(a)   (b)   (c)

图 1.3 – 2 等分线段的方法

1.3.2 等分圆周和作正多边形

用绘图工具可以等分圆周并做正多边形，其方法见表 1.3 – 1。

表 1.3 – 1 等分圆周、画正多边形

等 分	作 图 步 骤	说 明
3 等分（内接正三角形）		（1）用 60°三角板过 A 点画 60°斜线交圆周于 B 点； （2）旋转三角板，同法画 60°斜线交圆周于 C 点； （3）连 CB 得正三角形
4 等分（内接正四边形）		（1）用 45°三角板斜边过圆心，交圆周于 1、3 两点； （2）移动三角板，用直角边作垂线； （3）用丁字尺画 41、32 水平线
5 等分（内接正五边形）		（1）以 A 为圆心，OA 为半径，画弧交圆于 B、C，连 BC 得 OA 中点 M； （2）以 M 为圆心，M1 为半径画弧，得交点 K，1K 线段长为所求五边形的边长； （3）用 1K 长，从 1 点起，截圆周得点 2、3、4、5，依此连接，得正五边形
6 等分（内接正六边形）		方法 1 以 A 和 B 为圆心，原圆半径为半径，截圆于 1、2、3、4 点，得圆周 6 等分。 方法 2 （1）用 60°三角板从 2 作弦 21，右移从 5 作弦 45； （2）旋转三角板，作 23、65 两弦； （3）用丁字尺连接 16、34，得正六边形
7 等分（内接正七边形）		（1）将 AB 直径 7 等分（若作 n 边形，可分为 n 等分）； （2）以 B 为圆心，AB 为半径画弧，交 CD 沿长线于 K 和对称点 K′； （3）从 K 和 K′与直径上奇数点（或偶数点）连线，延长至圆周，得各分点 1、2、3、4、5、6、7； （4）顺序连接各点，得正七边形

1.3.3　斜度和锥度

1. 斜度

斜度是指一直线或平面对另一直线或平面的倾斜程度，其大小用该两直线或两平面间夹角的正切表示，并简化为 $1:n$ 的形式，如图 1.3 − 3 所示。

$$斜度 = \tan\alpha = \frac{H}{L} = 1 : \frac{L}{H} = 1 : n$$

在图样上应标注斜度符号和 $1:n$，斜度符号的规定画法如图 1.3 − 4(a) 所示，斜度符号 "∠" 的方向应与斜度方向一致，如图 1.3 − 4(b) 所示。

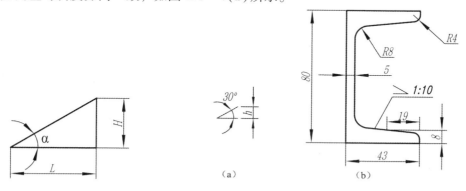

图 1.3 − 3　斜度　　　　　　　　　图 1.3 − 4　斜度符号及其标注

图样上斜度的作图步骤如图 1.3 − 5 所示。

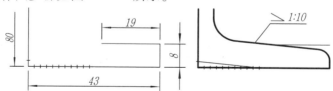

图 1.3 − 5　斜度的作图步骤

2. 锥度

锥度是指正圆锥底圆直径与圆锥高度之比。圆台的锥度为其上、下两底圆直径差与圆台高度之比，并简化为 $1:n$ 的形式，如图 1.3 − 6(b) 所示。

$$锥度 = \frac{D}{L} = \frac{D - d}{l} = 2\tan\alpha = 1 : n$$

在图样上应标注锥度符号和 $1:n$，锥度符号的规定画法如图 1.3 − 6(a) 所示，锥度符号 "◁" 的方向应与锥度方向一致，如图 1.3 − 6(c) 所示。

图样上锥度的作图步骤如图 1.3 − 7 所示。

1.3.4　圆弧连接

用已知半径的圆弧将两已知线段(直线或圆弧)光滑地连接起来，这类作图问题称为圆弧连接。起连接作用的圆弧称为连接弧。圆弧连接的作图要点是：根据已知条件准确定出连接弧的圆心及与其他线段的切点。图 1.3 − 8 是圆弧连接在工程上的应用实例。

设连接圆弧的半径为 R，三种情况下连接圆弧圆心轨迹和切点位置如图 1.3 − 9 所示。

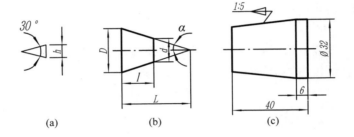

图 1.3－6 锥度符号、锥度及其标注

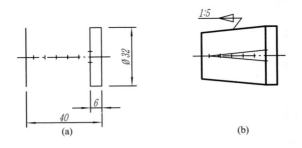

图 1.3－7 锥度的作图步骤

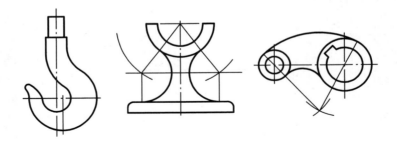

图 1.3－8 圆弧连接实例

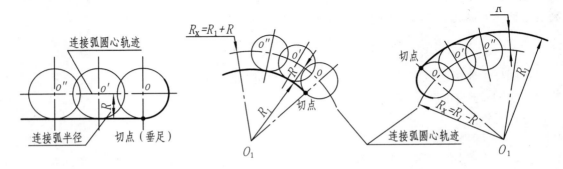

图 1.3－9 圆弧连接作图原理

1. 用圆弧连接两已知直线

已知 两条直线 AC、BC 及连接圆弧半径 R，如图 1.3－10 所示。

求作　用该圆弧连接这两条直线。

作图　（1）作两条辅助直线分别与 AC、BC 平行，距离都等于 R，它们的交点 O 就是所求连接圆弧的圆心；

（2）从 O 点向 AC、BC 两直线作垂线，得到两个交点 M、N，就是切点。

（3）以 O 为圆心，OM 或 ON 为半径画弧，与 AC、BC 相切于 M、N 两点，完成圆弧连接的作图。

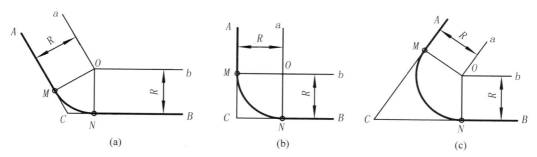

(a)　　　　　　　　　　　(b)　　　　　　　　　　　(c)

图 1.3 - 10　圆弧连接两条已知直线

2. 用圆弧连接两已知圆弧

已知　两圆 O_1、O_2 的半径 R_1、R_2 及连接圆弧半径 $R_内$、$R_外$，如图 1.3 - 11 所示。

求作　如图 1.3 - 11(b) 所示的图形

作图　以 $R_外$ 为半径画弧与两已知圆外切

（1）以 O_1 为圆心，$R_1 + R_外$ 为半径画弧；以 O_2 为圆心，$R_2 + R_外$ 为半径画弧，它们的交点 O_3 就是所求连接圆弧的圆心；

（2）连 $O_1 O_3$ 及 $O_2 O_3$ 得切点 M_1、M_2；

（3）以 O_3 为圆心，$R_外$ 为半径画弧，与 O_1、O_2 相切于 M_1、M_2 两点，完成圆弧连接的作图。

以 $R_内$ 为半径画弧与两已知圆内切

（1）以 O_1 为圆心，$R_内 - R_1$ 为半径画弧；以 O_2 为圆心，$R_内 - R_2$ 为半径画弧，它们的交点 O_4 就是所求连接圆弧的圆心；

（2）连 $O_1 O_4$ 及 $O_2 O_4$ 得切点 N_1、N_2；

（3）以 O_4 为圆心，$R_内$ 为半径画弧，与 O_1、O_2 相切于 N_1、N_2 两点，完成圆弧连接的作图。

3. 用圆弧连接已知直线和圆弧

如图 1.3 - 12 所示，根据上述的两个例子，请读者自己分析作图过程。

归纳圆弧连接的作图方法，可以得出以下两点：

（1）各种形式的圆弧连接作图，连接弧的圆心都是利用动点运动轨迹相交的概念确定的。例如：与直线等距离的点的轨迹是平行直线；与圆弧等距离的点的轨迹是同心圆弧。

（2）连接弧的圆心是作图决定的，所以只标注其半径 R，不标注连接弧圆心的定位尺寸。

1.3.5　椭圆的画法

椭圆的画法通常有两种：同心圆法和四心圆法。同心圆法是椭圆的精确画法，四心圆法为椭圆的近似画法。两种画法都需要给出椭圆的长轴和短轴的尺寸。

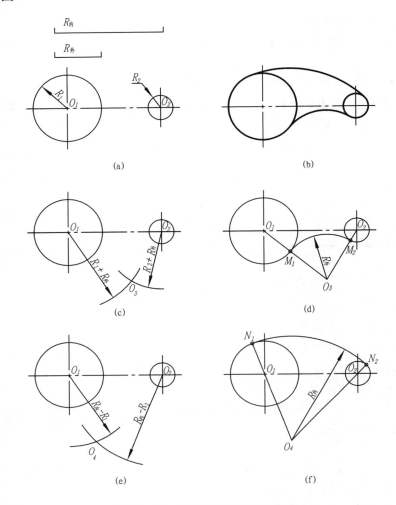

图 1.3 – 11 圆弧连接两个已知圆弧

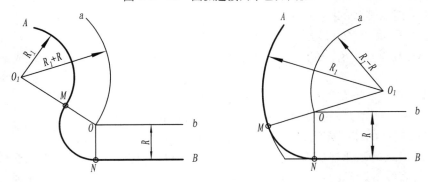

图 1.3 – 12 圆弧连接已知直线和圆弧

1. 利用同心圆法画椭圆

如图 1.3 – 13 所示，已知椭圆的长轴 AB、短轴 CD，求出椭圆曲线上若干点后，用曲线板连成椭圆。

① 用长轴画大圆，用短轴画小圆。作辐射线与大圆交于 m 点，与小圆交于 n 点。从 m

点画垂直线，从 n 点画水平线，交点 p 即为椭圆上的点。

②作出若干辐射线，用同样的方法作图，得椭圆上的若干点。

③用曲线板将各点连接成椭圆。

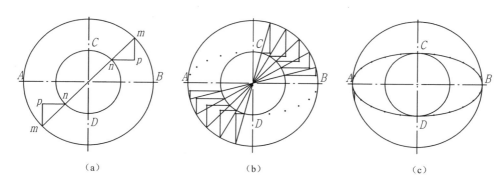

（a）　　　　　　　　　　（b）　　　　　　　　　　（c）

图 1.3 – 13　同心圆法画椭圆

2. 利用四心圆法画椭圆

这种方法是用四段圆弧连接起来，代替椭圆，如图 1.3 – 14 所示。

①画出长轴 AB、短轴 CD，连 AC；以 O 为圆心，OA 为半径画弧 AE；以 C 为圆心 CE 为半径画弧 EF。

②作 AF 的垂直平分线，与 AB 交于 K，与 CD 交于 J。

③在 AB 上确定 K 的对称点 L，$KO = OL$；在 CD 上确定 J 的对称点 M，$JO = OM$。以 M、J 为圆心，MD、JC 为半径画大弧；以 L、K 为圆心，LB、KA 为半径画小弧，切点 T 位于圆心连线上。

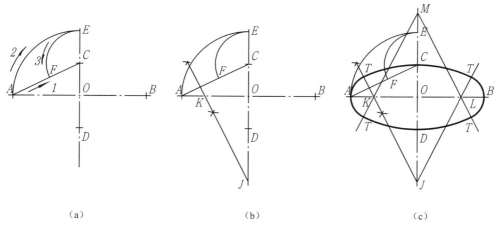

（a）　　　　　　　　　　（b）　　　　　　　　　　（c）

图 1.3 – 14　四心圆法画椭圆

1.4　平面图形分析及尺寸注法

平面图形是由若干条线段(直线或曲线)连接而成，而每条线段都有各自的尺寸和位置。画图前必须对平面图形的构成、尺寸、各线段的性质以及它们之间的相互关系进行分析，才能确定正确的作图步骤，并正确、完整地标注尺寸。现以图 1.4 – 1 所示的平面图形为例来进行分析并作图。

1.4.1 平面图形的尺寸分析

尺寸按其在平面图形中所起的作用，可分为定形尺寸和定位尺寸两类。要想确定平面图形中线段的上下、左右的相对位置，必须首先引入尺寸基准的概念。

(1)尺寸基准：尺寸标注的起点。平面图形中有水平和垂直两个方向的尺寸基准。通常选择图形的对称线、回转体的轴线、圆的中心线、较长轮廓线作为尺寸基准。如图 1.4－1 (a)中长度方向尺寸基准是左端面，高度方向尺寸基准是圆的水平对称中心线。

(2)定形尺寸：确定平面图形中几何元素的大小的尺寸。例如直线的长度、圆的直径等。如图 1.4－1(a)中的尺寸：16、R25、φ20 等。

(3)定位尺寸：确定平面图形中几何元素之间相对位置的尺寸。例如圆心的位置、直线的位置。如图 1.4－1(a)中的尺寸：95、74、11 等。

1.4.2 平面图形的线段分析

根据定形尺寸和定位尺寸的概念，分析图 1.4－1 所示的平面图形，可将图形中的线段分为三种：

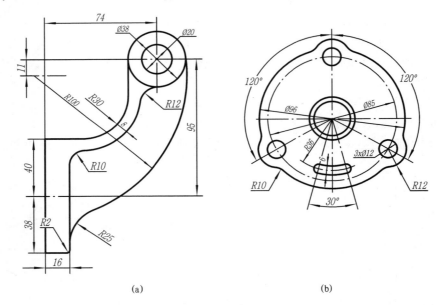

(a)   (b)

图 1.4－1　平面图形的尺寸分析和线段分析

(1)已知线段：定形尺寸和定位尺寸均全部注出，不需要依赖其他线段而能直接画出的线段称为已知线段。如图 1.4－1(a)所示，直径为 φ20 和 φ38 的圆，圆心定位尺寸为 74、95，定形尺寸和定位尺寸均已知，所以该圆即为已知线段。如图 1.4－1(b)所示，长圆孔的定形尺寸为 6，定位尺寸为 R36、30°；直径为 φ12 的圆，半径为 R12 的圆弧，定位尺寸为 φ85、120°，均为已知线段。

(2)中间线段：给出定形尺寸和一个定位尺寸，需要依赖与其一端相切的已知线段才能画出的线段称为中间线段。例如图 1.4－1(a)所示，半径为 R100 的圆弧，缺少圆心在左右方向的定位尺寸，属于中间线段，必需利用与 φ38 的圆相切才能画出。

(3)连接线段：只有定形尺寸，而没有定位尺寸，完全依赖与其两端相切的线段才能画出的线段称为连接线段。如图 1.4－1(a)所示，圆弧 R12、R25 等，没有定位尺寸；如图

1.4－1(b)所示，圆弧 $R10$ 没有定位尺寸，均为连接线段。

1.4.3 平面图形的绘图方法和步骤

根据上述对平面图形的线段分析，如果已知线段、中间线段和连接线段三种线段顺序连接在一起，则必须先画已知线段，再画中间线段，最后画连接线段。

图1.4－2给出了绘制平面图形的绘图方法和步骤。

（1）做好准备工作：将铅笔按照绘制不同线型的要求修磨好；圆规的铅芯按同样的要求

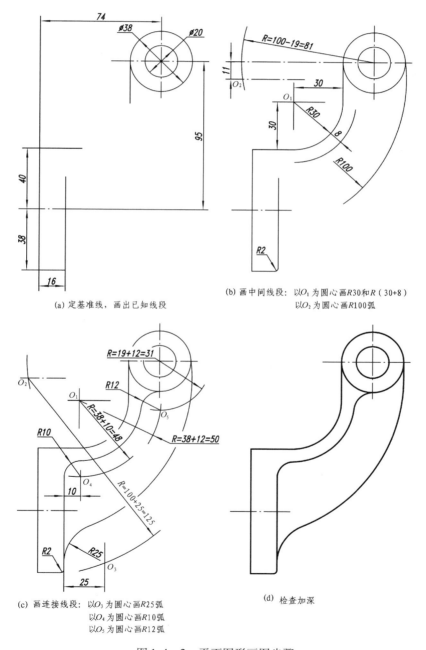

(a) 定基准线，画出已知线段

(b) 画中间线段：以 O_1 为圆心画 $R30$ 和 R ($30+8$)
以 O_2 为圆心画 $R100$ 弧

(c) 画连接线段：以 O_3 为圆心画 $R25$ 弧
以 O_4 为圆心画 $R10$ 弧
以 O_5 为圆心画 $R12$ 弧

(d) 检查加深

图1.4－2 平面图形画图步骤

磨好，调整好两脚的长短；图板、丁字尺、三角板等用干净的布或软纸擦拭干净；各种用具放在固定的位置，不用的物品不要放在图板上。

（2）分析所画对象：对于平面图形要搞清连接情况：哪些是已知线段？哪些是连接线段？对于机器零件或部件，要确定选取什么样的图形表达。

（3）选取比例和确定图纸幅面：根据所画图形的大小，选择合适的绘图比例和图纸幅面，应遵守国标选择。

（4）固定图纸：分清图纸的正、反面，用橡皮擦拭图纸，图纸正面不起毛；用胶带纸将图纸固定在图板左下方合适位置，保证图纸边与丁字尺边平行，参见图1.2-3。

（5）画图框和标题栏：参考图1.1-1～图1.1-4，关于图纸幅面、图框、标题栏的要求，绘制图框和标题栏，注意尺寸大小和线型粗细。

（6）布置图形：图形布置应尽量均匀，按图的大小及标注尺寸所需的位置，将图形布置在图框中的合适位置；画出各图形的基准线（中心线、对称线、主要平面线）。

（7）画底稿：使用较硬的铅笔，先画出图形的主要轮廓，然后画细节部分，如孔、槽、圆角等，尽量画得轻、细。

（8）加深：完成底稿后，进行认真的检查，擦去不需要的作图线，按如下步骤加深：

① 加深粗实线：加深所有的圆及圆弧；

用丁字尺由上到下加深所有的水平线；

用丁字尺配合三角板，由左到右加深所有的垂直线；

加深斜线；

② 加深虚线：步骤同粗实线；

③ 绘制中心线和剖面线；

④ 绘制尺寸界线、尺寸线、尺寸箭头；

⑤ 注写尺寸数字和其他文字说明；

⑥ 填写标题栏。

（9）检查、完成。

1.4.4 平面图形的尺寸注法

1. 平面图形的尺寸注法

平面图形尺寸标注的基本要求是：正确、完整、清晰。

正确是指应严格按照国家标准规定注写；

完整是指尺寸不多余、不遗漏；

清晰是指尺寸的布局要清晰、整齐，便于阅读。

在标注尺寸时，应分析图形各部分的构成，确定尺寸基准，先标注定形尺寸，再标注定位尺寸。通过几何作图可以确定的线段，不要标注尺寸。尺寸标注应符合国家标准的有关规定，尺寸在图上的布局要清晰。尺寸标注完成后应进行检查，看是否有遗漏或重复。可以按照画图过程进行检查，画图时没有用到的尺寸是重复尺寸应去掉，如果按所注尺寸无法完成作图，说明尺寸不足，应补上所需尺寸。

2. 尺寸标注应注意的几个问题

（1）标注作图最方便、直接用以作图的尺寸

如图1.4-3（a）所示，可直接用尺寸 ϕ 和 A 作出，应标注这两个尺寸，尺寸 L 是多余

的。若标注尺寸 L 而不标注尺寸 A 时，尺寸 L 所表示的线段不能直接画出，必须利用 L 被铅垂对称中心线平分的关系通过辅助作图作出，显然作图较繁，所以不注 A 改注 L 是不合理的。

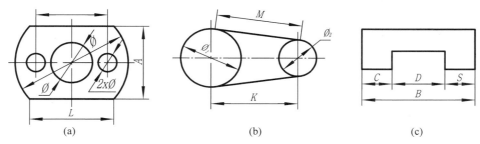

图 1.4 – 3　多余尺寸示例

（2）不标注切线的长度尺寸

如图 1.4 – 3（b）中尺寸 M 是公切线段的长度，它是由已知图 ϕ_1 和 ϕ_2 和两圆心距离 K 确定的，不应标注。

（3）不能注成封闭的尺寸链

如图 1.4 – 3（c）中的尺寸 S 是由尺寸 B、C、D 确定的，尺寸 S 是多余的，称封闭尺寸。标注封闭尺寸是错误的。

（4）总长、总宽尺寸的处理

一般情况下标注图形的总长、总宽尺寸，如图 1.4 – 4 中的尺寸 56、42。当遇到图形的一端为圆或圆弧时，往往不注总体尺寸，如图 1.4 – 5 所示，一般不标注（a）、（b）、（c）图形中的总体尺寸，而按（d）、（e）、（f）图形标注。

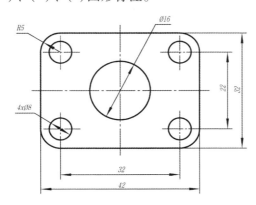

图 1.4 – 4　总长、总宽尺寸示例

（5）其他注意事项

如图 1.4 – 6 所示，圆 $\phi 12$ 及圆弧 $\phi 40$ 应注 ϕ，不能注 R。相同的孔或槽可注数量，如 $2 \times \phi 12$，其他相同的结构（如 $R10$）不注数量。对称结构 $R10$ 应注一边，对称尺寸 60，不能只注一半 30，也不能注总长尺寸 80。

常见平面图形的尺寸注法示例如表 1.4 – 1 所示。

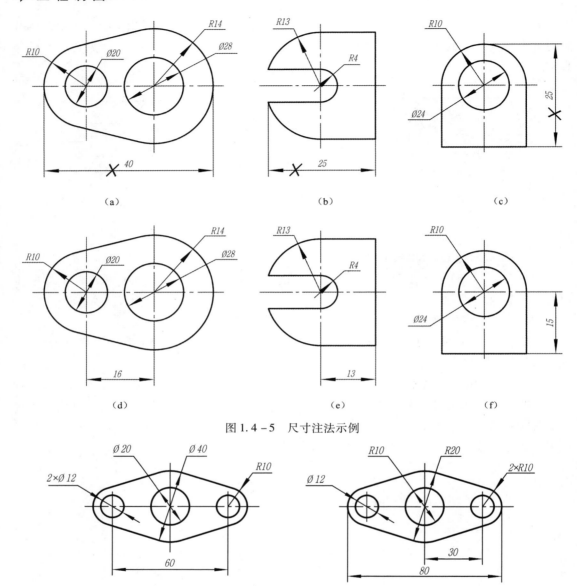

图 1.4 - 5　尺寸注法示例

（a）正确　　　　　　　　　　　　　　　（b）错误

图 1.4 - 6　正误尺寸注法示例

表 1.4 - 1　常见平面图形的尺寸注法

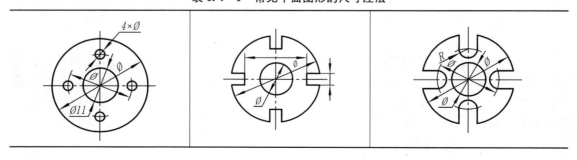

续表

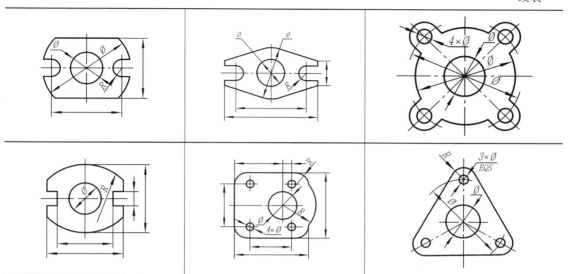

1.5　制图标准化简介

1.5.1　关于"标准化"的一些概念

为在一定的范围内获得最佳秩序，对实际的或潜在的问题制定共同的和重复使用的规则的活动，称为标准化。它包括制定、发布及实施标准的过程。标准化的重要意义是改进产品、过程和服务的适用性，防止贸易壁垒，促进技术合作。

"通过制定、发布和实施标准，达到统一"是标准化的实质。"获得最佳秩序和社会效益"则是标准化的目的。

这里所说的最佳效益，就是要发挥出标准的最佳系统效应，产生理想的效果；这里所说的最佳秩序，则是指通过实施标准使标准化对象的有序化程度提高，发挥出最好的功能。

需要强调指出的是标准化并非固定化，随着科学技术的进步与发展，标准也在不断完善和发展。

1.5.2　国际标准化组织

国际标准化组织 ISO(International Organization for Standardization)是目前世界上最大、最有权威性的国际标准化专门机构。1946 年 10 月 14 日至 26 日，中、英、美、法、苏等 25 个国家的 64 名代表集会于伦敦，正式表决通过建立国际标准化组织。1947 年 2 月 23 日，ISO 章程得到 15 个国家标准化机构的认可，国际标准化组织宣告正式成立。

国际标准化组织 ISO 的工作语言是英语、法语和俄语，总部设在瑞士日内瓦。ISO 现有成员 138 个，现有技术委员会(TC)187 个和分技术委员会(SC)552 个。国际标准化组织的目的和宗旨是："在全世界范围内促进标准化工作的发展，以便于国际物资交流和服务，并扩大在知识、科学、技术和经济方面的合作"。其主要活动是制定国际标准，协调世界范围的标准化工作，组织各成员国和技术委员会进行情报交流，以及与其他国际组织进行合作，共同研究有关标准化问题。截止到 2000 年 12 月底，ISO 已制定了 13025 个国际标准。

国际标准化组织第十技术委员会(ISO/TC 10)承担技术制图及技术文件的统一和标准化工作,建立于1947年,是ISO最早建立的几个技术委员会之一。中国国家标准化委员会于1978年9月以P成员(积极参与活动的成员)身份加入了ISO/TC 10。大部分ISO标准已被我国等效采用或参照采用,一些标准我国也在制定中并将等效或等同采用国际标准。

1.5.3　中国制图标准化简史

制图标准化工作是一切工业标准的基础。

旧中国工业基础薄弱,缺乏自行设计和制造机械的能力,只有少量的修配厂,且东北地区受俄、日的绘图方式影响,执行这些国家的规则,上海等华东地区使用英、美的画法,显著的不同是第一角投影法和第三角投影法的原则差别。

1944年6月,国民党政府经济部发布了No3/B1~B21《中国工业标准 工业制图》共包括21个标准,该标准是按当时国际标准ISA制定的,迄今,台湾地区还在执行这个标准。

新中国成立后,1950年10月由中央技术管理局制定了《中华人民标准　工程制图》(草案),1951年1月发布执行,共包括13个标准,采用了第一角投影法,以此作为我国制图的统一规则。

20世纪50年代前苏联对我国进行技术援助,我国大量引进前苏联标准,在学习、研究和分析前苏联国家标准的基础上,由当时的一机部负责制定了我国第一个《机械制图》部颁标准,编号为机30—56~机50—56共21个标准。

1956年,由一机部机械科学研究院标准化规格化处进行国家标准《机械制图》的起草工作,1959年由中华人民共和国科学技术委员会批准发布了我国第一套机械制图国家标准(GB 122~141—59)。此标准采用了前苏联ГОСТ标准的体系,在全国范围内对图纸幅面、比例、图线、剖面线、图样画法、尺寸标注、典型零件画法等画法、标注、符号、代号方面进行了统一,全国各行各业十分重视制图标准的贯彻和应用,第一角投影法很快在全国得到了真正的统一。

自第一个标准实施以后,我国即开始调查和研究其贯彻情况及存在问题,并着手进行修订,分析与研究国际标准化组织ISO、前联邦德国DIN、前民主德国TGL、前苏联ГОСТ、捷克CSN、法国NF、日本JIS、美国ANSI、英国BS,以及瑞士、奥地利、澳大利亚等标准。

1970年,中国科学院发布了修订后的7项《机械制图》国家标准(试行),这是第二套《机械制图》国家标准。

1974年,国家标准计量局发布了《机械制图》国家标准(转正),共8项。

1984年,国家标准局发布了17项《机械制图》国家标准,达到了当时的国际先进水平,其中有的一直沿用至今。这是第三套《机械制图》国家标准。

20世纪90年代以后,我国提出基础标准要等效等同采用国际标准。参考ISO/TC 10发布的现行标准情况,全国技术制图标准化技术委员会研究决定基本上等效采用国际标准,与ISO/TC 10一样将制图的基础通用标准订为"技术制图"标准,而一些专业画法、注法、代号、符号则作为专业制图标准发布。《技术制图》标准是比机械、建筑等专业制图高一层次的制图标准,是通则性的制图基本规定,规范着以下专业领域的制图基本规定:机械(含机器、汽车、锅炉、飞机、船体制图等)、工程建设(含房屋建筑、水电工程、道路工程制图等)、电气(含电气图形符号及印制板、电传装置制图等)、其他(如家具制图等)。

进入21世纪以后,我国的制图标准化工作一直在修订与完善。

第2章 点、直线、平面的投影

2.1 投影法的基本概念

投影法是在平面上表示空间形体的基本方法,可分为两类:中心投影法和平行投影法。

2.1.1 中心投影法

人站在路灯下,就会在地面产生影子,随着人距离路灯由远而近,人影会由长变短。如图 2.1－1(a)所示,将光源抽象为一点,称为投影中心 S;S 与物体上任意一点的连线称为投射线,如 SA;平面 P 称为投影面,S 与投影面 P 的距离有限,SA 的沿长线与投影面 P 的交点 a,称为 A 点在 P 面上的投影。再如图 2.1－1(b)所示,由投射中心 S 做出了 $\triangle ABC$ 在投影面 P 上的投影。投射线 SA、SB、SC 分别与投影面 P 交出点 A、B、C 的投影 a、b、c,直线 ab、bc、ca 分别是直线 AB、BC、CA 的投影,$\triangle abc$ 就是 $\triangle ABC$ 的投影。这种投射线都从投射中心出发的投影法,称为中心投影法,所得的投影称为中心投影。

中心投影通常用来绘制建筑物或产品的富有逼真感的立体图,也称为透视图,如图 2.1－2所示。

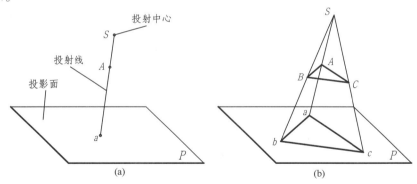

图 2.1－1 中心投影法

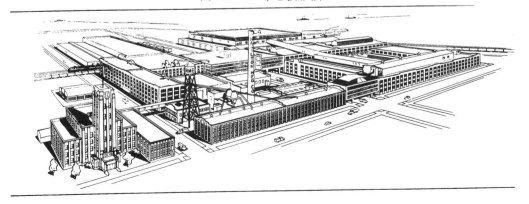

图 2.1－2 透视图

2.1.2 平行投影法

将光源移到无限远处(例如日光照射),所有的投射线都相互平行,这样的投影法称为平行投影法。

根据投射线与投影面 P 是否垂直,平行投影法可分为两种:斜投影法和正投影法。如图 2.1-3(a)所示,斜投影法是投射线倾斜于投影面的平行投影法,所得投影称为斜投影;如图 2.1-3(b)所示,正投影法是投射线垂直于投影面的平行投影法,所得投影称为正投影。

工程图样主要使用正投影法。

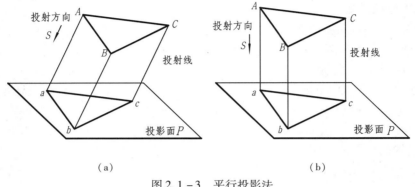

(a)   (b)

图 2.1-3 平行投影法

2.2 点的投影

点是最基本的几何元素,下面从点开始来说明正投影法的基本原理。点的投影是研究几何体投影的基础。

2.2.1 点的投影和坐标

首先建立三投影面体系。

如图 2.2-1(a)所示,设立三个两两相互垂直的投影面:水平投影面(简称水平面或 H 面)、正立投影面(简称正面或 V 面)、侧立投影面(简称侧面或 W 面)。三个投影面 H、V、W 两两相互垂直相交,交线称为投影轴,分别为 OX 轴、OY 轴和 OZ 轴,交点称为原点 O。三个投影面 H、V、W 构成了三投影面体系。

在三投影面体系中,过空间点 A 作垂直于 H 面的投射线 Aa,Aa 与 H 面交得点 A 的水平投影 a;过空间点 A 作垂直于 V 面的投射线 Aa',Aa' 与 V 面交得点 A 的正面投影 a';过空间点 A 作垂直于 W 面的投射线 Aa'',Aa'' 与 W 面交得点 A 的侧面投影 a''。投影法规定,空间点用大写字母表示(如 A、B、…),水平投影用相应小写字母表示(如 a、b、…),正面投影用相应小写字母加一撇表示(如 a'、b'、…),侧面投影用相应小写字母加两撇表示(如 a''、b''、…)。

其次建立空间直角坐标系。在三投影面体系中,为了确定空间点对三个投影面的相对位置,将投影面作为坐标面,将投影轴作为坐标轴,建立空间直角坐标系。在坐标系中,空间点 A 的坐标是(x_A、y_A、z_A),点 A 的坐标与投影面的位置关系如下:点 A 的 x_A 坐标反映点 A 到 W 面的距离;点 A 的 y_A 坐标反映点 A 到 V 面的距离;点 A 的 z_A 坐标反映点 A 到 H 面的距离。

沿 OY 轴分开 H 面和 W 面,使 V 面保持正立位置,将 H 面绕 OX 轴向下旋转 90°,将 W

面绕 OZ 轴向右旋转 $90°$，使三个投影面展成同一个平面，如图 $2.2-1(b)$ 所示。

实际的投影图如图 $2.2-1(c)$ 所示。为了作图方便，可用过点 O 的 $45°$ 辅助线，aa_{YH}、$a''a_{YW}$ 的延长线必与这条辅助线交会于一点。

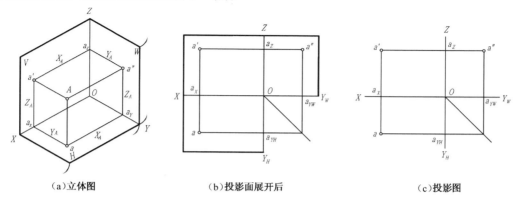

（a）立体图　　　（b）投影面展开后　　　（c）投影图

图 2.2-1 点在 H、V、W 三面体系中的投影

点的投影规律如下：

（1）点的投影连线垂直于投影轴。即 $a'a \perp OX$、$a'a'' \perp OZ$；a 与 a'' 连线被分为两段，在 H 面上的一段垂直于 OY_H 轴，在 W 面上的一段垂直于 OY_W 轴，两段延长交于过 O 点的 $45°$ 辅助线上。

（2）空间点的投影到投影轴的距离，等于空间点到相应投影面的距离。

$a'a_Z = aa_{YH} = Aa'' = x_A$，$A$ 到 W 面的距离；

$aa_X = a''a_Z = Aa' = y_A$，$A$ 到 V 面的距离；

$a'a_X = a''a_{YW} = Aa = z_A$，$A$ 到 H 面的距离。

【例 2-1】 已知点 A 的坐标为 $(15, 10, 15)$，试作其三面投影。

分析：已知点 A 的 x_A 和 y_A 坐标，可以作出点 A 的水平投影 a；已知点 A 的 x_A 和 z_A 坐标，可以作出点 A 的正面投影 a'；已知点 A 的 y_A 和 z_A 坐标，可以作出点 A 的侧面投影 a''。其中 $aa' \perp OX$、$a'a'' \perp OZ$。

作图步骤如下：

（1）如图 $2.2-2(a)$ 所示，根据 $x_A = 15$，可以找到 a_X 点；

（2）如图 $2.2-2(b)$ 所示，过 a_X 点作铅垂的投影连线垂直于 OX 轴，在其上截取 $aa_X = 10 = y_A$，$a'a_X = 15 = z_A$；

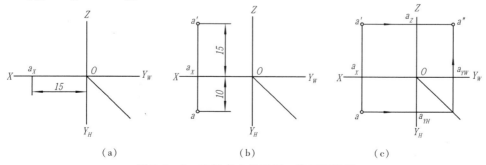

（a）　　　（b）　　　（c）

图 2.2-2 已知点 A 的坐标，作三面投影

（3）如图2.2-2（c）所示，分别过a和a'作水平的投影连线垂直于OY_H轴和OZ轴，aa_{YH}的延长与45°辅助线交于一点，过此点作OZ轴的平行线交$a'a_z$的延长线于a''。

2.2.2　特殊位置点的投影

如果空间点位于投影面上或投影轴上，这样的点称为特殊位置点。

当空间点位于投影面上时，其一个坐标值为0。如图2.2-3中的A点位于V面上，A点的坐标为$(x_A,0,z_A)$，y_A坐标为0。A点的水平投影a和侧面投影a''都在投影轴上，正面投影a'就是A点本身；B点位于H面上，B点的坐标为$(x_B,y_B,0)$，z_B坐标为0。B点的正面投影b'和侧面投影b''都在投影轴上，水平投影b就是B点本身。

当空间点位于投影轴上时，其两个坐标值为0。如图2.2-3中的C点位于Y轴上，其坐标为$(0,y_C,0)$，x_C、z_C坐标为0。C点的水平投影c和侧面投影c''都在投影轴上，正面投影c'位于原点。

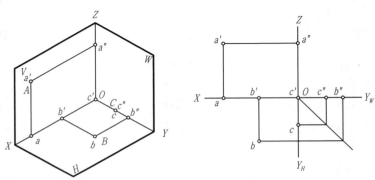

图2.2-3　投影面上或投影轴上的点的投影

2.2.3　两点的相对位置

两点的相对位置指空间两点的上下、前后、左右位置关系。在三投影面体系中，X轴正向为左方，Y轴正向为前方，Z轴正向为上方。空间两点的相对位置可由两点的坐标来判断，X坐标大的点在左方，Y坐标大的点在前方，Z坐标大的点在上方。空间两点的相对位置也可由两点的同名投影（在同一个投影面上的投影）的相对位置来判断。

设A点坐标为(x_A,y_A,z_A)，B点坐标为(x_B,y_B,z_B)，则B点与A点的坐标差为：

$$\Delta x = x_B - x_A$$
$$\Delta y = y_B - y_A$$
$$\Delta z = z_B - z_A$$

一组坐标差$(\Delta x,\Delta y,\Delta z)$称为$B$点对$A$点的相对坐标，如图2.2-4所示。当$\Delta x$、$\Delta y$、$\Delta z$为正时，则$B$点在$A$点左方、前方、上方；反之，则$B$点在$A$点右方、后方、下方。

若在投影图上给出A点的投影，并知道B点对A点的相对坐标，则可作出B点的投影。

2.2.4　重影点

当空间两点位于同一投射线上时，此两点在该投射线垂直的投影面上的投影重合为一点，称这两点为对该投影

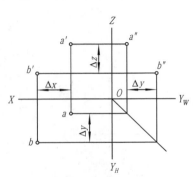

图2.2-4　两点的相对位置

面的重影点。

图 2.2 - 5 中，点 A 和点 B 位于垂直于 V 面的同一条投射线上，它们的 V 面投影 a' 和 b' 重合，称它们是对 V 面的一对重影点。

重影点中必定有两个相等的坐标。如 V 面的重影点 A 和 B 的 x 坐标相等，$\Delta x = 0$，z 坐标也相等，$\Delta z = 0$。因此，重影点是仅有一个坐标不同的两个点。

由于重影点在投影面上的投影重合，这便产生了投影的可见性问题。对于 H 面的重影点，投射线从上往下，观察者在上方，上方的点可见；对于 V 面的重影点，投射线从前往后，观察者在前方，前方的点可见；对于 W 面的重影点，投射线从左往右，观察者在左方，左方的点可见。由此可见，坐标值大的点遮住坐标值小的点，即上遮下、前遮后、左遮右。图 2.2 - 5 中 A 点在 B 点的正前方，应该是 a' 可见，b' 不可见，被遮住点的投影 b' 加括号，如图 2.2 - 5 中的 (b')。

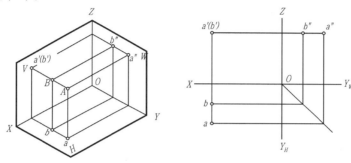

图 2.2 - 5 重影点

2.3 直线的投影

2.3.1 直线与投影面的相对位置及投影特性

一般情况下，直线的投影仍为直线，直线的投影可由直线上任意两点的投影来确定。直线与投影面的相对位置可由直线与投影面的夹角来表示。

如图 2.3 - 1 所示，直线 AB 与投影面 P 的夹角为 α，直线对投影面的投影有如下投影特性：

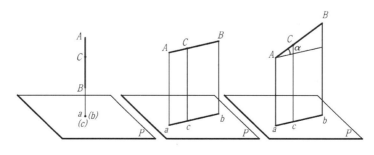

图 2.3 - 1 直线的投影

AB 垂直于投影面 P，投影积聚为一点，$\alpha = 90°$；

AB 平行于投影面 P，投影为实长，$ab = AB$，$\alpha = 0°$；

AB 倾斜于投影面 P，投影缩短，$ab = AB\cos\alpha$。

2.3.2　各种位置直线的投影

在三投影面投影体系中，空间直线对投影面的相对位置有三种：一般位置直线、投影面平行线、投影面垂直线。

1. 一般位置直线

倾斜于三个投影面的直线，称为一般位置直线，如图 2.3-2 中的直线 AB。AB 直线对 H 面的倾斜角度用 α 表示；对 V 面的倾斜角度用 β 表示；对 W 面的倾斜角度用 γ 表示。空间直线 AB 与它的水平投影的夹角，可以反映 α；空间直线 AB 与它的正面投影的夹角，可以反映 β；空间直线 AB 与它的侧面投影的夹角，可以反映 γ。一般位置直线的投影特性如下：

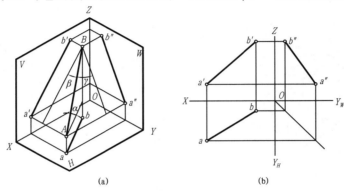

(a)　　　　　　　　(b)

图 2.3-2　一般位置直线

（1）三个投影都倾斜于投影轴；

（2）三个投影的长度都小于直线实长；

$ab = AB\cos\alpha < AB$；$a'b' = AB\cos\beta < AB$；$a''b'' = AB\cos\gamma < AB$

（3）投影与投影轴的夹角，不反映空间直线与投影面的真实夹角。

2. 投影面平行线

平行于一个投影面与另外两个投影面倾斜的直线，称为投影面平行线。投影面平行线又可分为以下三种，如表 2.3-1 所示：

表 2.3-1　投影面平行线

名称	轴 测 图	投 影 图	投 影 特 性
水平线			1. 水平投影 ab 反映实长，$ab = AB$； 2. AB 与 H 面的夹角 $\alpha = 0°$，ab 与 OX 轴夹角反映 AB 与 V 面夹角 β，ab 与 OY_H 轴夹角反映 AB 与 W 面夹角 γ； 3. $a'b' /\!/ OX$，$a''b'' /\!/ OY_W$，长度缩短

续表

名称	轴测图	投影图	投 影 特 性
正平线	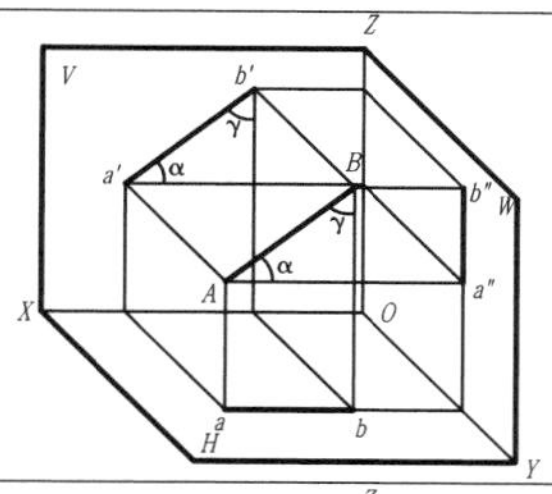	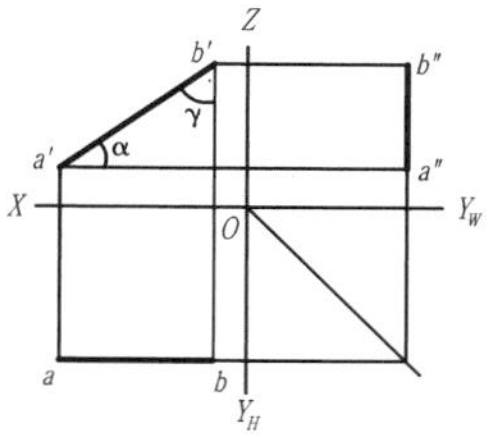	1. 正面投影 $a'b'$ 反映实长，$a'b' = AB$； 2. AB 与 V 面的夹角 $\beta = 0$，$a'b'$ 与 OX 轴夹角反映 A 与 H 面夹角 α，$a'b'$ 与 OZ 轴夹角反映 AB 与 W 面夹角 γ； 3. $ab // OX$，$a''b'' // OZ$，长度缩短
侧平线	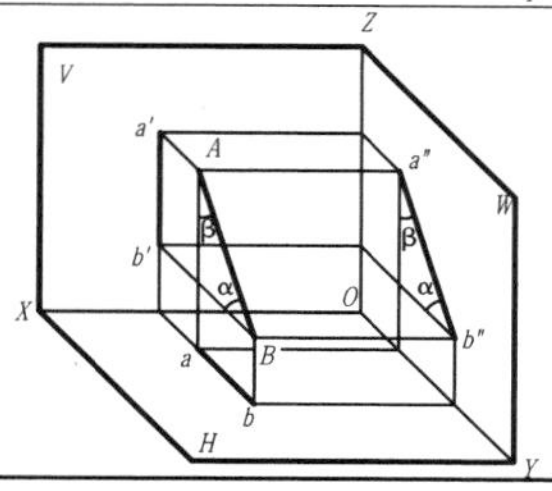	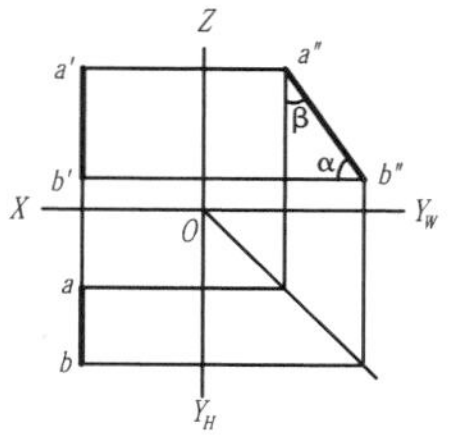	1. 侧面投影 $a''b''$ 反映实长，$a''b'' = AB$； 2. AB 与 W 面的夹角 $\gamma = 0°$，$a''b''$ 与 OY_W 轴夹角反映 AB 与 H 面夹角 α，$a''b''$ 与 OZ 轴夹角反映 AB 与 V 面夹角 β； 3. $a'b' // OZ$，$ab // OY_H$，长度缩短

（1）水平线　与 H 面平行，倾斜于 V 和 W。

（2）正平线　与 V 面平行，倾斜于 H 和 W。

（3）侧平线　与 W 面平行，倾斜于 V 和 H。

投影面平行线的投影特性是：

（1）在其所平行的投影面上的投影反映实长，且该投影与投影轴的夹角分别反映空间直线与另外两个投影面的夹角。

（2）在另外两个投影面上的投影分别平行于相应的投影轴，长度缩短。

3. 投影面垂直线

垂直于一个投影面的直线，称为投影面垂直线。由于三个投影面是互相垂直的，所以直线与一个投影面垂直，必定与另两个投影面平行。投影面垂直线又可分为以下三种，如表 2.3－2 所示：

（1）铅垂线　垂直于 H 面，平行于 V 和 W。

（2）正垂线　垂直于 V 面，平行于 H 和 W。

（3）侧垂线　垂直于 W 面，平行于 H 和 V。

投影面垂直线的投影特性：

（1）直线在其所垂直的投影面上的投影积聚为一点；

（2）另外两个投影分别垂直于相应的投影轴，且反映实长。

表 2.3－2　投影面垂直线

名称	轴测图	投影图	投 影 特 性
铅垂线	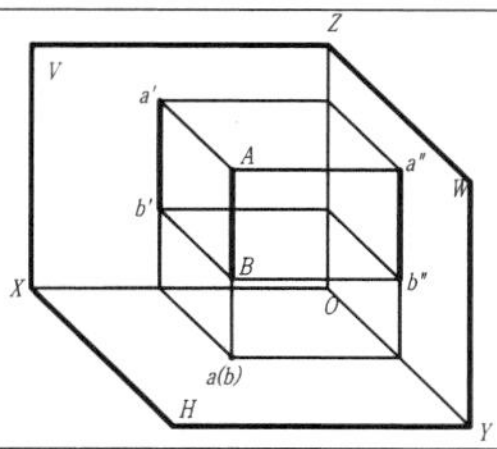	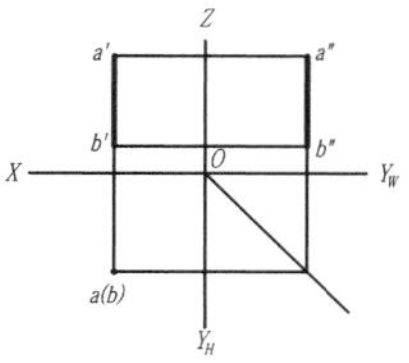	1. ab 积聚成一点； 2. $a'b' // OZ$，$a''b'' // OZ$，$a'b' = a''b'' = AB$，反映实长； 3. $\alpha = 90°$，$\beta = \gamma = 0°$

续表

名称	轴测图	投影图	投 影 特 性
正垂线			1. $a'b'$ 积聚成一点; 2. $ab // OY_H$, $a''b'' // OY_W$, 都反映实长; 3. $\beta = 90°$, $\alpha = \gamma = 0°$
侧垂线			1. $a''b''$ 积聚成一点; 2. $ab // OX$, $a'b' // OX$, 都反映实长; 3. $\gamma = 90°$, $\alpha = \beta = 0°$

【例2－2】 如图2.3－3所示,已知直线 AB 的 V 面、H 面投影,求作 AB 的 W 面投影。

作图步骤如下:

根据图2.3－3(a)所给的已知条件,分别作出 A 点、B 点的 W 面投影 a″、b″,然后连接 a″b″,即得到 AB 的 W 面投影,如图2.3－3(b)所示。

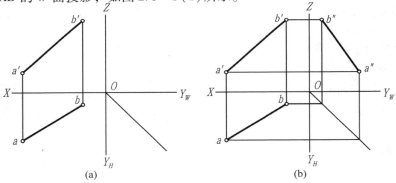

图2.3－3 作直线 AB 的 W 面投影 a″b″

【例2－3】 如图2.3－4(a)所示,已知点 A 的投影 a、a′,试过 A 点作水平线 AB,使点 B 在点 A 的右前方, AB 的实长为20mm, β 角为30°。

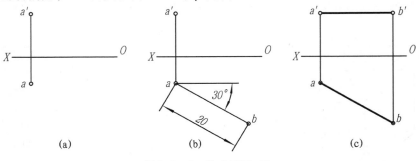

图2.3－4 作水平线 AB

作图步骤如下：

（1）由 a 向右前方作直线与 OX 轴成 30°，截取 ab 等于 20mm，作出点 B 的水平投影 b；

（2）由 a′作 OX 轴的平行线，再由水平投影 b 作 OX 轴的垂直线，两线相交于 b′，作出点 B 的正面投影 b′；

（3）加深 a′b′和 ab，得 AB 的两个投影，如图 2.3-4(c)所示。

2.3.3　直线上的点

1. 点和直线的从属关系

属于直线的点，它的水平投影属于直线的水平投影，它的正面投影属于直线的正面投影，它的侧面投影属于直线的侧面投影。

反之，点的水平投影属于直线的水平投影，点的正面投影属于直线的正面投影，同时点的侧面投影属于直线的侧面投影，则该点属于直线。

如图 2.3-5 所示，已知 $C \in AB$，则 $c \in ab$、$c' \in a'b'$、$c'' \in a''b''$。

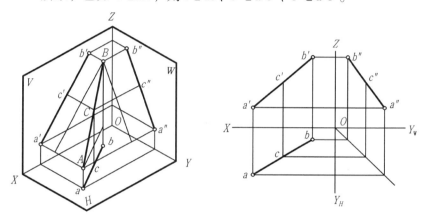

图 2.3-5　直线及其上的点

2. 点分线段成定比(定比定理)

属于线段的点，分线段之比等于其投影之比。

如图 2.3-5 所示，已知 $C \in AB$，则 $AC : CB = ac : cb = a'c' : c'b' = a''c'' : c''b''$。

【例 2-4】　如图 2.3-6(a)所示，已知点 C 和直线 AB 的两投影，判断点 C 是否在直线 AB 上。

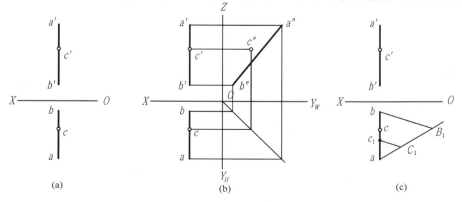

(a)　　　　(b)　　　　(c)

图 2.3-6　判断点 C 是否在直线 AB 上

此题有两种解法：

解法一：作出直线 AB 和点 C 的侧面投影，如图 2.3 – 6(b)所示。点 C 的侧面投影 c'' 不在直线 AB 的侧面投影 $a''b''$ 上，由直线上点的投影特性判断，点 C 不在直线 AB 上。

解法二：如图 2.3 – 6(c)所示，先过 a 点任意作一条射线，再作辅助线 $aB_1 = a'b'$，在 aB_1 上定出 C_1 点，使 $aC_1 = a'c'$，连接 bB_1，过 C_1 作 bB_1 的平行线交 ab 于 c_1。由于 c_1 不与 c 重合，根据直线上点的投影特性判断，点 C 不在直线 AB 上。

【例 2 – 5】 如图 2.3 – 7(a)所示，已知直线的投影 ab 和 $a'b'$，求作直线上一点 C 的投影，使 $AC : CB = 3 : 2$。

作图步骤如下：

(1) 过 a 任意作一条射线，在其上截取 5 个单位长度的线段，连接 $5b$，如图 2.3 – 7(b)所示；

(2) 从分点 3 处作 $5b$ 的平行线交 ab 于 c，则 $ac : cb = 3 : 2$；

(3) 由 c 按点的投影规律求出 c'，如图 2.3 – 7(c)所示。

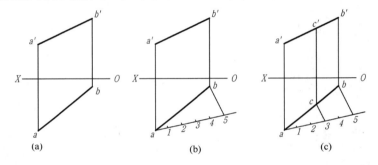

图 2.3 – 7 作线段 AB 的分点 C

2.3.4 两直线的相对位置

两直线在空间的相对位置有三种：平行、相交、交叉(或异面)。

1. 平行

如果空间两直线相互平行，则其同名投影必相互平行，如图 2.3 – 8 所示，若 $AB /\!/ CD$，

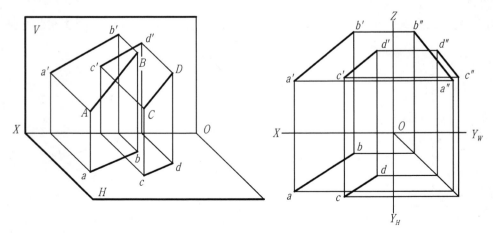

图 2.3 – 8 平行两直线

则 $ab /\!/ cd$，$a'b' /\!/ c'd'$，$a''b'' /\!/ c''d''$。

反之，如果两直线的各同名投影都相互平行，则空间两直线一定平行。若 $ab /\!/ cd$，$a'b' /\!/ c'd'$，$a''b'' /\!/ c''d''$，则 $AB /\!/ CD$。

2. 相交

如果空间两直线相交，则两直线的各同名投影均相交，且各同名投影的交点符合点的投影规律。如图 2.3 – 9 所示，空间直线 AB 与 CD 相交于 K 点，则水平投影 ab 与 cd 相交于 k，正面投影 $a'b'$ 与 $c'd'$ 相交于 k'，且 $kk' \perp OX$ 轴，K 点符合点的投影规律。

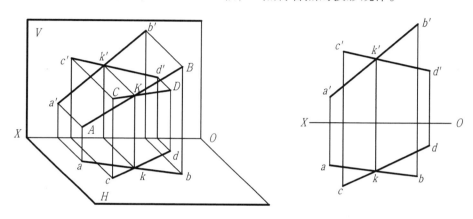

图 2.3 – 9　相交两直线

反之，若两直线的同名投影相交，且其交点符合点的投影规律，则两直线相交。

【例 2 – 6】　如图 2.3 – 10(a) 所示，过 C 点作水平线 CD 与 AB 相交。

分析：CD 是水平线，$c'd' /\!/ OX$，先求 $c'd'$，再求 cd。

作图步骤如下：

(1) 过 c' 作 $c'd' /\!/ OX$，$c'd'$ 与 $a'b'$ 交于 k'，$c'd'$ 长度不限；

(2) 根据交点 K 的投影规律，K 点既属于 AB，也属于 CD，$kk' \perp OX$，在 ab 上找到 k；

(3) 连接 ck，延长求出 cd 并加深。

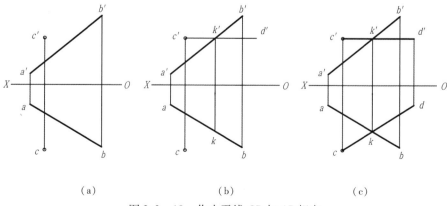

（a）　　　　　　　　　（b）　　　　　　　　　（c）

图 2.3 – 10　作水平线 CD 与 AB 相交

3. 交叉

在空间既不平行也不相交的两直线称为交叉(或异面)直线。

图 2.3 - 11 是交叉两直线的投影,交叉两直线的同名投影可能相交,但投影交点不符合点的投影规律。水平投影的交点,实际上是空间Ⅰ、Ⅱ两个点对 H 面的重影点,其中Ⅰ点在 CD 上,Ⅱ点在 AB 上;正面投影的交点是空间Ⅲ、Ⅳ两个点对 V 面的重影点,Ⅲ点在 AB 上,Ⅳ点在 CD 上。

利用交叉两直线投影中的重影点的可见性判别,可以判断交叉两直线的相对位置。

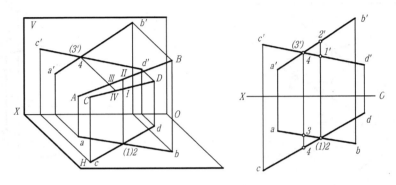

图 2.3 - 11　交叉两直线

【例 2 - 7】　判断图 2.3 - 12、图 2.3 - 13 所示两直线的位置关系。

分析:图 2.3 - 12(a) 为已知条件,可以判断出 DE 与 FG 同为侧平线,两直线的相对位置要用侧面投影来判断。通过作 W 面投影,如图 2.3 - 12(b) 所示,可以判断两直线交叉。当交叉两直线同为投影面的平行线时,在三面投影中会有两组同名投影平行,另一组同名投影相交,如 de // fg、d'e' // f'g',但是 d''e'' 与 f''g'' 相交。

用同样的方法可以判断出,图 2.3 - 13 中的两直线也为交叉直线。

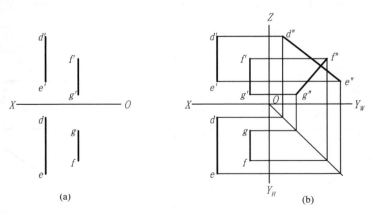

图 2.3 - 12　判断 DE、FG 两直线的相对位置

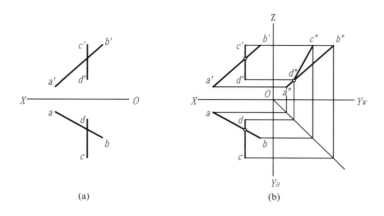

图 2.3 – 13　判断 *AB*、*CD* 两直线的相对位置

【例 2 – 8】　如图 2.3 – 14(a)所示，试作直线 *KL* 与已知直线 *AB*、*CD* 均相交，交点分别为 *K*、*L*，并与已知直线 *EF* 平行。

分析：因为 *KL*∥*EF*，所以 *kl*∥*ef*，*k′l′*∥*e′f′*，又因为 *KL* 与 *CD* 交于 *L* 点，由图 2.3 – 14(a)可知，直线 *CD* 是铅垂线，则点 *L* 的水平投影 *l* 与 *c*(*d*) 重合。

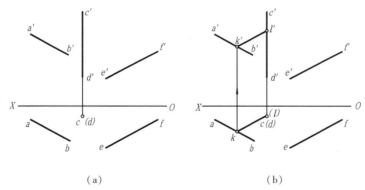

图 2.3 – 14　作直线 *KL*

作图步骤如下：

(1) 求出 *L* 点的水平投影 *l*；

(2) 过 *l* 作直线平行于 *ef* 交 *ab* 于 *k*；过 *k* 作 *OX* 轴的垂线交 *a′b′* 于 *k′*；

(3) 过 *k′* 作 *e′f′* 的平行线交 *c′d′* 于 *l′*；

(4) 加深 *kl* 和 *k′l′*，则 *KL* 的两投影即为所求，如图 2.3 – 14(b)所示。

【例 2 – 9】　如图 2.3 – 15(a)所示，过 *C* 点作直线交已知直线 *AB* 于 *K*，并使 *K* 到 *V*、*H* 面的距离相等。

分析：若点的 *Y*、*Z* 坐标相等，则点到 *V*、*H* 面的距离相等，点的侧面投影反映 *Y*、*Z* 坐标。

作图步骤如下：

(1) 过 *O* 作 45°斜线交 *a″b″* 于 *k″*，并求出 *k′* 和 *k*；

(2) 连接并加深 *ck*、*c′k′*、*c″k″*，*CK* 即为所求，如图 2.3 – 15(b)所示。

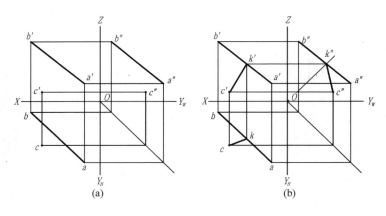

图 2.3-15　过 C 点作直线 CK 与直线 AB 相交

【例 2-10】　如图 2.3-16(a)所示,过点 C 作直线 CD 交 AB 于 D,D 点距 H 面 20mm。

分析:D 点距 H 面 20mm,即 D 点的 Z 坐标等于 20mm。

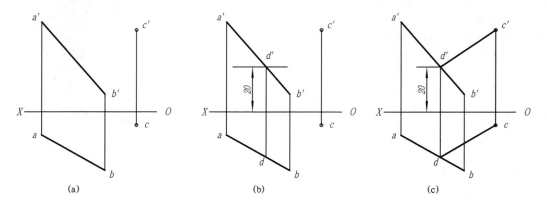

图 2.3-16　过 C 点作直线 CD 与直线 AB 相交

作图步骤如下:

(1) 作 OX 轴的平行线,且距离 OX 轴为 20mm,交 a'b'于 d',如图 2.3-16(b)所示;

(2) 过 d'作 OX 轴的垂线交 ab 于 d,连接并加深 cd、c'd',CD 即为所求,如图 2.3-16(c)所示。

2.4　平面的投影

2.4.1　平面的表示法及投影特性

1. 平面的表示法

由初等几何可知,不在同一条直线上的三个点可以唯一地确定一个平面,平面的投影可以用不在同一直线上的三点的投影表示,如图 2.4-1(a)所示。A、B、C 三点表示了空间一个确定位置的平面,不表示该平面的范围或形状。由此可以演化出空间平面的另四种表示形式:一直线和直线外一点;相交两直线;平行两直线;任意平面图形(例如三角形、圆以及其他图形),如图 2.4-1(b)、(c)、(d)、(e)所示。

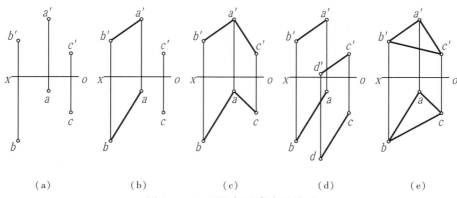

| (a) | (b) | (c) | (d) | (e) |

图 2.4-1　用几何元素表示平面

2. 平面的投影特性

　　平面与投影面的相对位置不同，其投影具有不同的性质，如图 2.4-2 所示：当平面 $\triangle ABC$ 平行于投影面 P 时，投影反映实形；当平面 $\triangle DEF$ 垂直于投影面 P 时，投影积聚为直线；当平面 $\triangle SMN$ 倾斜于投影面 P 时，投影具有类似形（边数相等的类似多边形）。

　　平面与投影面的相对位置用平面与投影面的夹角（即二面角）来表示。在三投影面体系中，平面与投影面 H、V、W 的夹角分别用 α、β、γ 来表示。当平面平行于投影面时，倾角为 $0°$；当平面垂直于投影面时，倾角为 $90°$；当平面倾斜于投影面时，倾角大于 $0°$，小于 $90°$。

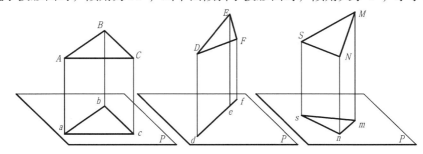

图 2.4-2　平面的投影特性

2.4.2　各种位置平面的投影

　　根据平面与投影面的相对位置不同，平面可分为三类：一般位置平面、投影面平行面、投影面垂直面。

　　1. 一般位置平面

　　倾斜于三个投影面的平面称为一般位置平面。它在三个投影面上的投影既不反映实形，也没有积聚性，均为原平面图形的类似形。三个投影都不能直接反映该平面对投影面的真实倾角。

　　如图 2.4-3 所示，空间 $\triangle ABC$ 的三个投影分别为 $\triangle abc$、$\triangle a'b'c'$、$\triangle a''b''c''$。三个投影仍然是三角形，但面积缩小。

　　2. 投影面垂直面

　　垂直于一个投影面，与另外两个投影面倾斜的平面称为投影面垂直面。投影面垂直面有以下三种类形，如表 2.4-1 所示：

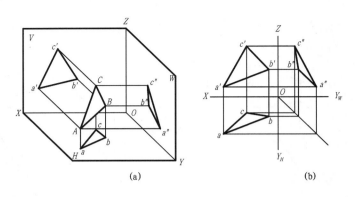

图 2.4 – 3　一般位置平面

（1）铅垂面　垂直于 H，倾斜于 V 和 W。

（2）正垂面　垂直于 V，倾斜于 H 和 W。

（3）侧垂面　垂直于 W，倾斜于 V 和 H。

投影面垂直面的投影特性：

（1）在其所垂直的投影面上的投影，积聚为一条与投影轴倾斜的直线，它与投影轴的夹角分别反映该平面与另两个投影面的倾角。

（2）在另两个投影面上的投影均不反映实形，是原平面图形的类似形。

表 2.4 – 1　投影面垂直面

名称	轴测图	投影图	投影特性
铅垂面			1. 水平投影积聚成直线，$\alpha = 90°$。水平投影与 OX、OY 轴夹角反映空间平面对 V、W 面的夹角 β、γ； 2. 正面投影、侧面投影均为类似形
正垂面			1. 正面投影积聚成直线，$\beta = 90°$。正面投影与 OX、OZ 轴夹角反映空间平面对 H、W 面的夹角 α、γ； 2. 水平投影、侧面投影均为类似形
侧垂面			1. 侧面投影积聚成直线，$\gamma = 90°$。侧面投影与 OY_W、OZ 轴夹角反映空间平面对 H、V 面的夹角 α、β； 2. 水平投影、正面投影均为类似形

3. 投影面平行面

平行于一个投影面，而与另外两个投影面垂直的平面称为投影面平行面。投影面平行面有以下三种类形，如表2.4-2所示：

（1）水平面　平行于 H，垂直于 V 和 W。
（2）正平面　平行于 V，垂直于 H 和 W。
（3）侧平面　平行于 W，垂直于 V 和 H。

投影面平行面的投影特性：
（1）在其所平行的投影面上的投影反映实形；
（2）在另两个投影面上的投影均积聚成直线，且平行于相应的投影轴。

表 2.4 – 2　投影面平行面

名称	轴 测 图	投 影 图	投 影 特 性
水平面			1. 水平投影反映实形，正面投影、侧面投影均积聚为直线，且平行于相应的投影轴 2. $\alpha = 0°$，$\beta = 90°$，$\gamma = 90°$
正平面			1. 正面投影反映实形，水平投影、侧面投影均积聚为直线，且平行于相应的投影轴。 2. $\alpha = 90°$，$\beta = 0°$，$\gamma = 90°$
侧平面			1. 侧面投影反映实形，水平投影、正面投影均积聚为直线，且平行于相应的投影轴。 2. $\alpha = 90°$，$\beta = 90°$，$\gamma = 0°$

【例2-11】　如图2.4-4(a)所示，已知 AC 为水平线，试以 AC 为对角线作水平正方形。

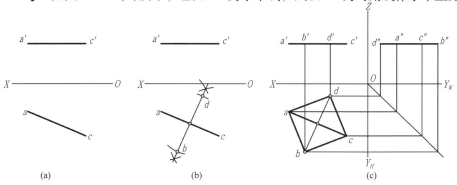

图 2.4 – 4　作水平正方形的三视图

分析：水平正方形在水平投影面上的投影反映真实形状，正方形的对角线长度相等且互相垂直平分。

作图步骤如下：

（1）在水平投影面上，作 ac 的垂直平分线，并截得 $bd = ac$；

（2）连 $abcd$ 得正方形的水平投影；

（3）由 $abcd$ 求出 b'、d'（位于 $a'c'$ 上）；

（4）根据正方形的 V、H 投影求出其 W 投影 $a''b''c''d''$。

2.4.3 平面上的点和直线

平面图形由点和线段构成，在平面上取点和直线是作平面投影的基础。

1. 平面上的点

点属于平面的几何条件是：如果一点位于平面内的一已知直线上，则此点必在平面上。在图 2.4 – 5 中，K 点位于平面内的直线 AD 上，故 K 点在平面 ABC 上。

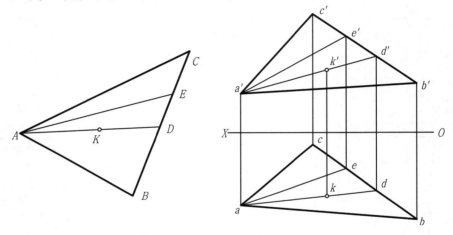

图 2.4 – 5　平面上的点和直线

2. 平面上的直线

直线属于平面的几何条件是：直线要经过平面上已知两点；或经过平面上一已知点，且平行于该平面上的另一已知直线，则此直线必定在该平面上。

在图 2.4 – 5 中，A 点和 E 点均为平面上的点，故直线 AE 在平面 ABC 上。

【例 2 – 12】　如图 2.4 – 6(a)所示，已知 △ABC 上点 M 的 V 面投影 m'，求点 M 的水平

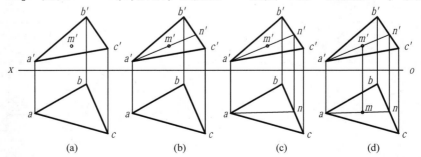

图 2.4 – 6　作点 M 的水平投影 m

投影 m。

作图步骤如图 2.4－6(b)、(c)、(d)所示：

(1) 连接 $a'm'$ 并延长交 $b'c'$ 于 n'，根据 $nn'\perp OX$ 轴，求出 n；

(2) 连接 an，m 点在 an 上，$mm'\perp OX$，可以在 an 上求出 m。

【例 2－13】　如图 2.4－7(a)所示，已知平面图形 $ABCDE$ 的正面投影和 AB、AE 的水平投影，补全其水平投影。

分析：由于相交两直线 AB、AE 确定一个平面，并且 AB、AE 的 V、H 投影已知，故补全平面图形 $ABCDE$ 的水平投影问题属于平面上取点问题。

作图步骤如图 2.4－7(b)、(c)所示：

(1) 连接 $b'e'$ 及 be，连接 $a'c'$ 交 $b'e'$ 于 $1'$，Ⅰ点应属于平面 $ABCDE$；

(2) Ⅰ点属于 BE，由 $1'$ 求出水平投影 1，连 $a1$ 并延长；

(3) C 点在 AⅠ 上，由 c' 求出水平投影 c；

(4) 同理可求出 d，连接并加深 $abcde$。

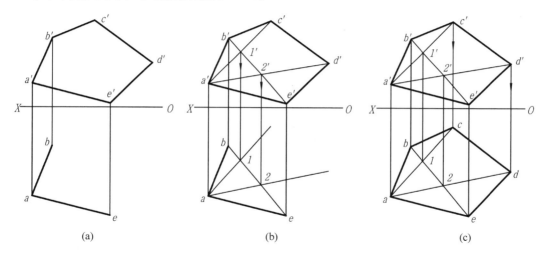

图 2.4－7　作平面图形 $ABCDE$ 的水平投影

2.5　直线、平面的相对位置

直线与平面、平面与平面的相对位置有平行、相交两种情况，本节介绍这两种情况的投影特征和作图方法。

2.5.1　平行

1. 直线与平面平行

直线与平面平行的几何条件是：若一直线平行于平面内的一条直线，则该直线与平面平行。

在图 2.5－1 中，直线 EF 平行于平面 ABC 内的一条直线 AD，在投影图中表现为 ef // ad，$e'f'$ // $a'd'$，故直线 EF 平行于平面 ABC。图 2.5－2 说明了直线 MN 与铅垂平面 ABC 平行的投影特征，直线 MN 的水平投影 mn 与铅垂平面 ABC 的水平投影 abc 平行。

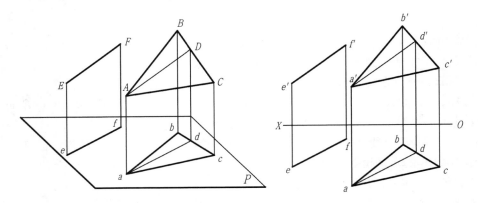

图 2.5 - 1   直线与平面平行

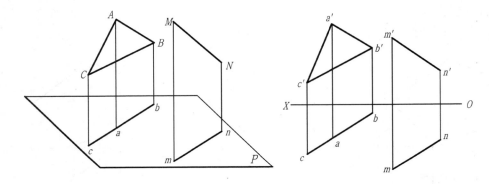

图 2.5 - 2   直线与平面平行

【例 2 - 14】   如图 2.5 - 3 所示，过 K 点作一条水平线 KL 平行于平面 ABC。

分析：根据题意，KL 应平行于平面 ABC 内的所有水平线。先在平面 ABC 内作一条水平线，使 KL 平行于此水平线。

作图步骤如下：

（1）在平面 ABC 内作一条水平线 AD，AD 的正面投影 a'd' // OX 轴；

（2）过 K 点作直线 KL 平行 AD，k'l' // a'd'，kl // ad，直线 KL 即为所求。

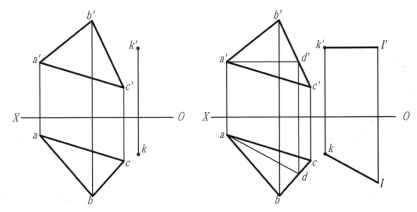

图 2.5 - 3   作水平线平行于平面 ABC

2. 平面与平面平行

两平面平行的几何条件是：若一平面内的两相交直线分别平行于另一平面内的两相交直线，则该两平面平行。

在图 2.5 - 4 中，平面 P、Q 分别由两条相交直线表示。由于 $AB /\!/ DE$，$BC /\!/ EF$，所以 $P /\!/ Q$。

图 2.5 - 5 表示两个平行的铅垂面的投影，两个平面的水平投影有积聚性且平行。

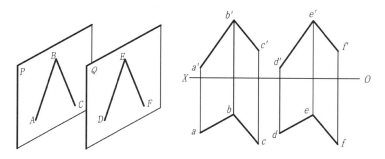

图 2.5 - 4　两平面平行

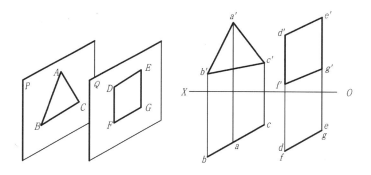

图 2.5 - 5　两平面平行

【例 2 - 15】　如图 2.5 - 6(a)所示，过 K 点作一平面，使其平行于平面 ABC。

分析：根据两平面平行的几何条件，所求平面用两条相交直线表示，交点为 K。

作图步骤如下：

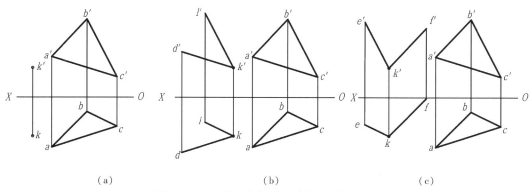

（a）　　　　　　　　　（b）　　　　　　　　　（c）

图 2.5 - 6　过 K 点作平面平行于平面 ABC

（1）在正立投影面上，作 $k'l' \mathbin{/\mkern-4mu/} c'b'$，作 $k'd' \mathbin{/\mkern-4mu/} c'a'$；

（2）在水平投影面上，作 $kl \mathbin{/\mkern-4mu/} cb$，$kd \mathbin{/\mkern-4mu/} ca$。相交两直线 KD 和 KL 表示的平面即为所求。如图 2.5 − 6(b)所示。

（3）如图 2.5 − 6(c)所示，用同样的方法可以求出平面 KEF。

在这里，我们思考一个问题，KDL 与 KEF 是一个平面还是两个平面？

2.5.2　相交

直线与平面相交，交点是直线与平面的共有点。两平面相交，交线是两平面的共有线。若求两平面的交线，需要求出相交平面的两个共有点，或求出一个共有点及交线的方向。

由于直线与平面的相对位置不同，从某个方向投射时，彼此之间会存在相互遮挡关系，如图 2.5 − 7 所示，且交点是直线的可见段与不可见段的分界点。因此，求出交点后，还应判别可见性。这里仅介绍有积聚性的直线或有积聚性的平面的相交问题。

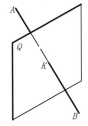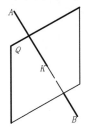

图 2.5 − 7　平面与直线的相互遮挡关系

1. 一般位置直线与投影面垂直面相交

当直线与投影面垂直面相交时，可以利用其有积聚性的投影来求交点。图 2.5 − 8 显示出一般位置直线 MN 与正垂面 ABC 相交，交点 K 的 V 面投影 k' 可以直接确定，交点 K 的 H 面投影 k 可利用点在直线上的投影特性求出。

在图 2.5 − 8 中，直线 MN 与平面 ABC 投影相重合的部分需判别可见性。交点 K 将直线 MN 分为两部分，由正面投影可知，KM 部分在平面 ABC 的上方，其水平投影可见；KN 部分在平面 ABC 的下方，其水平投影与平面 ABC 重合的部分不可见，用虚线表示。

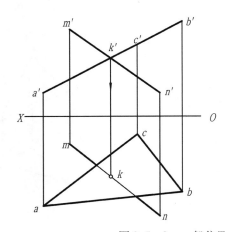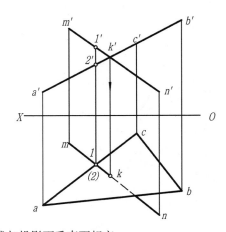

图 2.5 − 8　一般位置直线与投影面垂直面相交

2. 投影面垂直线与一般位置平面相交

图 2.5 - 9 显示出正垂线 *EF* 与一般位置平面 *ABC* 相交。交点 *K* 的 *V* 面投影 *k′* 与 *e′*(*f′*) 重合，可以直接确定，交点 *K* 的 *H* 面投影 *k* 可利用在平面上取点的方法求出。连接 *a′e′* 并延长交 *b′c′* 于 *d′*，由 *d′* 向下作 *OX* 轴的垂线交 *bc* 于 *d*，连接 *ad* 交 *ef* 于 *k*。

水平投影 *ef* 与平面 *abc* 相重合部分需判别可见性。由正面投影可知，*EF* 在 *AC* 的上方，在 *BC* 的下方，所以，在水平投影 *ef* 中由 *k* 到 *ac* 且与△*ABC* 相重合的部分可见，在水平投影 *ef* 中由 *k* 到 *bc* 且与△*ABC* 相重合的部分不可见，用虚线表示。

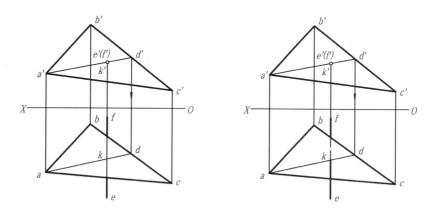

图 2.5 - 9 投影面垂直线与一般位置平面相交

3. 一般位置平面与投影面垂直面相交

一般位置平面与投影面垂直面相交，可以在没有积聚性的那个平面上取两条直线，分别求出这两条直线与投影面垂直面的交点，则交点的连线即为两平面的交线。实际上是将求交线问题转变为求两个交点的问题。

图 2.5 - 10 显示出求一般位置平面 *ABC* 与铅垂面 *STUV* 相交求交线的方法。分别求出直线 *AB* 与 *STUV* 的交点 *K* 和直线 *AC* 与平面 *STUV* 的交点 *L*，并判别 *AB*、*AC* 的可见性。需注意的是平面 *STUV* 也有被平面 *ABC* 遮挡而不可见的部分。

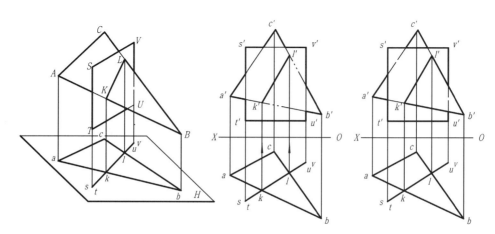

图 2.5 - 10 一般位置平面与投影面垂直面相交

2.6 画法几何学与蒙诺

18世纪末，几何学上出现了一个显著进展，这就是画法几何学的创立，它的特征问题是给出立体图形的平面表示和从这样得到的平面图精确地重新绘制原始立体图形。

平面图和正视图的应用同建筑术一样古老，埃及、古罗马的古代建筑师都绘制过平面图，这种技术直接产生于建筑实践的需要，在建筑实践中得到进一步的发展，产生了许多令人赞叹的建筑业绩。在16世纪和17世纪出版的教科书里给出了重要的建筑作图法，但没有给出证明过程。

绘画艺术家也需要掌握在平面上正确表示立体图形的技术，1525年德国画家阿尔布雷希勒·丢勒出版著作论述作图法的重要性，他认为一幅画的透视基准应当由数学规则给出，不要随手绘制，因为这样必定带来严重误差。

把许多世纪积累起来的成果加以补充并把它们建立在严格论证基础之上，从而把这门技术系统化为数学的一个分支的工作，是法国数学家加斯帕尔·蒙诺。

蒙诺(1748—1818)，他集数学家、科学家以及教育家于一身，在物理学、化学、分析几何以及画法几何学做出了重要的贡献。

蒙诺出生于18世纪法兰西一个破落的商人家庭，父亲对于教育的重视和蒙诺的努力造

就了他的成功之路。另人感到惊异的是，当他还是Mezeres的一个学生时就以其独特的方法解决了包括战争要塞设计在内的诸多问题，从一个助理直升为全职教授。几年后，他晋升为数学系教授并开始负责物理系的工作。

不幸的是，蒙诺的工作因为军事保密的原因不为人们所知。他一直在自己的领域内孜孜不倦地工作，并对许多原理进行了扩充和修改，大大增强了它们在工程图上的实用效果。1794年，蒙诺建立了世界上第一所工程类的技术培训学校——Ecole工业学校，开始讲授画法几何学的知识。第二年，他所编著的《画法几何》得以出版发行，这本书改变了工程图纸从简单示意到详尽描述、可以实际操作的应用进程。

蒙诺在他的有生之年获得了大量的荣誉和奖赏，但路易十八的执政，使蒙诺的人生发生了急剧的变化：他一直是拿破仑·波拿巴的忠实臣民，随着拿破仑的失势，他的职业生涯也结束了，并在1818年不名誉地死去。尽管如此，蒙诺对于《画法几何》的贡献一直为人称道，他的学生和继任者在他所钟爱的道路上越走越远……

第3章 立体及其表面交线的投影

机件的形状各异，构造繁简不一，但都可以看成是由一些简单的几何体按一定的方式组合而成，如图3-1所示。简单的几何体都可以看作是由表面所围成，按表面的几何性质不同可将其分为：平面立体和曲面立体。本章介绍构成机件的平面立体、曲面立体的投影，及其组合时产生的截交线和相贯线的投影规律和画法。

图3-1 不同形状的机件

3.1 立体的三面投影与三视图

3.1.1 视图

在工程图样上，将机件的正投影称为视图。绘制视图时，有以下要求：

（1）构成物体的每一要素（点、线、面）在投影面上都有与之对应的投影。

（2）物体可见部分的投影用粗实线表示；不可见部分的投影用虚线表示。

（3）当可见部分与不可见部分的投影重合时，即粗实线与虚线重合时，只画粗实线，如图3.1-1所示。

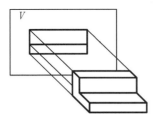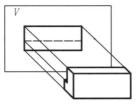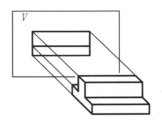

图3.1-1 视图形成举例

（4）仅用一个视图不能唯一地确定物体的形状和大小。

一个视图只能反映出物体长、宽、高中两个方向的尺寸，不同形状物体的某一视图有可能是完全一样的，如图3.1-2（a）所示。有时两个视图也不能唯一地确定物体的形状，如图3.1-2（b）所示。为了唯一地确定物体的形状和大小，必须再增加一个视图，即画出物体的三个视图，每个视图表示物体的一个方面，三个视图配合便可准确、清楚地表示物体。

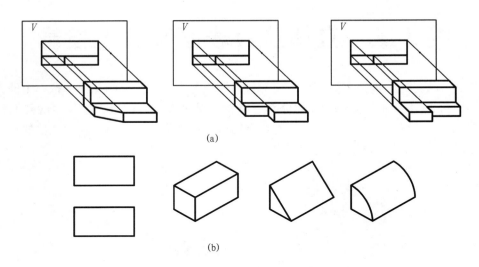

图 3.1 - 2　一个视图对应多个形状物体举例

3.1.2　三面投影与三视图的形成及位置关系

设以三个互相垂直的平面作为投影面，建立一个三投影面体系，如图 3.1 - 3(a)所示。三个投影面分别称为正面投影面(V面)、水平投影面(H面)和侧面投影面(W面)。两投影面的交线称为投影轴，其中 V 面与 H 面交于 OX 轴、H 面与 W 面交于 OY 轴、W 面与 V 面交 OZ 轴。

三视图按如下步骤形成，如图 3.1 - 3 所示：

(1) 将物体分别向三个投影面作正投影，在 V、H、W 三个投影面上依次得到物体的正面投影、水平投影和侧面投影。将得到的三个投影分别称为物体的主视图、俯视图和左视图，如图 3.1 - 3(a)所示。

(2) 画图时需要将三个视图画在同一平面上，也就需要将三个投影面展开成为一个平面。为此规定：V 面不动，H 面绕 OX 轴向下旋转 90°，W 面绕 OZ 轴向右旋转 90°，如图 3.1 - 3(b)所示。

(3) V、H、W 三个投影面展开在同一个平面上，三个视图也因此共面，如图 3.1 - 3(c)所示。

(4) 在进行投影时，投影面的大小无限制，因此去掉投影面边框。投影轴只能说明物体相对于各投影面的距离，没有投影轴一样能使三视图保持相应的投影关系，因此通常不画出投影轴，即图 3.1 - 3(d)为常见物体三视图形式。

由此可见三视图位置的配置为：俯视图在主视图的正下方，左视图在主视图的正右方。按照这种位置配置视图时，国家标准规定一律不注视图的名称。

3.1.3　三视图投影规律

由上述作图的整个过程可以看出，三视图是同一个物体从三个不同方向投影得到的视图，视图之间有着内在的联系。由图 3.1 - 3 可以看出：主视图表现物体长、高两个方向的

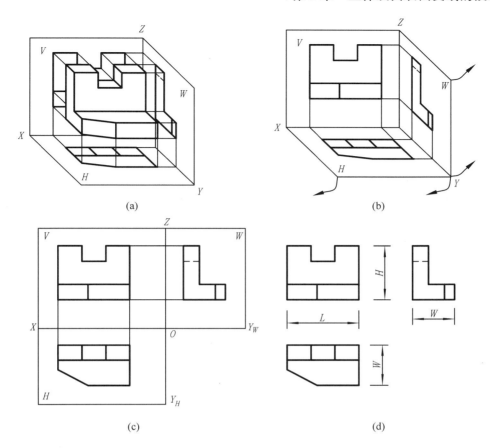

图 3.1 - 3   三视图的形成

尺寸,上下及左右位置关系;俯视图表现物体长、宽两个方向的尺寸,前后及左右位置关系;左视图表现物体宽、高两个方向的尺寸,上下及前后位置关系。

主视图与俯视图各对应部分的长度相等;俯视图与左视图各对应部分的宽度相等;主视图与左视图各对应部分的高度相等。因此三个视图之间的关系存在如下规律:

主、俯视图长度相等——左右长对正;

主、左视图高度相等——上下高平齐;

俯、左视图宽度相等——前后宽相等。

三视图的投影规律非常重要,它贯穿于工程制图的始终,是画图和读图最基本的准则。初学者在画图和看图时一定要注意运用三视图的投影规律,特别是俯视图与左视图各对应部分的宽度相等以及前后的位置关系,将三个视图联系起来看,就能全面反映出物体的空间形状。

3.2 平面立体

平面立体的表面由平面多边形围成,如棱柱和棱锥等。画平面立体的投影就是画出立体表面各个位置上的平面多边形的投影,而多边形又是由直线段所组成,直线段可由其两端点来确定，因此，画平面立体的投影可归结为画多边形的边和各个顶点的投影。

在画图时，应首先分析立体各表面、棱线、各顶点对投影面的相对位置，然后运用已掌握的点、线、面投影特性进行作图。

3.2.1　棱柱体

1. 棱柱的形状特征

图 3.2-1(a) 为正六棱柱的立体图。正六棱柱是由六个侧面和上、下两个底面所围成。上、下两个底面为水平面；前、后两个侧面为正平面；其余四个侧面为铅垂面。根据水平面、正平面、铅垂面的投影特性，画出正六棱柱的三视图，如图 3.2-1(b) 所示。

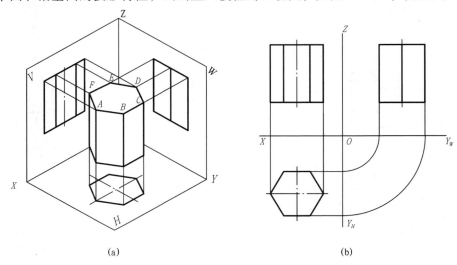

(a)　　　　　　　　　　　　　　　　　(b)

图 3.2-1　正六棱柱三视图形成

2. 棱柱投影作图步骤

根据前面分析，按以下作图步骤画正六棱柱的三视图：

（1）画中心轴线和基准线；画具有积聚性的俯视图，如图 3.2-2(a) 所示。

（2）根据六棱柱的高，按长对正的投影关系，画出主视图，如图 3.2-2(b) 所示。

（3）根据长对正、高平齐、宽相等的投影关系，画出左视图。在具体作图时可采用如下两种方法来求解左视图。

方法一：量取距离法

正六棱柱前面两个棱线和后面两个棱线到中心轴线的距离（即宽度）均为 Y，它们分别位于中心轴线的前面和后面。根据宽相等的投影关系，在求解左视图时直接相对于中心轴线的左、右方向量取 Y，即可求得四条棱线的投影；正六棱柱左右两条棱线在左视图中的投影与中心轴线重合。最后按高平齐投影规律画出左视图，如图 3.2-2(c) 所示。

方法二：添加辅助线法

分别延长俯视图中水平方向中心轴线和左视图中心轴线，二者交于点 p；过 p 作与二中心轴线呈 45°的辅助线，则正六棱柱上其他各点的投影均可根据此辅助线求出，如图 3.2-2(d)、(e) 所示；

（4）最后检查并加深，如图 3.2-2(f) 所示。

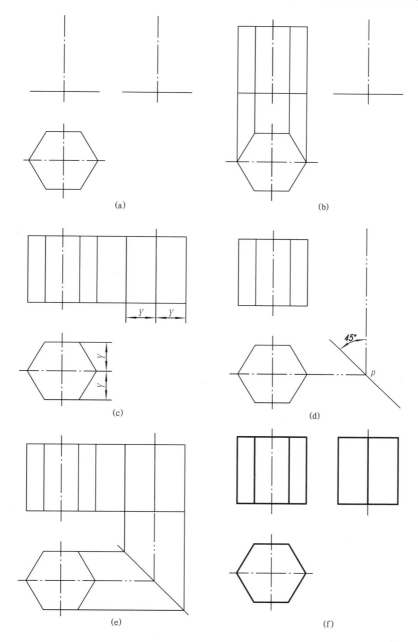

图 3.2 - 2   正六棱柱三视图作图步骤

3. 正棱柱的投影特性

图 3.2 - 3 是正五棱柱的三视图。主视图中棱线与点画线重合，重合处画棱线的投影粗实线；两条虚线是五棱柱上后面两条棱的投影。

图 3.2 - 4 是四种常见棱柱体的三视图，其中(a)是燕尾形柱；(b)是 V 形槽柱；(c)是导轨形柱；(d)是工字形柱。

根据以上棱柱的投影，可以归纳出正棱柱的投影特性：一个视图有积聚性，反映棱柱的形状特征；另外两个视图均是由实线或虚线组成的矩形线框。

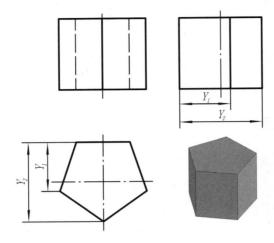

图 3.2 - 3　正五棱柱的三视图

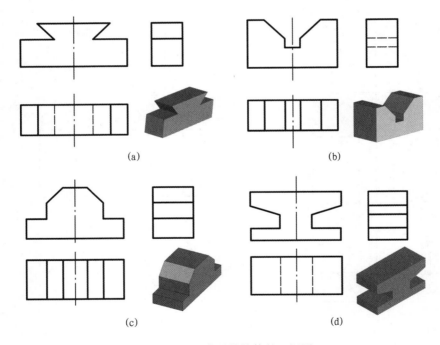

(a)　　　　　　　　　　　　　(b)

(c)　　　　　　　　　　　　　(d)

图 3.2 - 4　常见棱柱体的三视图

4. 棱柱表面上取点

在棱柱表面上取点的原理和方法与在平面上取点的原理和方法相同。如果已知立体表面上点的一个投影，便可求出其余的两个投影。

在图 3.2 - 5 中，已知正三棱柱表面上 M、N 点的正面投影 m' 和 n' 和点 K 的水平投影，求其余两投影，作图步骤如下：

（1）空间分析　点 M 和 N 分别位于三棱柱的两个侧表面上，三棱柱侧表面是铅垂面，水平投影有积聚性；点 K 的水平投影不可见，点 K 位于三棱柱的下底面。

（2）求 M、N 水平投影　　点 M 和 N 在主视图上的投影均可见，由 m' 和 n' 向俯视图作垂线分别交铅垂面水平投影于 m 和 n。

（3）求 M、N 侧面投影　　由 m' 和 m 根据点的投影规律求出 m''，再由 n' 和 n 求出 n''。

（4）求 K 的投影　　按长对正，由水平投影向主视图作垂线，与下底面的交点为 k'；按宽相等求出 k''。

（5）判断投影可见性　　点投影可见性可按本规则判定：若点所在的平面的投影可见，点的投影也可见；若平面的投影积聚成直线，点的投影按可见处理。根据本规则，可判定 m、m''、n、k'、k'' 可见，n'' 不可见。

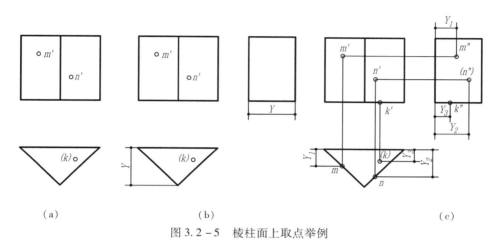

图 3.2 - 5　棱柱面上取点举例

3.2.2　棱锥体

1. 棱锥形状特征

图 3.2 - 6 是一个正三棱锥，它由一个底面和三个侧面围成，当其处于图 3.2 - 6（a）所示位置时，ABC 为水平面，SAC 为侧垂面，SAB 和 SBC 为一般位置平面。

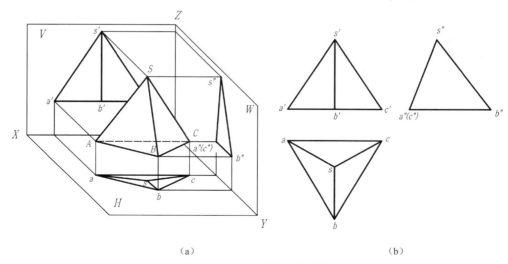

图 3.2 - 6　正三棱锥三视图形成

2. 棱锥投影作图步骤

根据前面分析,按以下作图步骤画正三棱锥,如图 3.2-7 所示:

(1)画基准线;

(2)画俯视图:分别求解正三棱锥四个顶点的水平投影,再将各点依次连接;

(3)根据三棱锥的高,按长对正的投影关系,求解正三棱锥四个顶点的正面投影,再将各点依次连接画主视图;

(4)根据主、俯视图,按高平齐、宽相等的投影关系,求解正三棱锥四个顶点的水平投影,再将各点依次连接画出左视图。

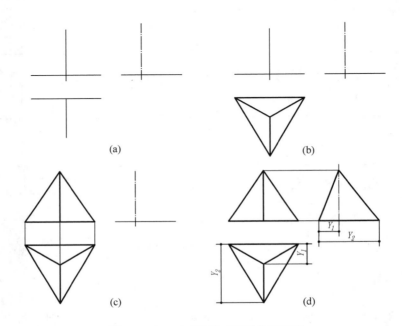

图 3.2-7　正三棱锥三视图作图步骤

3. 棱锥表面上取点

由于棱锥的某些侧面没有积聚性,因此在棱锥表面上取点时,必须先作辅助线,再利用辅助线求出点的投影。

已知三棱锥的三视图及其表面点 M 的正面投影,求点 M 的其余两个投影。

求解步骤:

(1)根据已知投影的位置及可见性,判断点所在的平面。

由于 m' 可见,M 点属于面 SAB。

(2)辅助线法求点的投影　有两种求解方法:

方法一:过所求点及锥顶作辅助线[见图 3.2-8(a)]

作图步骤是:连 $s'm'$ 并延长交底边 $a'b'$ 于 d',D 点为 SM 与 AB 的交点,M 点在 SD 上;由 d' 向俯视图作垂线交 ab 于 d,连 sd;由 d'、d 按投影关系求出 d'',并连接 $s''d''$;由于 M 点位于 SD 上,由 m' 向下、向右引垂线分别交 sd、$s''d''$ 于 m、m'',则 m、m'' 即为所求。

方法二:过所求点作已知边的平行线[见图 3.2-8(b)]

作图步骤是：过 m' 作水平线 $d'e'$ 平行底边 $a'b'$，分别交 $s'a'$、$s'b'$ 于 d'、e'，则 DE 平行于 AB，M 点在 DE 上；自 d' 向俯视图引垂线交 sa 于 d；过 d 作 ab 的平行线 de；由 m' 向俯视图引垂线交 de 于 m；再由 m'、m 按投影关系求出 m''。

（3）判断可见性　按照前述点投影可见性判断规定，可判断 m、m'' 均可见。

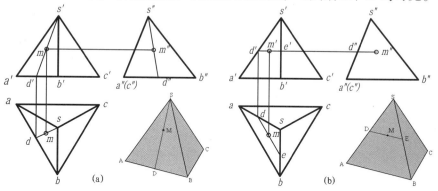

图 3.2 – 8　棱锥面上取点举例

3.3　曲面立体

在机件中常见的曲面立体是回转体，本节介绍圆柱、圆锥、圆球的投影。

3.3.1　圆柱

1. 圆柱的形状特征

圆柱由圆柱面和上、下底面组成，如图 3.3 – 1（a）所示。圆柱面可以看成是直线 AB 绕

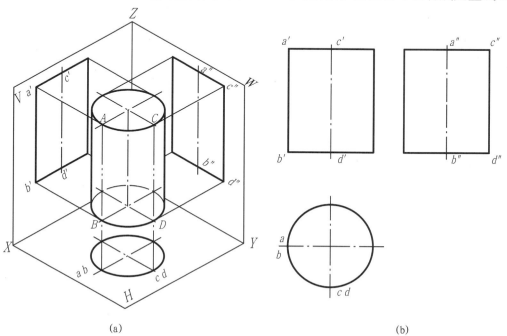

　　　　　　　　（a）　　　　　　　　　　　　　　　　　　　　（b）

图 3.3 – 1　圆柱三视图的形成

与它平行的固定轴线旋转而成。直线 AB 称为圆柱面的母线，母线在圆柱面上任一位置均称为素线，因此圆柱面可以看成是直线的集合。

圆柱面也可以看成是一个圆沿与圆平面垂直的方向移动一段距离而成，因此圆柱面也是直径相等的圆的集合。

2. 圆柱的投影

图 3.3 – 1(b)是圆柱的三视图，图示位置的圆柱轴线为铅垂线，圆柱上、下底面是水平面。圆柱的俯视图是一个圆，该圆即是圆柱上、下底面的投影，也是圆柱面的积聚投影，圆柱面上任何一点、线的投影都积聚在该圆上。

圆柱的主视图为一个矩形，其左、右两条竖线是圆柱面上最左、最右素线(即前、后两半圆柱的分界线)的投影。圆柱的左视图也是一个矩形，其前、后两条竖线是圆柱面上最前、最后素线(即左、右两半圆柱的分界线)的投影。主视图中最左、最右素线对应于左视图中的点画线位置；左视图中最前、最后素线对应于主视图中的点画线位置。

将圆柱分为左、右两半或前、后两半，有利于理解圆柱的投影。如图 3.3 – 1(b)放置的圆柱，其前半圆柱在主视图中可见；后半圆柱在主视图不可见；左半圆柱在左视图中可见；右半圆柱在左视图中不可见。

3. 圆柱表面上取点

在圆柱表面上取点与平面立体类似，应根据已知的投影和可见性，判断点在圆柱面上的位置，再求点的其余投影。

如图 3.3 – 2(a)所示，已知点 M、N、S 属于圆柱表面和各点的某一个投影，求各点的其余投影。

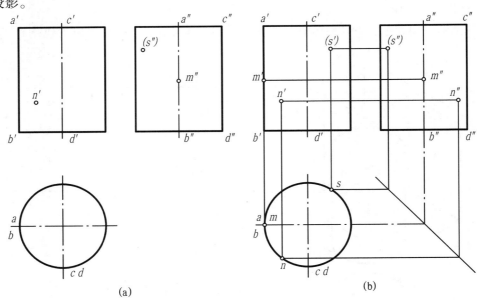

图 3.3 – 2　圆柱面上取点举例

求解步骤：

(1) 根据已知各点的投影位置及可见性，分析其在圆柱面上的位置

m'' 位于左视图的轴线上并可见，则 M 点应位于圆柱的最左轮廓线上；主视图上 n' 可见，

则 N 点在左前半圆柱上；左视图上 s'' 不可见，则 S 点在右后半圆柱上。

（2）位于轮廓线上点的投影求法　可利用轮廓线的投影直接求解。

由分析可知，M 点是圆柱最左轮廓线上的点，则在主视图上可直接找到最左轮廓线的投影，由 m'' 按高平齐求 m'，再对应求 m。

（3）一般位置点的投影求法　可利用圆柱投影的积聚性求解。

由分析可知，N 点和 S 点是处于一般位置的点。根据已知圆柱面在俯视图上积聚为圆，因此 N 点和 S 点的投影 n 和 s 也在该圆上。由 n' 按长对正求 n，再按宽相等和高平齐求 n''；由 s'' 按宽相等求 s，再对应求 s'。

（4）可见性判断。

由于圆柱面在俯视图上积聚为圆，因此俯视图上 m、n、s 均可见；M 点位于圆柱的最左轮廓线上，主视图上 m' 可见；S 点在右后半圆柱上，主视图上 s' 不可见。

3.3.2　圆锥

1. 圆锥的形状特征

圆锥是由圆锥面和底面（底圆）组成，如图 3.3－3（a）所示。圆锥面可以看成是直线 SA 绕与它相交的固定轴线旋转而成，也可以看成是由若干个直径依次变小的圆叠加而成。因此圆锥面是过锥顶直线的集合，也是变径圆的集合。

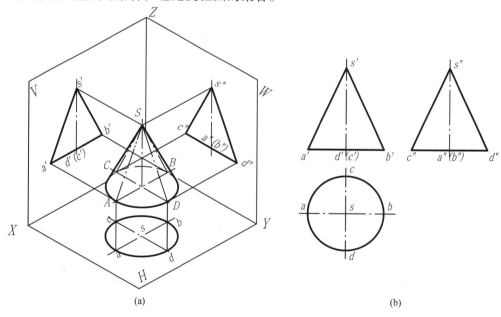

图 3.3－3　圆锥三视图形成

2. 圆锥的投影

图 3.3－3（b）是圆锥的三视图，图示位置的圆锥轴线为铅垂线，圆锥底面是水平面。圆锥的俯视图是一个圆，是圆锥底圆的投影，圆锥面的投影位于该圆之内；主、左视图均为等腰三角形，三角形的底是圆锥底圆的积聚投影，而两腰均为锥面上极限位置素线的投影。值得注意的是圆锥面在三个视图上均不具有积聚性。

如图 3.3－3（b）放置的圆锥具有如下可见性：圆锥面在俯视图可见；前半圆锥在主视图

可见；后半圆锥在主视图不可见；左半圆锥在左视图可见；右半圆锥在左视图不可见。

3. 圆锥表面上取点

如图3.3-4(a)所示，已知点K、M、N属于圆锥表面和各点的某一个投影，求各点的其余投影。

求解步骤：

(1)根据已知投影位置和可见性，分析所求各点的位置。

由已知分析可得，K点位于圆锥的最右轮廓线上；M点和N点位于左前半圆锥面上。

(2)位于圆锥轮廓线上点的投影求法 可利用轮廓线的投影直接求解。

由于K点位于圆锥的最右轮廓线上，因此可在俯视图和左视图上直接找到最右轮廓线投影，根据长对正和高平齐规律直接求出K点的其他两个投影k和k''，如图3.3-4(a)所示。

(3)位于一般位置点的投影求法 可采用辅助线法求解。在圆锥面上作辅助线的方法有两种：

方法一：辅助素线法

以求解M点的投影为例，已知圆锥面上M点的正面投影m'，求作M点的其余两投影m和m''。方法是过M点及锥顶S作一辅助素线SA，M点属于SA。分别求解SA的三个投影，再根据点在线上其投影必也在线的投影上的规律，求解M点的其他投影，如图3.3-4(a)所示。

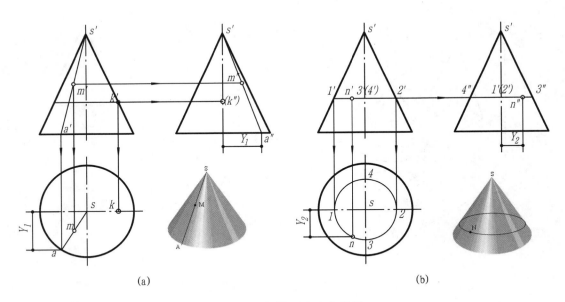

(a)   (b)

图3.3-4 圆锥面上取点举例

作图步骤：

a. 根据已知条件，作过锥顶和已知点的一辅助素线SA的投影，并求SA其余两投影。连接s'和m'，延长$s'm'$与底圆的正面投影交于a'。按投影规律求得a及a''，连接s和a、s''和a''，求得素线SA的另两个投影sa和$s''a''$。

b. 求点的另两个投影。已知点m'在$s'a'$上，按点的投影规律在素线SA的另两个投影sa

和 $s''a''$ 上求得点 M 的另两个投影 m 和 m''。

方法二：辅助圆法

以求解 N 点的投影为例，已知圆锥面上 N 点的正面投影 n'，求作 N 点的其余两投影 n 和 n''。方法是过 N 点作一水平辅助圆，N 点属于这个圆。再求解该辅助圆的水平投影，最后按三等规律求其在左视图上的投影。

作图步骤：

a. 过 n' 作垂直于轴线的水平辅助圆的正投影，它与圆锥轴线正投影的交点为辅助圆圆心的正投影，它与极左和极右两极限素线的正投影交点为 $1'$ 和 $2'$，$1'2'$ 间线段长度为辅助圆的直径实长。

b. 作过 N 点水平辅助圆的水平投影。该辅助圆的水平投影反映其实形，其圆心与 s 点重合，直径为 $1'2'$ 的长度。

c. 按点的投影规律求 N 点的其他两投影 n 和 n''，如图 3.3 – 4(b) 所示。

（4）可见性判断　本例中点 K、M、N 均为圆锥面左半部分上的点，因此 k、m、n 均可见；k''、m''、n'' 也可见。

3.3.3　圆球

1. 圆球的形状特征

以圆为母线，圆的任一直径为轴旋转即形成球面，如图 3.3 – 5(b) 所示。由于母线圆上的任一点在旋转中都形成圆，故球是圆的集合。

2. 圆球的投影

如图 3.3 – 5(a) 所示，圆球的三视图为 3 个等直径圆，但这 3 个圆不是圆球上一个圆的投影，而是圆球上 3 个方向轮廓素线(圆)的投影。

圆球具有如下可见性：圆球的前半球、上半球、左半球分别在主、俯、左视图中可见；后半球、下半球、右半球分别在主、俯、左视图中不可见。

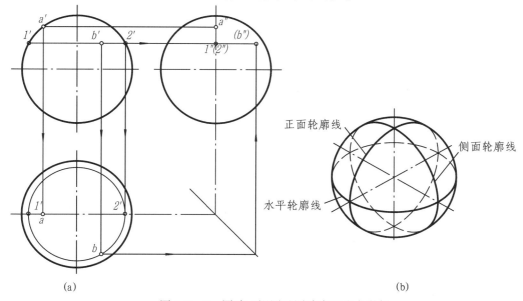

(a)　　　　　　　　(b)

图 3.3 – 5　圆球三视图及圆球表面取点举例

3. 圆球表面上取点

如图 3.3 – 5(a) 所示,已知球面上点 *A*、*B* 的正面投影,求其他投影。

求解步骤:

(1) 根据已知点的投影位置及可见性,判断点所在位置。

由已知投影可得,点 *A* 位于球面左上半部分的正面轮廓线上;点 *B* 位于球面右上半部分。

(2) 轮廓线上点投影的求法,可在其他视图上直接找到轮廓线投影,按投影规律直接求出。

如图 3.3 – 5(a) 所示,由已知 *a'* 可直接求出 *a* 及 *a"*。

(3) 一般位置点投影的求法,可采用辅助线法求解。

由于圆球表面上不能作出直线,而球面是圆的集合,故可利用辅助圆法求解。通过该点在球面上作平行于任一投影面的辅助圆,然后按照投影关系求出圆球表面上点的投影。

作图步骤:

a. 过 *b'* 作垂直于轴线的水平辅助圆的正投影,它与圆球垂直方向中心轴线正投影的交点为辅助圆圆心的正投影,它与正面轮廓线的交点为 *1'*、*2'*,*1'2'* 间线段长度为辅助圆的直径实长。

b. 作过 *B* 点水平辅助圆的水平投影。该辅助圆的水平投影反映其实形,其圆心与两中心轴线的交点重合,直径为 *1'2'* 的长度。

c. 按点的投影规律求 *B* 点的其他两投影 *b* 和 *b"*,如图 3.3 – 5(a) 所示。

(4) 可见性判断

由于 *B* 点位于球的右上半部分,因此 *b* 可见,*b"* 不可见。

3.3.4 回转体表面取点的一般方法

本节前面部分对圆柱、圆锥和圆球表面取点的方法分别进行了说明和举例。但这些立体均是一个完整立体且其对称轴线都垂直于水平投影面。现将回转体表面取点的一般方法概括如下:

(1) 根据已知回转体的投影判断回转体的类型、形状及放置方式。

圆柱的三视图是由二个矩形和一个圆形组成。其中投影为圆的视图是圆柱面的投影积聚,它是判断圆柱形状和放置方式的依据。当投影为整圆时,该圆柱为一个完整的圆柱体;当投影为半圆时,该圆柱为一个半圆柱体。当投影为圆的视图为主视图时,圆柱为水平放置,其轴线为正垂线;当投影为圆的视图为俯视图时,圆柱为垂直放置,其轴线为铅垂线;当投影为圆的视图为左视图时,圆柱为水平放置,其轴线为侧垂线。

圆锥的三视图是由二个等腰三角形和一个圆组成。其中投影为圆的视图是判断圆锥形状和放置方式的依据。当投影为整圆时,该圆锥为一个完整的圆锥体;当投影为半圆时,该圆锥为一个半圆锥体。当投影为圆的视图为主视图时,圆锥为水平放置,其轴线为正垂线;当投影为圆的视图为俯视图时,圆锥为垂直放置,其轴线为铅垂线;当投影为圆的视图为左视图时,圆锥为水平放置,其轴线为侧垂线。

圆球的三视图是由三个圆组成。当其中的两个视图为半圆时,该圆球为半球。

(2) 根据已知点的投影,判断点在回转体表面的位置。

(3) 对于处于回转体轮廓线上点的投影,可直接利用轮廓线的投影求出。

（4）对于处于一般位置点的投影，如果该回转体为圆柱体，则可利用圆柱面的积聚性来求解；如果该回转体为圆锥体，则要采用辅助线法去求解。在圆锥表面作辅助线有两种方法：辅助素线法和辅助圆法；如果该回转体为圆球，则只可采用辅助圆法来求解。

（5）判断所求点可见性。

【例 3 - 1】　如图 3.3 - 6 所示，已知立体表面点 A、B、C 的一个投影 a、b'、c''，求三点的其他投影。

求解步骤：

（1）分析立体形状及位置。

根据已知的三视图，可知该立体为一完整圆柱体，且圆柱体的轴线为正垂线。

（2）分析已知点的位置。

根据已知点的投影，可判断出点 A 位于圆柱面的左下半部分；点 B 位于圆柱的后底面上；点 C 位于圆柱面的最上轮廓线上。

（3）求点 A 和点 B 的其他投影。

利用圆柱表面投影的积聚性，可先求出 a'，再根据三等规律求出 a''。点 B 位于圆柱的后底面上，该底面在俯视图和左视图上的投影均积聚为线，可直接求出 b、b''。

（4）求点 C 的其他投影。

C 点为轮廓线上的点，可直接利用三等规律在另外二个视图上找到其投影 c、c'。

（5）判断投影的可见性。

点 A 位于圆柱面的左下半部分，因此 a 不可见，a'' 可见；按照平面的投影积聚成线，该面上点的投影按可见处理的规定，点 B 的 b'、b'' 两个投影均可见；点 C 位于圆柱面的最上轮廓线上，则 c、c' 均可见。

【例 3 - 2】　如图 3.3 - 7 所示，已知立体表面点 A、B 的一个投影 a'、b，求二点的其他投影。

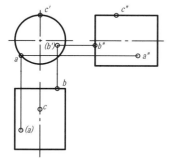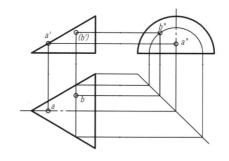

图 3.3 - 6　圆柱面上取点综合举例　　　　图 3.3 - 7　圆锥面上取点综合举例

求解步骤：

（1）分析立体形状及位置。

根据已知的三视图，可知该立体为一半圆锥体，且圆锥体的轴线为侧垂线。

（2）分析已知点的位置。

根据已知点的投影，可判断出点 A 位于圆锥面的最上轮廓线上；点 B 位于圆锥面的后上半部分。

（3）求点 A 的其他投影。

A 点为轮廓线上的点，可直接利用三等规律在另外二个视图上找到其投影 a、a″。

（4）求点 B 的其他投影。

利用辅助圆法求解。过 b 作垂直于轴线的侧面辅助圆的水平投影，它与最前、最后两个轮廓线的交点间线段长为辅助圆直径的实长。作过 B 点侧面辅助圆的侧面投影，在该投影上反映该辅助圆的实形，可求出 b″。再按点的投影规律求 b′。

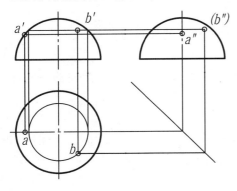

图 3.3 - 8　圆球面上取点综合举例

（5）判断投影的可见性。

点 A 位于圆锥面的最上轮廓线上，因此 a、a″ 均可见；点 B 位于圆锥面的后上半部分，因此 b′ 不可见，b″ 可见。

【例 3 - 3】　如图 3.3 - 8 所示，已知立体表面点 A、B 的一个投影 a′、b，求二点的其他投影。

求解步骤：

（1）分析立体形状及位置。

根据已知的三视图，可知该立体为一半圆球体。

（2）分析已知点的位置。

根据已知点的投影，可判断出点 A 位于球面的正面轮廓线上；点 B 位于球面的右前半部分。

（3）求点 A 的其他投影。

A 点为轮廓线上的点，可直接利用三等规律在另外二个视图上找到其投影 a、a″。

（4）求点 B 的其他投影。

利用辅助圆法求解。过 b 作垂直于轴线的水平辅助圆的水平投影，该投影反映了辅助圆的实形，它与正面轮廓线的交点间线段长为辅助圆直径的实长。根据所得直径的实长，作水平辅助圆的正面投影，可求出 b′。再按点的投影规律求 b″。

（5）判断投影的可见性。

点 A 位于球面的正面轮廓线上，因此 a、a″ 均可见；点 B 位于球面的右前半部分，因此 b′ 可见，b″ 不可见。

3.4　平面与立体表面相交

用平面切割立体时，平面与立体表面的交线称为截交线，平面称为截平面，如图 3.4 - 1 所示。由于截交线是截平面与立体表面的共有线，所以求截交线的投影实质是求截平面与立体表面一系列共有点的投影。

3.4.1　平面立体的截交线

单一截平面在平面立体表面产生的截交线是一个封闭的平面多边形，多边形的顶点为平面与平面立体各棱线的交点，多边形的边是截平面与平面立体各表面的交线。

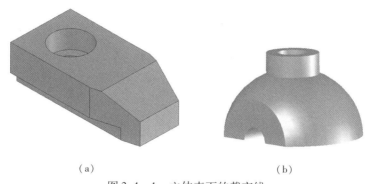

（a）
（b）

图 3.4 - 1   立体表面的截交线

1. 棱柱截交线的投影

棱柱被平面切割后，会出现斜面、凹槽、缺口、孔洞等结构。画截切棱柱时，应在掌握完整棱柱三视图画法的基础上，结合棱柱表面取点的方法画出平面与棱柱表面的截交线的投影，再考虑棱柱轮廓线的变化，进而完成截切棱柱的投影。

【例 3 - 4】   如图 3.4 - 2(a)所示，求被截切五棱柱的三视图投影。

求解步骤：

（一）分析   通过分析，了解立体被截切的情况及在视图上反映出的截交线投影情况。

（1）分析已知视图投影，可判断出该立体为五棱柱。从五棱柱的主视图和俯视图可判断出，该五棱柱是用一个正垂面切割掉左上方的一块，主视图中被平面截去的部分用双点画线表示，如图 3.4 - 2(b)所示。

（2）截平面为正垂面，与五棱柱的五个侧表面相交或与五棱柱的五条棱线相交，产生一个平面五边形；由于截交线是截平面与五棱柱立体表面的共有线，截交线属于截平面，因此截交线的正面投影积聚在截平面的正面投影上；同时，截交线属于五棱柱的侧表面，截交线的水平投影积聚在五棱柱的侧表面上。

（二）作图

（1）先画出完整的五棱柱的左视图。

（2）在正面投影上确定截平面与五条棱线的交点 1'、2'、3'、4'和5'，按投影关系求出各点的水平投影和侧面投影，如图 3.4 - 2(c)所示。

（3）判断被截切后立体棱线的存在情况及其可见性   左视图有两条棱线不可见，画成虚线；判断各条棱线的变化，加深全部图形，如图 3.4 - 2(d)所示。

【例 3 - 5】   如图 3.4 - 3 所示，求棱柱被多个平面截切后的左视图投影。

求解步骤：

（一）分析   通过分析，了解立体被截切的情况及在视图上反映出的截交线投影情况。

（1）分析已知视图投影，可判断出该立体为三棱柱。从三棱柱的主视图和俯视图可判断出，该三棱柱是用一个侧平面和一个正垂面将三棱柱左上方的一块切割掉如图 3.4 - 3(b)所示。

（2）截平面有二个，一个为侧平面，一个为正垂面。位置为侧平面的截平面与三棱柱的上表面相交，产生一条交线 45；也与另一个截平面相交产生一条交线 23。位置为正垂面的截平面与三棱柱的最左侧棱线相交于 1 点。由于截交线是截平面与三棱柱立体表面的共有

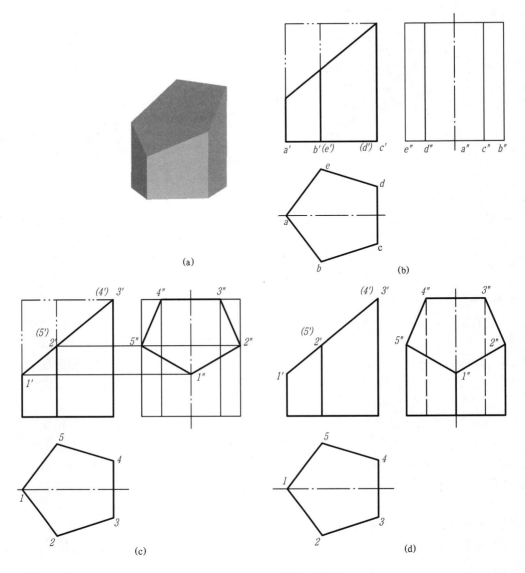

图 3.4 - 2   棱柱截交线求解举例之一

线，截交线属于截平面，因此截交线的正面投影积聚在二个截平面的正面投影上；同时，截交线属于三棱柱的侧表面，截交线的水平投影积聚在三棱柱的侧表面上。

（二）作图

（1）先画出完整的三棱柱的左视图。

（2）在正面投影上确定截平面与三棱柱的交点 $1'$ 和交线 $2'3'$、$4'5'$，按投影关系求出点和交线的水平投影和侧面投影，如图 3.4 - 3(c) 所示。

（3）判断被截切后立体棱线的存在情况及其可见性　左视图中各条棱线和交线均可见；进一步判断各条棱线的变化，加深全部图形，如图 3.4 - 3(c) 所示。

按类似方法，可分别求解不同类型棱柱被不同数量和类型截平面截切后所产生的截交线。

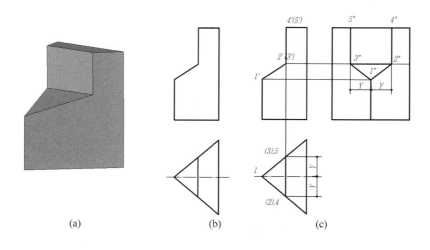

图 3.4 – 3　棱柱截交线求解举例之二

【例 3 – 6】　如图 3.4 – 4 所示，求正三棱柱被三个平面截切后的投影。

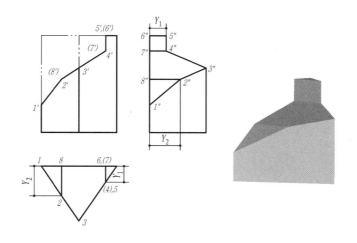

图 3.4 – 4　棱柱截交线求解举例之三

【例 3 – 7】　如图 3.4 – 5 所示，求正六棱柱被三个平面截切的投影。

2. 棱锥截交线的投影

棱锥被平面切割后，有时形状会较复杂。画截切棱锥的投影时，也应在掌握完整棱锥三视图画法的基础上，结合棱锥表面上取点的方法画出三视图。

【例 3 – 8】　如图 3.4 – 6 所示，求四棱锥被两个平面截切后的投影。

求解步骤：

（一）分析

（1）分析四棱锥的已知的主视图，该四棱锥被一个正垂面和一个水平面切割，主视图中被平面截去的部分用双点画线表示。

（2）两个截平面的交线正好与四棱锥的两条棱线重合，两个截平面各截得一个三角形；截交线属于截平面，截交线的正面投影积聚在截平面。

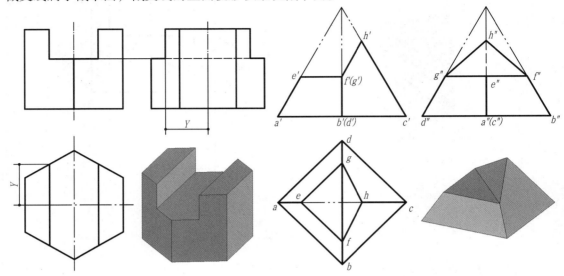

图 3.4 – 5 棱柱截交线求解举例之四　　　图 3.4 – 6 棱锥截交线求解举例

（二）作图

（1）先画出完整的四棱锥的左视图。

（2）在正面投影上确定截平面与四条棱线的交点 e'、f'、g' 和 h'，按投影关系各交点均应在各棱线的投影上，求出各点的水平投影和侧面投影。

（3）判断可见性，左视图上 $c''h''$ 棱线不可见，画成虚线；判断各条棱线的变化，加深全部图形，完成四棱锥的三视图。

【例 3 – 9】　如图 3.4 – 7(a)所示，求正四棱台被截切后的三视图投影。

作图步骤：

（1）先画出完整的正四棱台的三视图，左、右两个侧表面是正垂面，前、后两个侧表面是侧垂面；图中 M 点应属于正四棱台的前侧表面；

（2）三个截平面在主视图上投影均积聚为线，可在主视图上确定切槽的位置；

（3）根据高平齐，求出水平截面的侧面投影和 m'' 点；

（4）根据长对正、宽相等，求出水平投影和 m' 点；宽相等时，应注意投影的前、后位置；

（5）判断可见性，水平截面在左视图上不可见，画成虚线；检查棱线的变化，加深线段，完成三视图。

【例 3 – 10】　如图 3.4 – 8 所示，求三棱锥被截切后的三视图投影。

作图步骤：

（1）先画出完整的三棱锥的三视图，底面 ABC 是水平面，两个侧表面 SAB、SAC 是一般位置平面，另一个侧表面 SBC 是正垂面；

（2）在主视图确定截平面的位置；截平面与棱线 SA 的交点 Ⅰ、Ⅳ，正面投影 $1'$、$4'$，两个截平面交线的端点 Ⅱ、Ⅲ，正面投影 $2'$、$(3')$，Ⅱ点属于 SAB，Ⅲ点属于 SAC；

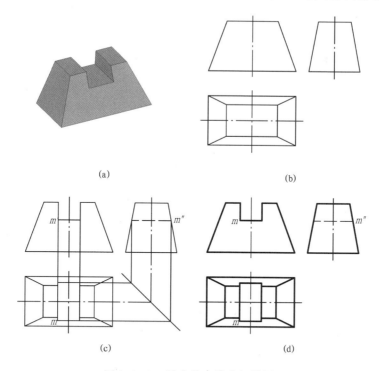

(a)　　　　　　　　　(b)

(c)　　　　　　　　　(d)

图 3.4 - 7　棱台截交线求解举例

（3）根据 Ⅰ 、Ⅳ 两点在 SA 上，可直接求出 1、4 和 1″、4″；

（4）利用棱锥表面上取点的第二种方法（作底边的平行线）求出 2、3 和 2″、3″；

（5）判断可见性，两个截平面交线的水平投影 23 不可见，画成虚线；检查棱线的变化，加深线段，完成三视图。

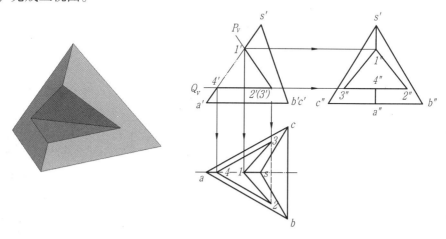

图 3.4 - 8　三棱锥截交线求解举例

3.4.2　回转体截交线

平面与回转体相交产生的截交线是二者的共有线，截交线上的点是二者的共有点。它们的截交线通常是一条封闭的平面曲线，或是由截平面上的曲线和直线所围成的平面图形或多边形。截交线的形状与回转体的种类有关，截交线的投影与截平面的位置有关。

1. 圆柱面截交线

（1）截交线的形状

平面截切圆柱时，根据截平面与圆柱轴线所处位置的不同，圆柱面截交线有三种形状：①截平面平行于圆柱轴线，截交线为两条平行直线，如图3.4－9(a)所示；②截平面垂直于圆柱轴线，截交线为圆，如图3.4－9(b)所示；③截平面倾斜于圆柱轴线，截交线为椭圆，椭圆长、短轴的长度随截平面的倾斜程度而变化，如图3.4－9(c)所示。

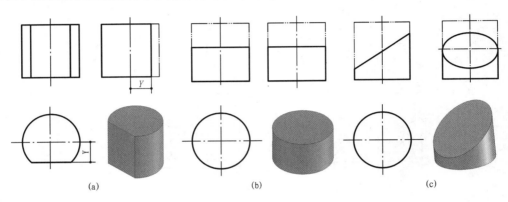

图3.4－9　圆柱截交线形状

（2）圆柱截交线的基本画法

当圆柱截交线为二条平行直线或圆时，可利用圆柱面和平面投影的积聚性，直接精确求出，如图3.4－9(a)、(b)所示。

当截交线为椭圆时，由于椭圆的投影为曲线，不能精确求出，可根据圆柱面和平面投影的积聚性，先求出若干个截交线上的点，然后光滑连接这些点而近似求出。截交线上的点可分为特殊点和一般点。特殊点为圆柱轮廓界限上的点，这些点为所求截交线的最高点、最低点、最上点、最下点、最左点和最右点，限定了截交线的范围。一般点为除去特殊点以外的截交线上的其他点，它们限定了截交线的弯曲方向。

以图3.4－10为例，说明求解截交线为椭圆的曲线投影的作图过程。

a. 求截交线上特殊点的投影　图中 1′、2′、3′、4′点为截交线上的特殊点，由圆柱投影的积聚性可得，四个点的水平投影为 1、2、3、4，因此可求出四个点的侧面投影，如图3.4－10(b)所示。

b. 求截交线上一般点的投影　一般点的选取可根据实际截交线的情况选取适当的个数，从而保证对所求截交线投影弯曲方向的确定。

根据曲线的情况，在主视图上取四个一般点 5′、6′、7′、8′，根据圆柱投影的积聚性可得四个一般点的水平投影5、6、7、8，从而求出四个点的侧面投影，如图3.4－10(c)所示。

c. 依次光滑连接所求各点　用曲线板光滑连接椭圆上各点的侧面投影，如图3.4－10(d)所示。

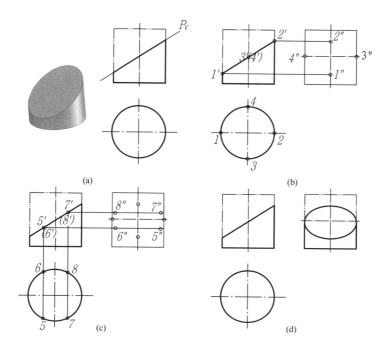

图 3.4 – 10　截交线为曲线的求解过程

（3）圆柱截交线综合举例

【例 3 – 11】　如图 3.4 – 11 所示，已知一立体被截切后的主、俯视图，求左视图。

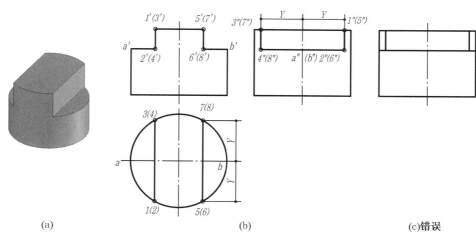

图 3.4 – 11　圆柱截交线综合举例之一

求解步骤：

（一）分析　所求截交线的投影，不仅与被截切的立体形状有关，而且和截平面与立体的相对位置以及截平面本身的属性有关。在求解前应先对这些因素进行分析。

（1）被截切立体形状的判定

本例中，根据已知的主、俯视图中立体未被截切前的投影可知该立体为圆柱。

（2）截交线形状的判定　截交线的形状由截平面与圆柱轴线的相对位置确定。

本例中共有两类截平面，一类截平面与圆柱的轴线平行，其截交线为两组平行直线 *12*、*34* 和 *56*、*78*；另一类截平面与圆柱的轴线垂直，其截交线为圆弧 *4a2*、*6b8*。

（3）截交线投影的确定　截交线的投影与截平面本身的属性相关，因此需对截平面本身的位置属性进行判定。

本例中，与圆柱轴线平行的截平面为侧平面，因此产生的截交线的投影在主、俯视图上积聚，而在左视图上反映实形；与圆柱轴线垂直的截平面为水平面，因此产生的截交线的投影在俯视图上反映实形，而在主、左视图上积聚为线。

（二）作图

（1）画出完整圆柱体的左视图

（2）求解截交线的投影

根据分析结果，利用截平面与圆柱投影的积聚性，可得到两组平行直线 *12*、*34* 和 *56*、*78* 在主、俯视图上的投影，进而求出其在左视图上投影 *1″2″*、*3″4″* 和 *5″6″*、*7″8″*。圆弧 *4a2*、*6b8* 在左视图上的投影积聚为线 *4″a″2″*、*6″b″8″*。

（3）确定被截切圆柱轮廓线的情况

本例中，圆柱在左视图上反映的轮廓线为圆柱的最前和最后轮廓，该轮廓线没有被截平面所截切，因此在左视图上圆柱的轮廓线保持完整。

图 3.4 – 11(c)是左视图的错误画法。

【例 3 – 12】　如图 3.4 – 12 所示，求圆柱被截切后的三视图。

本例的求解步骤同图 3.4 – 11，但在确定被截切圆柱轮廓线的情况时，左视图上反映的轮廓线为圆柱的最前和最后轮廓，该轮廓线被截平面所截切，因此在左视图上圆柱的轮廓线部分被切除。

图 3.4 – 12(c)是左视图的错误画法。

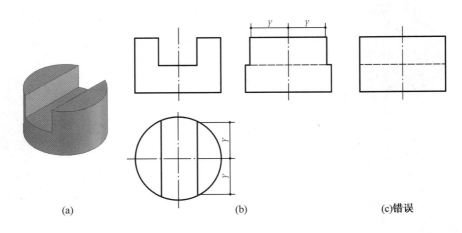

　　　　(a)　　　　　　　　　　　　(b)　　　　　　　　(c)**错误**

图 3.4 – 12　圆柱截交线综合举例之二

【例 3 – 13】　如图 3.4 – 13 所示，已知立体的主、俯视图，求左视图。

本例的求解方法与图 3.4 – 11 相似，其差别在于本例中立体为带圆柱孔的圆柱。在求解

时按图 3.4 – 13 的左视图的求解方法，求解
截平面分别截切圆柱的外表面（实心圆柱表
面）和圆柱内表面（圆柱孔表面）产生的截交线
即可。

【例 3 – 14】 如图 3.4 – 14 所示，已知立
体的主、俯视图，求左视图。

本例的求解方法与图 3.4 – 12 相似，其
差别在于本例中立体为带圆柱孔的圆柱。在
求解时按图 3.4 – 12 的左视图的求解方法，
求解截平面分别截切对圆柱的外表面（实心圆
柱表面）和圆柱内表面（圆柱孔表面）所产生的
截交线即可。

【例 3 – 15】 如图 3.4 – 15 所示，已知一
立体被截切后的主、左视图，求俯视图。

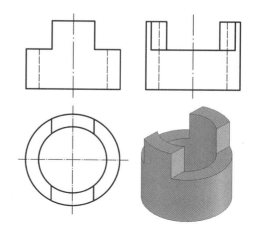

图 3.4 – 13　圆柱截交线综合举例之三

本例中，俯视图的求解方法同图 3.4 – 11，但在确定被截切圆柱轮廓线的情况时要注意
区分两个与圆柱轴线平行的截平面在截切圆柱时的不同，左侧的截平面将圆柱的最前和最后
轮廓线截切掉了，而右侧的截平面没有将圆柱的最前和最后轮廓线截切掉。

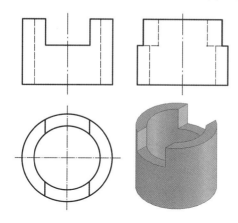

图 3.4 – 14　圆柱截交线综合举例之四

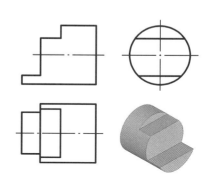

图 3.4 – 15　圆柱截交线综合举例之五

【例 3 –16】 如图 3.4 – 16 所示，已知一立体被截切后的主、左视图，求俯视图。

求解步骤：

（一）分析

（1）被截切立体形状的判定

本例中，根据已知的主、左视图中立体未被截切前的投影可知该立体为带有圆柱孔的
圆柱。

（2）截交线形状的判定

本例中，共有两个截平面，一个截平面与圆柱的轴线平行，其截交线为内、外圆柱面两
组平行直线；另一截平面与圆柱的轴线倾斜，其截交线为内、外圆柱面两个椭圆。

（3）截交线投影的确定

本例中，与圆柱轴线平行的截平面为水平面，因此产生的截交线投影在主、左视图上积聚，而在俯视图上反映实形；与圆柱轴线倾斜的截平面为正垂面，因此产生的截交线投影在俯、左视图上反映相似形，而在主视图上积聚为线。

（二）作图

（1）画出完整圆柱体的俯视图

（2）求解截交线的投影

在求解截交线时，可分别求解截平面与两个圆柱表面（圆柱的外表面和圆柱孔的内表面）的截交线。以求解两个截平面与圆柱外表面的截交线为例，根据分析结果，利用截平面与圆柱投影的积聚性，可得到两条平行直线 *12*、*34* 在主、左视图上的投影，进而求出其在俯视图上投影 *1'2'*、*3'4'*。椭圆弧 *254* 在主视图上投影积聚为线，在左视图上的投影积聚为圆弧 *2"5"4"*，由于该截交线在俯视图上的投影为曲线，因此需求解曲线上的特殊点 *5* 和适当数量的一般点如 *6*、*7* 的投影，再依次光滑连接各点。

（3）确定被截切圆柱轮廓线的情况

本例中，圆柱在主视图上反映的被截切的轮廓线为圆柱的最上和最下轮廓，因此在俯视图上圆柱的轮廓线保持完整。

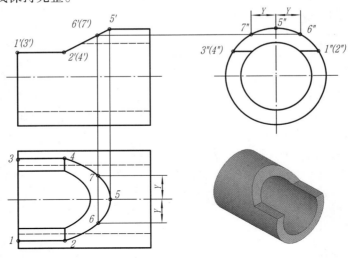

图 3.4 - 16　圆柱截交线综合举例之六

2. 圆锥面截交线

（1）截交线的形状

根据截平面与圆锥轴线所处位置的不同，圆锥面截交线有五种形状，见表3.4 - 1。

（2）圆锥截交线的基本画法

当截平面截圆锥面产生的截交线是圆和直线时，可利用投影关系直接准确求出，如图3.4 - 17、图3.4 - 18所示；当产生的截交线为椭圆、双曲线、抛物线时，可按如下步骤画出：

a. 求曲线上特殊点的投影　它们分别为椭圆长、短轴端点；双曲线、抛物线顶点、端点。在求解时，通常为截平面积聚为线的投影与圆锥轮廓线和轴线的交点，当截交线为椭圆时，该椭圆短轴的端点在主视图上的投影为线段 *1'4'* 的中点；

表 3.4 - 1　平面与圆锥面的交线

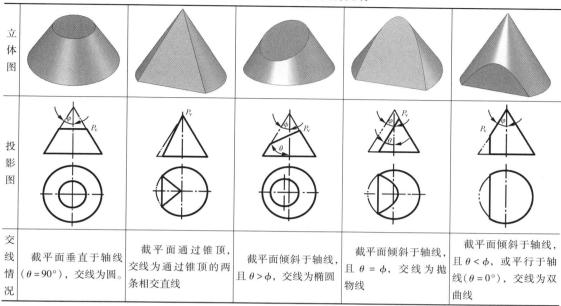

立体图				
投影图				
交线情况	截平面垂直于轴线（$\theta = 90°$），交线为圆。	截平面通过锥顶，交线为通过锥顶的两条相交直线	截平面倾斜于轴线，且 $\theta > \phi$，交线为椭圆	截平面倾斜于轴线，且 $\theta = \phi$，交线为抛物线	截平面倾斜于轴线，且 $\theta < \phi$，或平行于轴线（$\theta = 0°$），交线为双曲线

b. 求曲线上适量一般点的投影　利用圆锥表面上取点的方法作一般点的投影；

c. 光滑连接所求点　图 3.4 - 19～图 3.4 - 21 均已图示说明（图中标数字的点均为特殊点）。

（3）圆锥截交线求解综合举例

【例 3 - 17】　如图 3.4 - 22 所示，已知圆锥被截切后立体的主视图，求俯、左视图。

本例为三个平面与圆锥截交，其中两个平面垂直于圆锥轴线，一个平面过锥顶。在求解多个平面与圆锥截交时，分析与作图的基本步骤是：

（一）分析

a. 由已知投影，判断每个截平面与圆锥轴线的位置，确定所得截交线的形状；

b. 由已知投影，判断每个截平面的位置属性，确定截交线在三视图的投影特性；当截交线为直线时，应确定直线两个端点的位置；当截交线为圆弧时，应确定圆弧的半径、中心及端点；当截交线为椭圆弧、抛物线、双曲线时，应确定端点、顶点等。

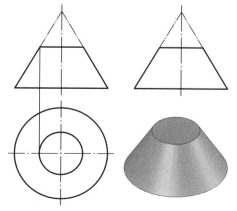

图 3.4 - 17　圆锥截交线求解举例之一

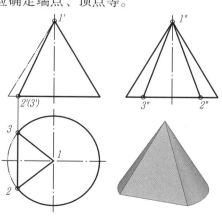

图 3.4 - 18　圆锥截交线求解举例之二

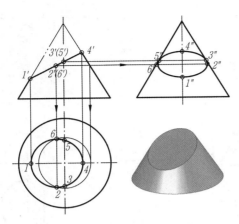

图 3.4 - 19　圆锥截交线求解举例之三

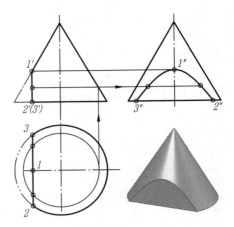

图 3.4 - 20　圆锥截交线求解举例之四

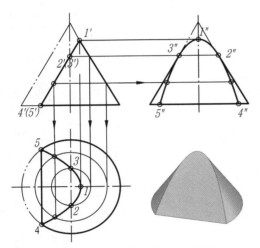

图 3.4 - 21　圆锥截交线求解举例之五

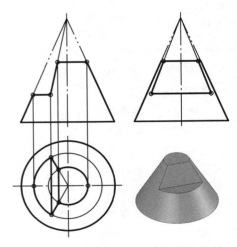

图 3.4 - 22　圆锥截交线求解综合举例

（二）作图

a. 当截交线为直线或圆时，可根据已知投影直接准确求出。当截交线为椭圆、抛物线或双曲线时，应先求出特殊点，包括：轮廓线上的点、轴线上的点、端点、顶点、中心点等，其中包括可见性分界点；再求出必要的一般点，从而确定曲线的弯曲方向；

b. 将所求点依次连线作出截交线的投影；

c. 判断可见性，检查轮廓线的变化；注意截切平面相互之间的交线的投影。

3. 圆球截交线

（1）截交线的形状

用任何位置的平面截圆球，其截交线均为圆。由于该截交线属于截平面，所以根据截平面位置的不同，截交线的投影可能是直线、圆或椭圆。

图 3.4 - 23（a）是水平面截圆球，图 3.4 - 23（b）是侧平面截圆球。截交线在所平行的投影面上投影为圆，在另外两个投影面上的投影为直线，直线的长度即圆的直径。

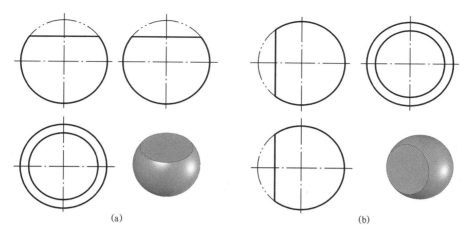

(a)   (b)

图 3.4 – 23　圆球截交线形状

（2）正垂面截圆球

图 3.4 – 24（a）所示圆球被正垂面所截，截交线的实形仍是一个圆。圆的正面投影与截

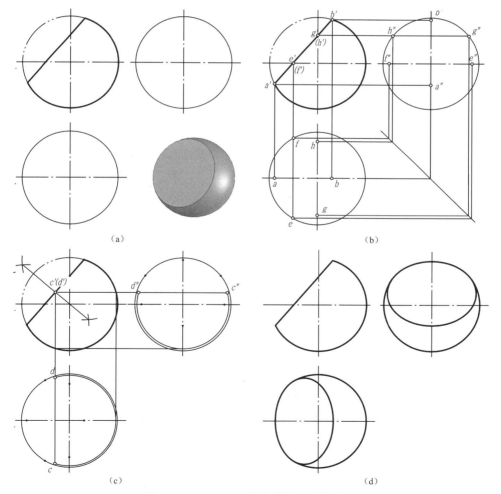

（a）　　　　　　　　　　　　（b）

（c）　　　　　　　　　　　　（d）

图 3.4 – 24　正垂面截交线圆球求解过程

平面的正面投影重合，为一段直线，其长度等于该圆的直径；圆的水平投影和侧面投影都是椭圆，可以通过圆球表面取点，作辅助圆求得。作图步骤如下：

a. 作轮廓线上点 A、B、E、F、G、H 的水平投影和侧面投影，如图 3.4 – 24(b)所示；

b. 作椭圆长轴 CD 的投影；由于短轴 AB 已求出，AB 是正平线，长轴与短轴垂直，CD 应是正垂线，故取 $a'b'$ 中点即为长轴 CD 的正面投影，由 $c'd'$ 利用辅助圆法求出 cd 和 $c''d''$，如图 3.4 – 24(c)所示；

c. 检查轮廓线的变化，光滑连接所求点，如图 3.4 – 24(d)所示，完成作图。

（3）圆球截交线综合举例

【例 3 – 18】 如图 3.4 – 25 所示，求被截切半圆球的三视图投影。

先画截切主视图，确定截切平面的位置；再利用辅助圆求作截切的俯、左视图；检查截切后各视图轮廓线的变化，加深完成。

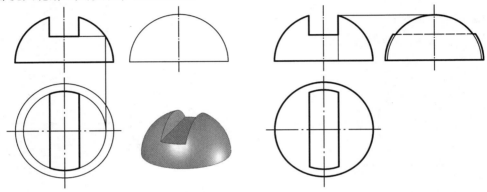

图 3.4 – 25　圆球截交线求解综合举例

4. 平面与组合回转体相交

在求作平面与组合回转体的截交线时，先分析出组合回转体由哪些基本回转体组成，再分别求出平面与各基本回转体产生的截交线，最后将各段截交线拼成所求截交线。

【例 3 – 19】 如图 3.4 – 26 所示，求顶尖表面截交线的投影。

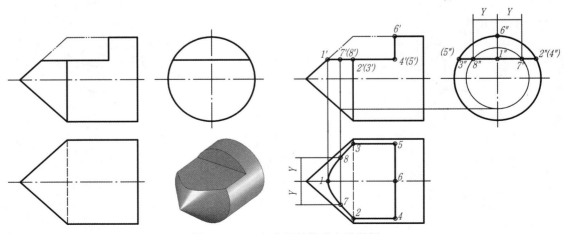

图 3.4 – 26　组合回转体截交线举例

顶尖表面由圆锥面和圆柱面构成，被两个平面所截，圆锥面上得到的截交线为双曲线，在圆柱面上得到的截交线为直线和圆弧。作图时应注意圆锥和圆柱交线可见性的变化。

3.5　立体与立体表面相交

两个立体相交，在立体表面所产生的交线称为相贯线，如图 3.5 - 1 所示。根据立体几何性质不同，两个立体相交可分为两平面立体相交、平面立体与曲面立体相交和两曲面立体相交。前两种情况可采用求解截交线的方法解决，本节重点讨论两回转体相交产生相贯线的求法。

相贯线具有以下性质：

（1）相贯线是两立体表面的共有线，是一系列共有点的集合；

（2）相贯线是两立体表面的分界线；

（3）两个曲面立体的相贯线一般是封闭的空间曲线，特殊情况下是平面曲线或直线段。

（a）　　　　　　　　　　（b）

图 3.5 - 1　立体表面的相贯线

3.5.1　求作相贯线的方法

相贯线上所有的点都是两立体表面的共有点，求解相贯线的基本方法是：求出两立体表面上若干个共有点，并判断其可见性，再将所求点光滑连接。

求作相贯线常用的方法是表面取点法和辅助平面法。

1. 表面取点法

当两个回转体相交，且二个立体表面的投影均有积聚性时，可利用相贯线的性质和已知的相贯线两个投影，去求解相贯线的第三个投影。

【例 3 - 20】　试求图 3.5 - 2(a)所示的两个圆柱的相贯线。

求解步骤：

（一）分析

（1）分析相交圆柱的位置　两个圆柱轴线垂直相交；小圆柱轴线为铅垂线，大圆柱轴线为侧垂线；两个圆柱面分别积聚为圆，而相贯线的投影也重合在圆上；

（2）分析相贯线的投影　利用圆柱面的积聚性，相贯线的水平投影为小圆柱面的投影，侧面投影为两圆柱公共部分的圆弧，可以利用相贯线已知的两个投影求出第三个投影（正面投影）。

（二）作图

（1）求特殊点　与求解截交线类似，特殊点为相贯线的最高点、最低点、最上点、最下点、最左点和最右点，它们限定了截交线的范围。

本例中，点 A、B 是相贯线的最左、最右点（也是最高点），在正面投影中位于两圆柱轮廓线的交点处；点 C、D 是相贯线的最前、最后点（也是最低点），侧面投影在小圆柱的轮廓线上，其正面投影可从侧面投影求得。

（2）求一般点　一般点为除去特殊点以外相贯线上的其他点，它们限定了截交线的弯曲方向。在求解时应取适当的数量来保证所求相贯线投影的准确性。

在本例中，任取两点 E、F；在水平投影中定出 e、f，然后按投影关系求出 e''、(f'')，再根据 e、e''、f、(f'') 求出 e'、f'。

（3）连线并判断可见性　判断可见性，相贯线正面投影前后相互重合，只画出实线；光滑连接所求点，得到相贯线的正面投影。

相贯线可见性的判断原则是：同时位于两回转体可见表面上的点，其投影是可见的；否则为不可见。

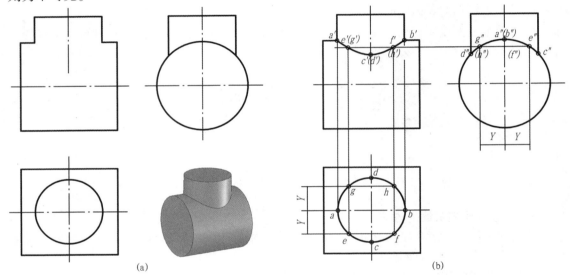

图 3.5 - 2　表面取点法求解相贯线举例

图 3.5 - 3 是两圆柱直径不同时，相贯线的变化情况。从图中可以看出，相贯线向大圆柱轴线的方向弯曲。当两个相交的圆柱直径相等时，相贯线正面投影为两条直线。

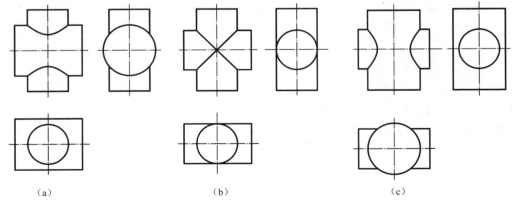

图 3.5 - 3　不同直径两圆柱相贯线变化

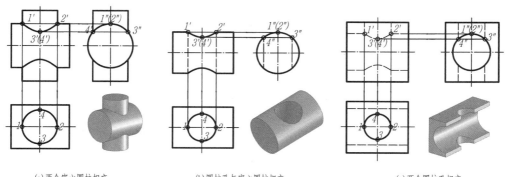

(a)两个实心圆柱相交　　　　(b)圆柱孔与实心圆柱相交　　　　(c)两个圆柱孔相交

图 3.5 - 4　两圆柱内、外表面相交产生相贯线的三种情况

图 3.5 - 4 是两圆柱内、外表面相交的三种形式。(a)为两圆柱外表面相贯；(b)为一个圆柱的外表面与一个圆柱的内表面(圆柱孔)相贯；(c)为两个圆柱的内表面相贯(两个圆柱孔相贯)。

2. 辅助平面法

当相贯线不能用积聚性直接求出时，可以利用辅助平面法。

辅助平面法主要是根据三面共点的原理，如图 3.5 - 5(a)所示，圆柱与圆锥轴线垂直相交，为求得共有点，可假想用一个平面 P(称为辅助平面)截切圆柱和圆锥。取平面 P，P 平行于圆柱面轴线，P 垂直于圆锥面轴线，它与圆柱面的截交线为两条平行直线，与圆锥面的截交线为圆；两直线与圆的交点是平面 P、圆柱面和圆锥面三个面的共有点，也就是相贯线上的点。利用若干个辅助平面，就可得到若干个相贯线上点的投影，光滑连接各点即可求得相贯线的投影。

辅助平面的选择原则：(1)应使辅助平面与两回转体的截交线及其投影是直线或圆。图 3.5 - 5(a)中所示的水平面 P 和图 3.5 - 5(b)所示的过锥顶且平行于圆柱轴线的平面 Q 是通常采用两类辅助平面。(2)辅助平面应位于两曲面立体的共有区域内。

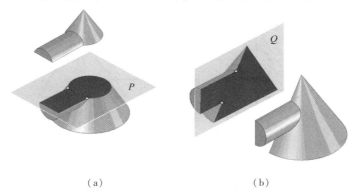

(a)　　　　　　　　　(b)

图 3.5 - 5　辅助面法求解相贯线思路示意图

【例 3 - 21】　利用辅助平面法求图 3.5 - 6 中圆柱与圆锥相贯线。

求解步骤：

(1)空间与投影分析　圆柱与圆锥轴线垂直相交；圆柱轴线是侧垂线，圆柱面在侧面投影积聚为圆，相贯线的侧面投影与此圆重合；需求相贯线的正面投影和水平投影。

（2）选择辅助平面　这里选择水平面 P，P 与圆柱轴线平行且与圆锥轴线垂直。

（3）求特殊点　如图 3.5 – 6(b)，由左视图可看出，点 A、D 为相贯线上的最高、最低点，a'、d' 在圆柱与圆锥的轮廓线上，可直接求出；点 C、E 为相贯线上的最前、最后点，由过圆柱轴线的水平面 P 求得；P 与圆柱交线为最前、最后轮廓素线，与圆锥交线为圆，二者相交得 e、c，它们是相贯线水平投影的可见与不可见的分界点。如图 3.5 – 6(c)，过锥顶作与圆柱面相切的侧垂面 Q_1、Q_2 作为辅助平面，这两个平面的侧面投影 Q_{1w}、Q_{2w} 与圆柱面的侧面投影（圆）相切，这两个切点 B、F 为相贯线上的最右点。

（4）求一般点　根据作图需要在适当位置再作一些水平面为辅助面，可求出相贯线上的一般点，如 G、H 点。

（5）判断可见性并光滑连线　如图 3.5 – 6(d)，相贯线的正面投影前、后重合，用实线表示；水平投影的可见与不可见的分界点是 e、c，点 D 在下半圆柱上，故 cde 连线为虚线，其他为实线。

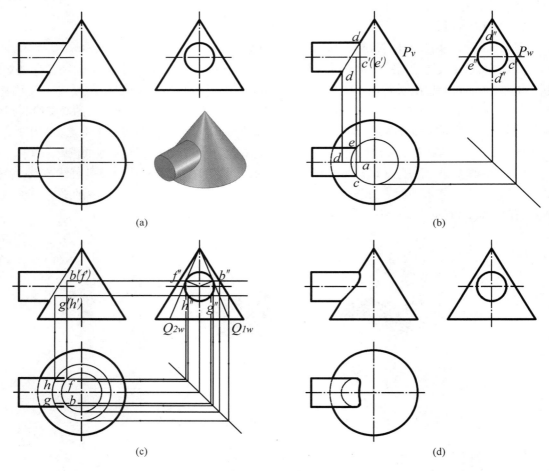

(a)　　　　　　　　　　　　　　　　(b)

(c)　　　　　　　　　　　　　　　　(d)

图 3.5 – 6　辅助平面法求解相贯线作图步骤

3.5.2　相贯线的特殊情况及简化画法

1. 相贯线的特殊情况

一般情况下相贯线为空间曲线，而在特殊情况下退化为平面曲线（直线、圆、椭圆等）。掌握相贯线的特殊情况，可以简化并准确地求出相贯线的投影。

（1）相贯线为圆：两回转体共轴相贯时，相贯线为垂直于轴线的圆。当轴线平行于投影面时，圆的投影积聚为直线，如图3.5 –7 所示。

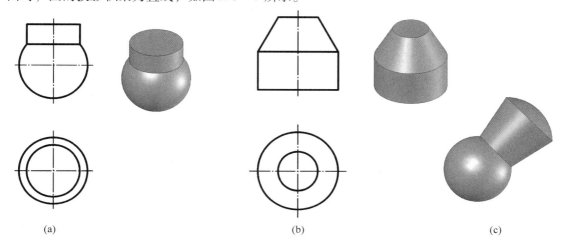

(a)　　　　　　　　　　　　　(b)　　　　　　　　　　　(c)

图 3.5 – 7　相贯线特殊情况——相贯线为圆

（2）相贯线为椭圆：当两圆柱（或圆柱孔）直径相等并且轴线垂直相交时，相贯线为椭圆。如果椭圆平面垂直于某一投影面，则相贯线在该投影面上的投影积聚为直线，如图 3.5 –8所示。

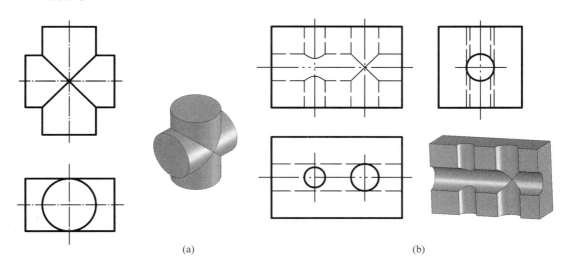

(a)　　　　　　　　　　　　　　　　　　(b)

图 3.5 – 8　相贯线特殊情况——相贯线为椭圆

2. 相贯线的简化画法

在工程图样上，当两圆柱(或圆柱孔)正交时，其相贯线允许用圆弧代替。如图 3.5 - 9 所示三通管的相贯线，可用大圆柱半径 $D/2$(或大圆孔半径 $D_1/2$)的圆弧代替；当两圆柱(或圆柱孔)直径相差很大时，还可简化为直线。

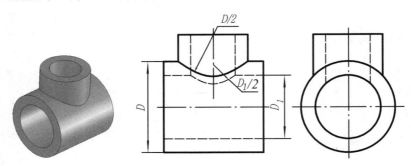

图 3.5 - 9　相贯线简化画法举例

【例 3 - 22】　如图 3.5 - 10(a)所示，求作半个套筒的三视图。

图 3.5 - 10(a)所示的半个套筒内外表面均为圆柱面，上部钻有一个圆柱孔，该孔与套筒的内、外圆柱面均相贯，与内圆柱孔的直径相等。套筒的俯、左视图可直接作出，主视图的相贯线有两处，竖向圆柱孔与套筒外表面相贯，由于直径不等可用简化画法画出；两个圆柱孔由于直径相等，相贯线为两个椭圆弧，相贯线的正面投影为两条相交直线，由于在内表面，画成虚线，如图 3.5 - 10(b)所示。

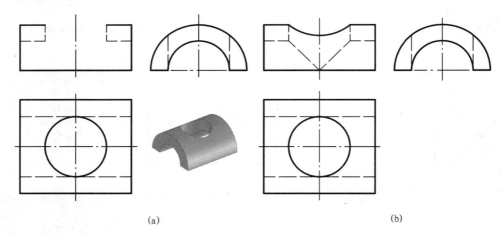

(a)　　　　　　　　　　　　　　　　　(b)

图 3.5 - 10　相贯线求解综合举例之一

【例 3 - 23】　如图 3.5 - 11(a)所示，求长圆柱与圆柱的相贯线。

图 3.5 - 11 所示相贯体中的长圆柱可看成由长方体和两半圆柱组合而成，因此相贯线由三部分构成，两边是半圆柱与圆柱的相贯线，中间是长方体与圆柱的交线为直线段。画图时注意确定相贯线的分界点，且注意内、外表面的相贯线类似。

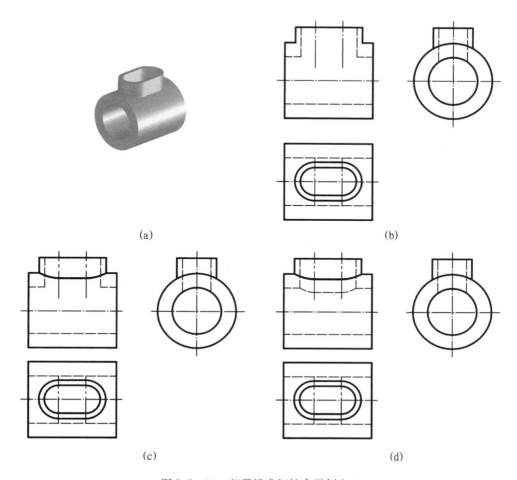

(a)

(b)

(c)

(d)

图 3.5 – 11　相贯线求解综合举例之二

第4章 组 合 体

任何复杂的形体，都是由一些基本立体通过叠加、截切和综合等形式组合而成的。这些组合形式就决定了各基本立体的相互位置和连接处形状。把由基本立体组合而成的形体称为组合体。本章主要介绍如何应用投影理论，运用形体分析法和线面分析法，解决组合体的绘图、读图和尺寸标注问题。

4.1 三视图的形成及投影特性

4.1.1 三视图的形成

根据有关标准和规定，采用正投影法将物体向投影面投射得到的图形称为视图。形成过程如图 4.1－1 所示，其中 V 面投影称主视图，H 面投影称俯视图，W 面投影称左视图，三个视图展开在同一平面后通称三视图，在三视图上不画投影轴，如图 4.1－2 所示。

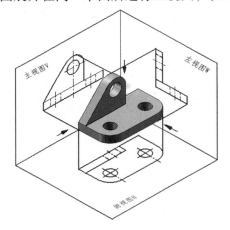

图 4.1－1 组合体三视图的形成过程　　　图 4.1－2 组合体三视图的投影规律

4.1.2 三视图的投影规律

1. 对应关系

根据点的投影规律，立体的每两视图之间存在着对应关系，即主、俯视图"长对正"；主、左视图"高平齐"；俯、左视图"宽相等"。由于在视图中已不再出现投影轴，故俯、左视图的"宽相等"一般借助 45°辅助线作图，或用分规直接量取立体上任两点的相对坐标 $\triangle Y$ 作图，如图 4.1－2 所示。

2. 度量关系

每一视图反映了立体两个方向的尺寸，即主视图反映长度和高度尺寸；俯视图反映长度和宽度尺寸；左视图反映高度和宽度尺寸。

3. 位置关系

每一视图表达了立体上四个方位的相对位置关系，即主视图表达立体的上、下、左、右四个方位；俯视图表达立体前、后、左、右四个方位；左视图表达立体的上、下、前、后四个方位。画图和读图时，尤其应注意俯、左视图前后方位的对应，即俯视图的下方和左视图的右方，表示立体的前部；俯视图的上方和左视图的左方，表示立体的后部。

4.2 组合体的组合形式及表面关系

4.2.1 组合体的组合形式

组合体按其形成方式大致可分为叠加型、切割型和综合型三种。

1. 叠加型

组合体由若干基本形体堆砌或拼合而成，如图 4.2 - 1 所示。

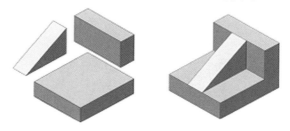

图 4.2 - 1 叠加型组合体

2. 截切型

组合体由一个基本形体被切割了某些部分和穿孔而形成，如图 4.2 - 2 所示。

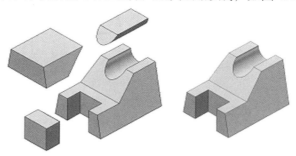

图 4.2 - 2 截切型组合体

3. 综合型

在实际中，组合体的组合形式一般并不是唯一的一种。有些组合体既可以按叠加式分析，也可以作为截切式分析，或者两者同时采用，如图 4.2 - 3 所示。

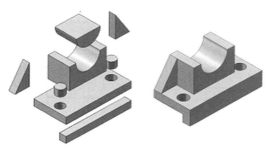

图 4.2 - 3 综合型组合体

4.2.2 组合体上相邻表面之间的连接关系

组成组合体的各基本形体表面之间可能是不平齐、平齐、相切、相交四种相对位置，如图 4.2 -4 所示。形体间的相对位置不同，表面过渡关系也不同，投影分析也不一样。所以，在读图时，必须看懂形体间的表面过渡关系，才能彻底弄清形体形状。在画图时，也必须注意这些关系，才能使投影作图不多线、不漏线，如图 4.2 -5 和图 4.2 -6 所示。

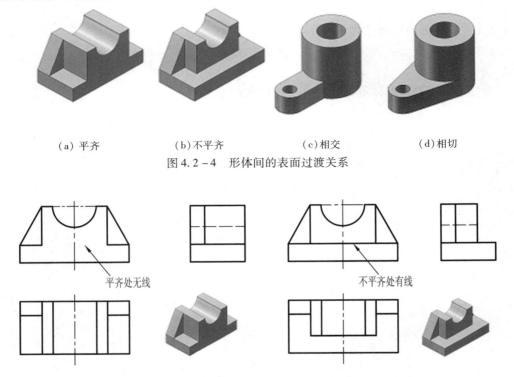

(a) 平齐　　　　(b)不平齐　　　　(c)相交　　　　(d)相切

图 4.2 -4　形体间的表面过渡关系

图 4.2 -5　两面平齐不画线　　　图 4.2 -6　两面不平齐画线

（1）当两形体的表面不平齐时，中间应该有投影线隔开，如图 4.2 -7（a）所示。图 4.2 -7(b)是漏线的错误。

（2）形体的表面平齐时，中间应该没有投影线隔开，如图 4.2 -8 所示。

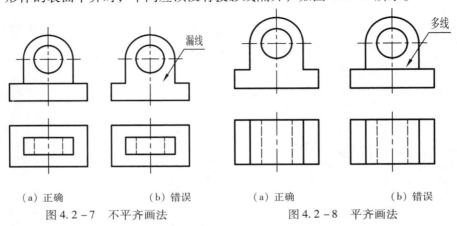

(a) 正确　　　(b) 错误　　　(a) 正确　　　(b) 错误

图 4.2 -7　不平齐画法　　　　图 4.2 -8　平齐画法

（3）形体表面相交时，表面的交线是它们的分界线，图上必须画出，如图4.2－9所示。

（4）形体的表面相切时，因为相切处两表面是光滑过渡的，故该处不应画出分界线，如图4.2－10所示。

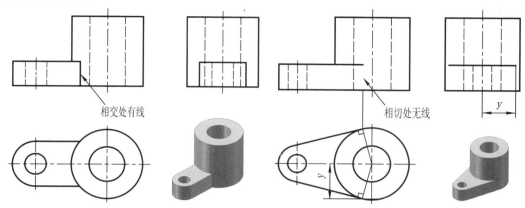

图4.2－9　相交画法　　　　　　　　　图4.2－10　相切画法

（5）当平面与曲面或两曲面的公切面垂直于投影面时，在该投影面的投影上画出相切处的转向轮廓线，此外其他任何情况均不应画出切线，如图4.2－11所示。

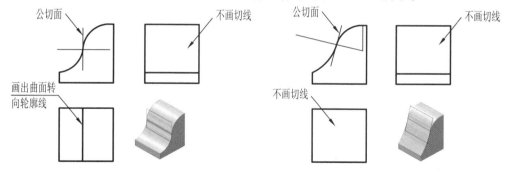

图4.2－11　相切的特殊画法

4.3　组合体三视图的画法

在画组合体三视图之前，首先运用形体分析法将组合体分解为若干部分，弄清各部分的形状和它们的相对位置及组合方式，然后逐个画出各部分的三视图；对于用切割方式形成的组合体，常常利用"视图上的一个封闭线框一般情况下代表一个面的投影"的投影特性，对体的主要表面的投影进行分析、检查，可以快速、正确地画出图形。

4.3.1　形体分析

形体分析的目的在于搞清组合体中各个基本形体的形状及组合方式，总结出绘制组合体视图的规律，使复杂问题容易化。因此，在绘制和识读组合体视图的过程中，需假想把组合体分解为若干基本形体，以便分析各组成部分的形状、相对位置、组合方式及表面连接关系，这种分析方法称为形体分析法。如图4.3－1所示支架，可分析为由五个基本形体组成。该支架的中间为一直立空心圆柱，位于左下方的底板的上下两个面与直立空心圆柱相交而产生交线，前后两个面与直立空心圆柱相切，在相切处不画线。肋板的左侧斜面与直立空心圆柱相交产生的交线是曲线。前方的水平空心圆柱与直立空心圆柱垂直相交，两孔相贯通而产生两圆柱正交的相贯线。右上方的搭子与直立空心圆柱相交，其中搭子的上表面与直立空心圆柱的上表面共面不画线。

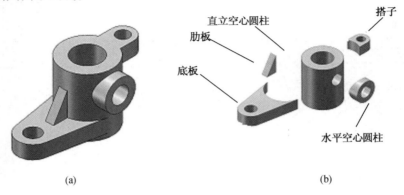

(a)　　　　　　　　　　　　　　　　　　(b)

图 4.3 – 1　组合体形体分析

　　形体分析法为工程技术人员的构思成形、形体表达和体现成物的创造性思维活动，提供了一种科学的思维方法。要掌握和运用形体分析法，首先必须掌握分析基本形体的表面几何性质、投影特征和尺寸注法；其次，必须掌握组合体的组合形式、各基本形体间的相对位置关系及表面连接关系的投影特点。

4.3.2　线面分析法

　　形体分析法较适合于以叠加方式形成的组合体，对于用切割方式形成的组合体，常常利用"视图上的一个封闭线框一般情况下代表一个面的投影"的投影特性，对体的主要表面的投影进行分析、检查，可以快速、正确地画出图形。

　　由于组合体的组合方式往往既有叠加又有切割，所以绘图时一般不是独立地采用某种方法，而是两者综合使用，互相配合，互相补充。通常以形体分析为主，线面分析为辅。

4.3.3　三视图的画法

　　下面以图 4.3 – 2 所示支架为例，说明组合体三视图的具体画法。

　　1. 选择主视图

　　在三视图中，主视图最为重要。选择主视图，就是要解决组合体怎么放置和从那个方向投影的两个问题。通常从以下三个方面思考：

　　(1) 特征原则。要求主视图能够较多的反映物体的形状特征，即必须把组合体的各组成部分的形状特点和相互关系反映最多的方向作为主视图的投影方向。如图 4.3 – 2 所示支架的"A"和"C"向视图均可满足该特征原则。

图 4.3 – 2　主视图的选择

　　(2) 稳定性原则。通常人们习惯从物体的自然位置进行观察，所以选择主视图时，常把物体放正，使物体的主要平面(或轴线)平行或垂直于投影面。如图 4.3 – 2 放置即满足这一原则。

（3）虚线最少原则。有利于其他视图的选择，尽量避免画虚线。如图 4.3 – 3 为支架"A ~ D"四个向视图。综合比较，"A"向作为支架的主视图投影方向，主视图最为清晰。

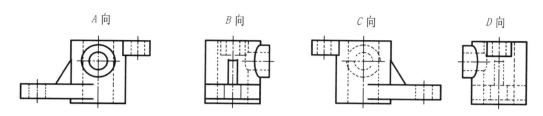

图 4.3 – 3　主视图的选择比较

2. 选择比例，确定图幅

在选择比例时，尽量选择 1∶1 比例，以便于直接估量形体的大小和方便画图。对小而复杂或大而简单的形体及专业图，可根据本书 1.1.2 节的规定选用放大或缩小的比例。

确定图幅时要根据投影图所占面积、投影图间的适当间隔以及标注尺寸的空隙和标题栏位置，选择标准图幅。

3. 布置三视图

先绘出图框和标题栏线框，然后根据各视图各个方向的最大尺寸和视图之间应该留的空档，用中心线、对称线、轴线和其他基准线或方框定出各视图的位置。应注意，投影范围基本准确，预留空档适当宽裕，投影图布置合理均匀。

4. 绘投影图底稿

以形体分析为主，线面分析为辅，根据形体的组合形式，从最具形体特征的视图着手，按先主后次，先外后内，先整体后细部，分先后、有步骤地逐个绘出，如图 4.3 – 4 所示，最后"组合"成整个投影图。

5. 检查并描深

完成底稿经检查无误后，按国标规定各类线型要求，进行描深。注意同类线型应保持浓淡和粗细度一致。

6. 标注尺寸

详见本书 4.4 节组合体视图上的尺寸标注。

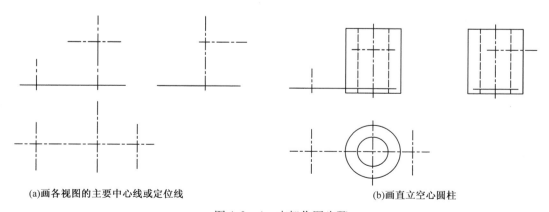

(a)画各视图的主要中心线或定位线　　　　　　　(b)画直立空心圆柱

图 4.3 – 4　支架作图步骤

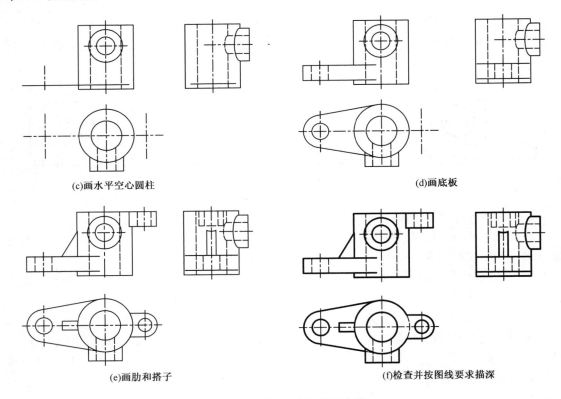

(c)画水平空心圆柱   (d)画底板

(e)画肋和搭子   (f)检查并按图线要求描深

图 4.3 –4(续) 支架作图步骤

7. 其他

填写标题栏、技术要求等,完成全图。

4.4 组合体视图上的尺寸标注

在工程图样中,投影图已经能反映出组合体的形状结构,但是,形体的真实大小则由标注的尺寸确定。标注尺寸应按照国家标准的有关规定准确地、完整地、清晰地进行标注。

一般将组合体分解为若干个基本形体,在形体分析的基础上标注以下三类尺寸。

(1)定形尺寸:确定各基本体形状和大小的尺寸。

(2)定位尺寸:确定各基本体之间相对位置的尺寸。

要标注定位尺寸,必须先选定尺寸基准。物体有长、宽、高三个方向的尺寸,每个方向至少要有一个基准。通常以物体的底面、端面、对称面和轴线作为基准。

(3)总体尺寸:物体长、宽、高三个方向的最大尺寸。

总体尺寸有时可能就是某形体的定形或定位尺寸,这时不再注出。当标注总体尺寸后出现多余尺寸时,需作调整,避免出现封闭尺寸链。当组合体的某一方向具有回转结构时,由于注出了定形、定位尺寸,该方向的总体尺寸不再注出。

4.4.1 常见基本形体的尺寸标注

1. 常见的基本形体的定形尺寸注法

常见的基本形体主要有棱柱、棱锥、棱台、圆柱、圆台、圆环和球体。其定形尺寸标注

如图 4.4 - 1 所示。［注：（ ）内尺寸为参考尺寸］

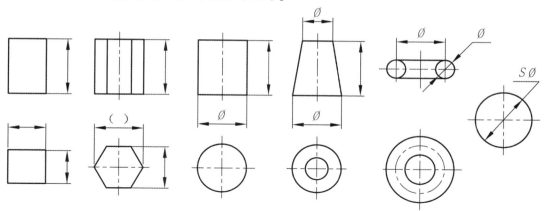

图 4.4 - 1　基本形体的尺寸注法示例

2. 常见形体的定位尺寸注法

如图 4.4 - 2（a）、（b）、（c）所示常见形体的定位尺寸的标注。

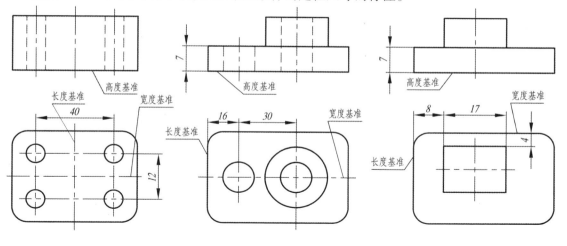

（a）一组孔的定位尺寸　　　（b）圆柱体的定位尺寸　　　（c）立方体的定位尺寸

图 4.4 - 2　常见形体的定位尺寸标注示例

3. 常见基本形体的尺寸标注注意事项

当基本形体被平面截切后，应注意不能在截交线上直接标注尺寸，而是标注基本形体的定形尺寸和截切平面的定位尺寸。图 4.4 - 3 是基本形体被截平面切割后，其切口尺寸和形体的尺寸标注。图中除了注出形体的定形尺寸外，对切口则在特征视图上集中标注出截平面的定位尺寸，而不标注截交线的定形尺寸（尺寸线上画有'×'的尺寸）。

当体的表面具有相贯线时，应标注产生相贯线的两基本体的定形和定位尺寸，不能在相贯线上直接注尺寸。如图 4.4 - 4 所示，为两圆柱相交时尺寸的标注。其中标注出的定形尺寸如小圆柱直径 $\phi28$、大圆柱直径 $\phi36$ 和长度 50 及定位尺寸 27 和 25 是正确的注法，而 $R16$ 和 16 的注法是错误的。

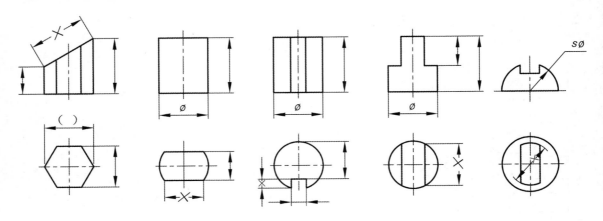

图 4.4 – 3　不完整形体的尺寸注法示例

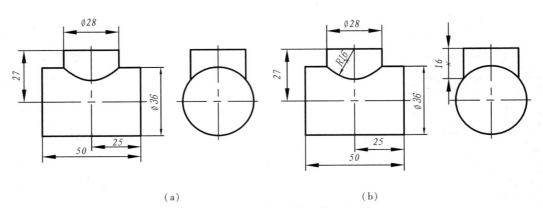

　　　　　（a）　　　　　　　　　　　　　　　　（b）

图 4.4 – 4　相交形体的尺寸注法示例

4.4.2　组合体的尺寸标注

　　进行组合体的尺寸标注时，首先运用形体分析法透彻分析组合体的结构形状，明确组成形体的基本形体的形状及它们间的相互位置，然后再分析组合体的尺寸，确定组成形体的基本形体的定形尺寸及它们之间的相互位置的定位尺寸和组合体的总体尺寸。标注时，先标注定形尺寸，再标注定位尺寸，最后标注总尺寸。

　　下面仍以前述支架为例说明定形、定位和总体尺寸的具体注法与步骤。

　　1. 尺寸基准的确定

　　尺寸基准是标注尺寸的起点，也是组合体中各基本形体定位的基准。因此，为了完整和清晰地标注组合体的尺寸，必须在长、宽、高三个方向上分别选定尺寸基准。图 4.4 – 5 所示支架所选定的尺寸基准应以支架直立空心圆柱的轴线为长度方向的尺寸基准；以这个支架的前后对称面作为宽度方向的基准；以支架底板的底面为高度方向的尺寸基准。

　　2. 定形尺寸的标注

　　如图 4.4 – 6 将支架分析成五个基本形体后，再逐一标出组合体的各基本形体的定形尺寸，注意要避免混标和余漏。定形尺寸尽量标注在反映该部分形状特征的视图上。

　　3. 定位尺寸的标注

　　两基本形体间一般有长、宽、高三个度量方向的定位尺寸。根据图 4.4 – 5 所确定的支架尺寸基准，在图 4.4 - 7 的支架上标注出了各基本形体之间的六个定位尺寸。

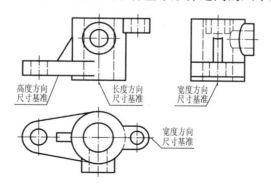

图 4.4 - 5　尺寸基准的确定

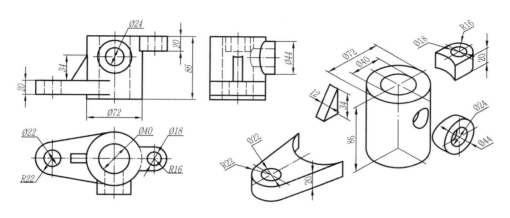

图 4.4 - 6　支架的定形尺寸分析

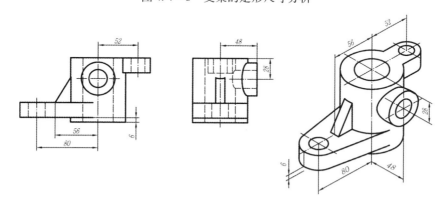

图 4.4 - 7　支架的定位尺寸分析

4. 总体尺寸的标注

标注了组合体各基本体的定位和定形尺寸后，通常情况下应标注组合体的总长、总宽、总高的尺寸。

注意：如前所述，如图 4.4 - 8 所示总高 86 可直接标注出；当物体的端部为同轴线的圆柱和圆孔，如图 4.4 – 8 支架底板的左端、搭子的右端等的结构形状，标注了圆弧半径 22 与 16 两个定形尺寸和 80 和 52 两个定位尺寸后，由于这四个尺寸有利于明显表示底板和搭子相对直立圆柱的定位尺寸以及更能清晰表示出底板和搭子的圆头定形尺寸，为避免标注封闭或重复尺寸，不再标注总长尺寸，需作适当调整。总宽尺寸也不应标出。

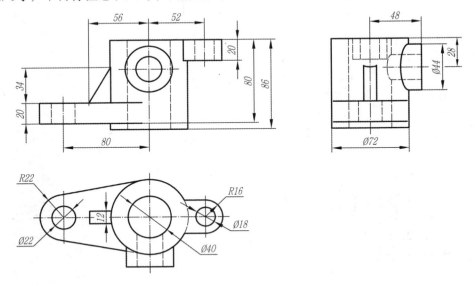

图 4.4 – 8　调整后支架的尺寸注法

4.4.3　尺寸标注注意事项

尺寸标注除了要符合国标规定及标注完整准确无误外，还要达到配置明显、清晰、整齐，以便读图。

（1）明显。同一基本形体的定形、定位尺寸，应尽量集中标注在反映形体特征的投影图中，而与两投影图有关的尺寸，宜注在两投影图之间。

（2）清晰。尺寸一般应尽可能布置在投影图轮廓线之外，某些细部尺寸允许标注在图形内，并尽量不把尺寸注在虚线上。

（3）整齐。尽量将形体的定形、定位和总体尺寸组合起来，排列成几行，小尺寸布置距图样最外轮廓线的距离不小于 10mm，大尺寸在外侧。且平行排列的尺寸线的间隔应相等，相距不少于 7～10mm 为宜。

（4）尺寸线、尺寸界限与轮廓线应尽量避免相交。

（5）同轴回转体的直径尺寸尽量注在反映矩形投影的视图上。

（6）同一方向的尺寸线，在不互相重叠的条件下，最好画在一条线上，不要错开。

在标注尺寸时，有时不能兼顾以上各点，应根据具体情况，统筹安排，合理布置。

4.5　读组合体三视图

绘图和看图是学习本课程的两个重要环节。绘图是把空间形体运用正投影法表达在平面图纸上；而看图是运用正投影原理，根据平面图形想象出空间形体形状结构的过程。

4.5.1　读图的基本方法

形体分析法和线面分析法既是绘图的基本方法，也是看图的基本方法。要读懂图，除了必须掌握一定的投影理论外，掌握一定的读图方法是很有必要的。

1. 将各个视图联系起来识图

组合体的形状一般是通过几个视图来表达的，每个视图只能反映物体一个方向的形状，仅由一个或两个视图不一定能唯一地确定组合体的形状。一般要根据几个视图并运用投影规律进行分析，才能想象出空间物体的形状。

如图 4.5 - 1 所示的五组视图，它们的主视图都相同，却表达了五种不同形状的物体。

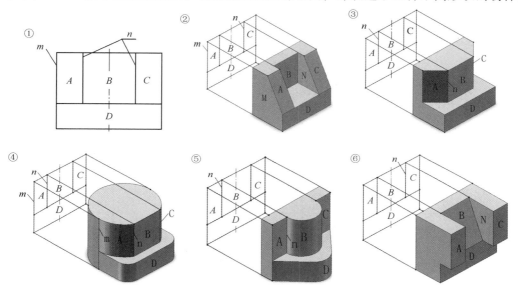

图 4.5 - 1　一个视图不能唯一确定物体的形状示例

如图 4.5 - 2 所示的三组视图，虽然其主、左两个视图相同，也不能唯一确定组合体的形状，而是表达了三种物体。

2. 抓特征视图

形状特征视图　最能反映物体形状特征的视图。图 4.5 - 3 俯视图为形状特征视图。

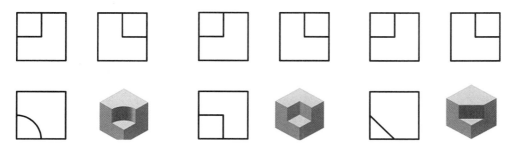

图 4.5 - 2　两个视图不能唯一确定物体的形状示例

位置特征视图　最能反映物体位置特征的视图，图 4.5 - 4 侧视图为位置特征视图。注意反映形体之间连接关系的图线，如图 4.5 - 5 箭头所指的图线。

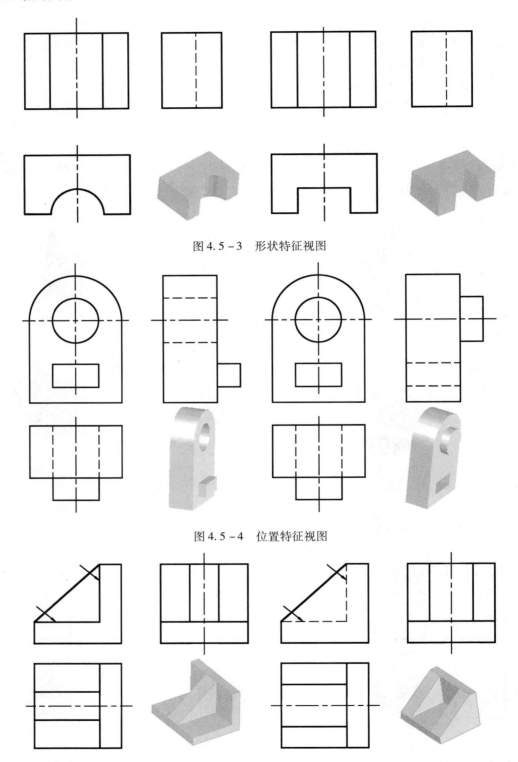

图 4.5 - 3 形状特征视图

图 4.5 - 4 位置特征视图

图 4.5 - 5 形体间连接关系

3. 理解视图中线框和图线的含义

（1）视图上的每一条线可以是物体上下列要素的投影。

两表面的交线，如图4.5－1④中的直线 n；垂直面的投影，如图4.5－1②中的直线 m 和 n；曲面的转向轮廓线，如图4.5－1④中的直线 m。

（2）视图上的每一个封闭线框可以是物体上下列要素的投影。

平面，如图4.5－1⑤、⑥视图上的封闭线框 A 为物体上的平面的投影，图4.5－1②、③视图上的封闭线框 A 则为物体上的斜面的投影；曲面，如图4.5－1④视图上的封闭线框 A 和⑤视图上的 B 均为物体上圆柱面的投影；曲面及其切平面，如图4.5－1④、⑤视图上的封闭线框 D 为物体上相切平面和及圆柱面的投影。

（3）视图上相邻的封闭线框必定是物体相交或前后、上下、左右的两个面，如图4.5－1②视图上的封闭线框 D 和 B 为物体前后两个面的投影。

（4）视图上相套的封闭线框，可以是孔或凹凸不平的面。

4. 善于构思物体的形状

为了提高读图能力，应注意不断培养构思物体形状的能力，进一步丰富空间想象能力，达到能正确和迅速地读懂视图。下面举例说明构思物体形状的步骤和方法。

【例4－1】　如图4.5－6(a)所示，已知物体三个视图的外轮廓，要求通过空间构思出这个物体的形状及其三视图。

解题步骤　在构思过程中，可以先逐步按三个视图的外轮廓来构思这个物体，然后再想象出这个物体的形状。

（1）将正方形作为主视图的物体，可以构思出很多，如立方体、圆柱体、三棱柱等。如图4.5－7(a)所示。

（2）将圆作为俯视图的物体，也可构思出很多，如圆柱体、球体、圆锥体等。但是结合主视图轮廓为正方形外，俯视图为圆的物体只能是一个圆柱体。如图4.5－7(b)所示。

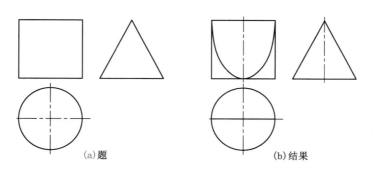

(a)题　　　　　　　　　　(b)结果

图4.5－6　已知物体三个视图的外轮廓构思出这个物体的形状

（3）综合主、俯视图的轮廓分别为正方形和圆，而左侧视图为三角形的物体，应该是这个圆柱体被截平面截切后形成的。即用两个侧垂面切去圆柱体的前后两块，切割后的圆柱体的左侧视图为一个三角形，而主、俯视图的轮廓仍分别能保持原来的正方形和圆。只是主视图上应添加前、后两个断面的重合投影，俯视图上应添加两个断面的交线的投影。物体的形状和三视图，如图4.5－7(c)所示。

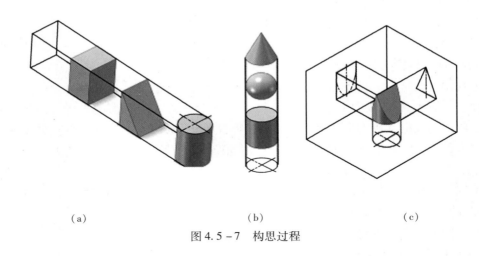

（a）　　　　　　　　　　（b）　　　　　　　　　　（c）

图 4.5 – 7　构思过程

综上所述，读图时，不仅要几个视图联系起来看，还要对视图中的每个线框和每条图线的含义进行分析，才能逐步想象出物体的完整形状。

4.5.2　读图的基本步骤

1. 形体分析法

形体分析法是读图的最基本方法。应用这种方法，先从最能反映物体形状特征的主视图着手，分析该物体是由那几部分组成以及它们的组成形式，然后运用投影规律，逐一找出每一部分在其他视图上的投影，从而想象出各部分所表达的基本形体的形状以及它们之间的相对位置关系，最后构思出整个物体的形状。下面以图 4.5 – 8 所示的支座为例说明这种方法在读图中的具体应用。

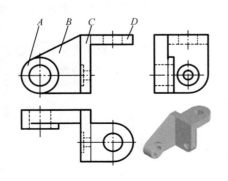

图 4.5 – 8　支座的形体分析

（1）抓特征分形体画线框　以主视图为主，配合其他视图，找出反映物体特征较多的视图，从图上将物体分解成几部分。如图 4.5 – 8 所示，将主视图划分为四个线框，即 A、B、C、D 四部分。

（2）对投影识形体　搞清各部分的形状、相对位置及组合方式，从形体 A 的主视图线框出发，根据"三等"关系，找到 A 在左、俯视图中的对应投影，如图 4.5 – 9（a）所示的粗线条。然后将形体 A 的三个视图对应起来，很容易确定是一个空心圆柱。其余形体的形状确定见图 4.5 – 9（b）、（c）、（d）。

（3）综合起来想整体　在读懂每部分形体的形状，搞清各部分形体的相对位置、组合方式的基础上，综合起来想象整体的形状。

由已知两投影图补画第三投影图是培养看图能力的一种主要方法，常作这样的训练，有助于提高看图能力。其过程是先分析形体的两投影图，确定该形体的形状，然后按前述绘图方法补绘第三投影图。

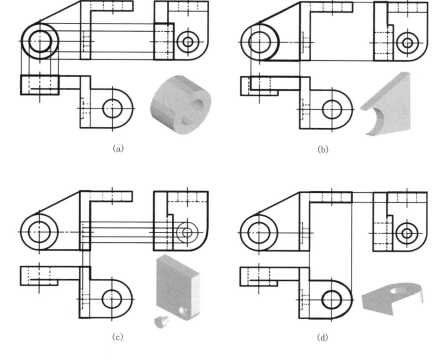

图 4.5 - 9 支座的形体分析方法

【例 4 - 2】 如图 4.5 - 10 所示,已知叉架的主、俯视图,补画左视图。

解题步骤 先进行初步分析。

如图 4.5 - 10 所示,将主视图划分为三个封闭的线框,看作组成支架的三个部分的投影: $1'$ 是底板线框; $2'$ 是立板线框; $3'$ 是 U 形体线框(注意线框内包括的小圆线框);对照俯视图,逐个构思出每个线框的形状并补画出视图。然后分析它们之间的相对位置和表面连接关系,综合得出这个支撑的整体形状。最后,从整体出发,校核和加深已补出的左侧视图。

补图过程如图 4.5 - 11 所示。

2. 线面分析法

线面分析法是看图的辅助方法,是根据每一封闭线框表示空间一个面的投影特征,运用线、面的投影特征,分析投影图中线段、线框的含义及其相互位置关系。

在组合体形体划分较清晰的情况下,应采用形体分析法进行读图。对于由切割方式形成的组合体,需要利用线面分析的方法帮助

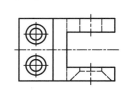

图 4.5 - 10 已知条件

读图。一般情况下是两种方法混合使用,以形体分析为主,辅以线面分析。下面以图 4.5 - 12(a)所示压块为例,说明在读图中如何进行线面分析。

(1)分析视图。对所给视图进行分析,搞清它是由那种基本形体切割而成。从图 4.5 -

12(a)所给视图可以看出该组合体由一个长方体切割而成。

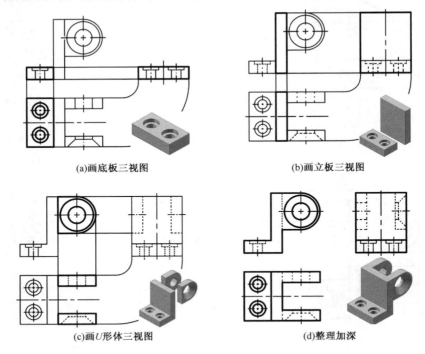

(a)画底板三视图   (b)画立板三视图

(c)画*U*形体三视图   (d)整理加深

图 4. 5 – 11   叉架的补图过程

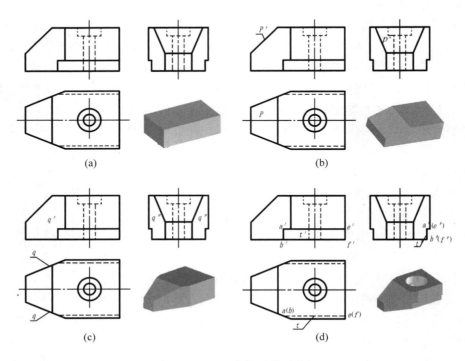

(a)   (b)

(c)   (d)

图 4. 5 – 12   面的相对关系分析

（2）分析视图中的线和面　从主视图中的斜线 p'，找出它在俯、左视图中对应的投影 p 和 p''。可以看出它是一个正垂面，将长方体左上角切去，如图 4.5 - 12(b) 所示。

从主视图中的五边形 q'，找出它在俯、左视图中对应的投影 q 和 q''。可以看出它是两个铅垂面，将长方体的左前、左后角切去，如图 4.5 - 12(c) 所示。

从主视图中的矩形线框 t'，找出它在俯、左视图中对应的投影 t 和 t''。可以看出它是两个水平面和两个正平面，将长方体前下角、后下角切去，如图 4.5 - 12(d) 所示。

（3）综合想象整体形状　根据以上线面分析，综合想象出压块的形状，如图 4.5 - 12(d) 所示。

综上所述，弄清楚了各个面的相对关系，即能想象出该物体的形状。下面举例说明这种方法在看图中的应用。

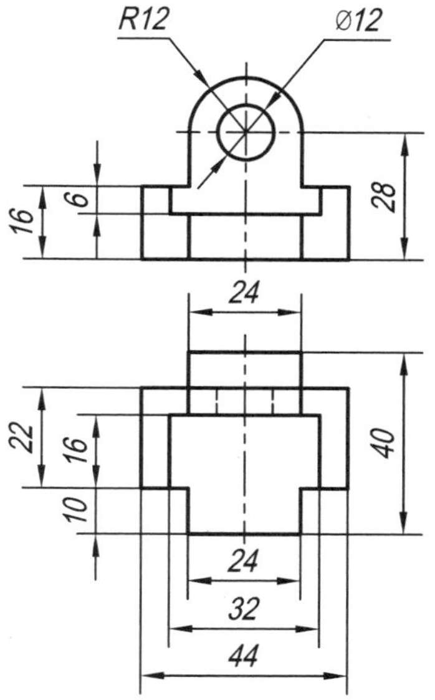

【例 4 - 3】　如图 4.5 - 13 所示为垫块的主、俯视图，要求补画出其左视图。

图 4.5 - 13　已知垫块的主俯视图

解题步骤　图 4.5 - 14 表示该垫块的补图过程分析（同时采用形体分析法和线面分析法）。

（1）图 4.5 - 14(a) 表明垫块下部的中间为一长方体，分析面 B 和面 A，可知面 B 在前，面 A 在后，故它们是一个凹进去的长方体。补出长方体的左视图，凹进部分用虚线表示。

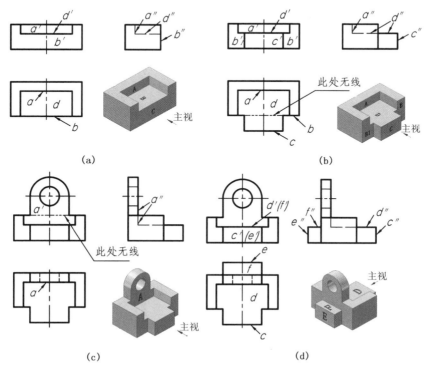

图 4.5 - 14　垫块的补图分析——分析面的相对位置关系

（2）图 4.5 – 14（b）分析了主视图上的 C 面，知长方体前面有一凸块，因而在左视图的右边补出相应的一块。

（3）图 4.5 – 14（c）分析了长方体上面一个带孔的竖板，因图上箭头所指处没有轮廓线，可知竖板的前面与上述的 A 面是同一平面，补出竖板的左视图。

（4）图 4.5 – 14（d）从俯视图上分析了垫块后有一凸块，由于在主视图上没有对应的虚线，可知后凸块的背面 E 和 C 面的正面投影重合，即前、后凸块的长度和高度相同，补出后凸块的侧面投影后，垫块的左视图就完成了。

第5章　轴测投影图

　　用正投影法绘制的多面视图能完整、准确地表达出机件各部分的形状和大小，而且作图方便，度量性好，工程上的生产图样，如图 5-1(a)所示。但是这种图样缺乏立体感，看图时必须应用投影原理把几个视图联系起来，有一定读图能力方可看懂。轴测投影图，简称轴测图，如图 5-1(b)所示，能在一个投影上同时反映出物体的正面、顶面和侧面的形状，富有立体感。但轴测图不能反映物体表面的实形(如圆变成椭圆，长方形变成平行四边形等)，度量性差，作图也较复杂。因此，在工程上仅作为辅助图样。

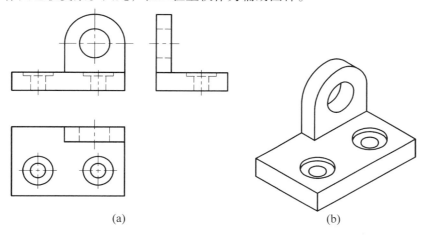

(a) (b)

图 5-1　多面正投影图与轴测投影图的比较

本章主要介绍了轴测投影图的基本知识和工程上常用的两种轴测图画法。

5.1　轴测投影图的基本概念

5.1.1　轴测投影图的形成和投影特性

1. 轴测投影图的形成

　　在图 5.1-1(a)中，用平行投影法，将物体按与投影面 P 垂直的方向 S_0 投影，在 P 平面上得到它的正投影图；若将物体连同确定其空间位置的直角坐标，沿不平行于任一坐标轴的方向 S 向投影面 P 投影，在 P 平面上所得的投影称为轴测图，P 平面称为轴测投影面。图 5.1-1(a)中，物体的坐标面 XOZ 平行于轴测投影面，投影方向 S 倾斜于轴测投影面；图 5.1-1(b)中，物体的三个坐标面均倾斜于轴测投影面，但投影方向 S 垂直于轴测投影面。

2. 轴测图投影特性

　　(1) 物体上平行于坐标轴的线段，在轴测图中平行于轴测轴。

　　(2) 物体上相互平行的线段，在轴测图上仍然相互平行，如图 5.1-2(a)所示。

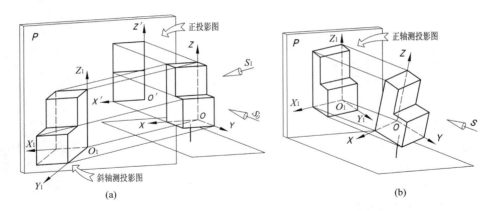

图 5.1 – 1 轴测投影图的形成

（3）在轴测图上，只有沿轴测轴方向才能直接量取尺寸作图（这就是轴测的含义），而不沿轴测轴方向一般不能直接截取尺寸作图，如图 5.1 – 2（b）所示。

（4）在空间与轴测投影面平行的线段，在轴测图上反映该线段的实长；圆柱轴测图中椭圆的长轴，反映了圆柱直径的实长，如图 5.1 – 2（c）所示。

（5）物体上两平行线段或同一直线上的两线段长度之比，在轴测图上保持不变。

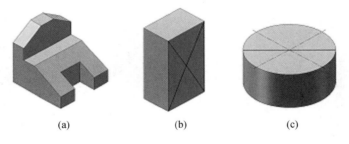

图 5.1 – 2 轴测图投影特性

5.1.2 轴间角和轴向伸缩系数

如图 5.1 – 3 所示，在轴测投影图中，空间直角坐标轴 OX、OY、OZ，在轴测投影面 P 上的投影 O_1X_1、O_1Y_1、O_1Z_1 称为轴测投影轴，相邻两个轴测轴之间的夹角 $\angle Y_1O_1Z_1$，$\angle X_1O_1Y_1$，$\angle Z_1O_1X_1$，称为轴间角。在空间直角坐标轴 OX、OY、OZ 上各取单位长度线 OA、OB、OC，向轴测投影面 P 上投影得三投影为 O_1A_1，O_1B_1，O_1C_1，将投影长度和实际长度之比称为轴向伸缩系数，分别记为 p、q、r。其中 $p = \dfrac{O_1A_1}{OA}$ ——X 轴轴向伸缩系数；$q = \dfrac{O_1B_1}{OB}$ ——Y 轴轴向伸缩系数；$r = \dfrac{O_1C_1}{OC}$ ——Z 轴轴向伸缩系数。

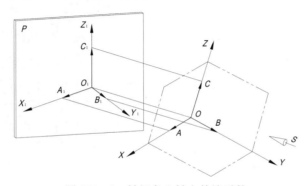

图 5.1 – 3 轴间角和轴向伸缩系数

5.1.3 轴测投影图的分类

轴向伸缩系数和轴间角是绘制轴测投影图的作图依据，不同类型的轴测图，其轴向伸缩系数和轴间角是不同的。

根据空间物体的位置以及轴测投影方向和轴测投影面的相对关系，轴测投影有以下两种基本形成方法：

（1）当物体的三个坐标面与轴测投影面都倾斜，投射方向垂直于轴测投影面时，所得到的投影称为正轴测投影，如图 5.1－1（b）所示；

（2）将物体和轴测投影面都放正，使投射方向倾斜于轴测投影面，这样得到的投影称为斜轴测投影，如图 5.1－1（a）所示。

以上两类基本轴测图，又根据各个轴向伸缩系数的不同，又可再分为下面三种：

如果 $p = q = r$，称正（或斜）等测图；

$p = q \neq r$ 或 $p \neq q = r$ 或 $p = r \neq q$，称正（或斜）二测图；

$p \neq q \neq r$，称正（或斜）三测图。

为了使轴测图能表现出具有较强的三维立体感和便于作图，三测图因作图较繁，在实际中很少采用。工程上常用正等测轴测图（简称正等测）及斜二测轴测图（简称斜二测）两种，如表 5.1－1 所示。

表 5.1－1　工程上常用的两种轴测图

	轴间角及伸缩系数	应 用 场 合
正等测	轴间角为120° 伸缩系数：p、q、r 均是 0、82，实际作图中取 1	机件两个或三个方向上有曲线（圆）时采用。不适合采用正二测和斜二测时采用
斜二测	轴间角：$\angle XOZ = 90°$；$\angle YOZ = 135°$ 伸缩系数：p、r 取 1，q 取 0.5	机件一个方向的表面形状复杂或曲线较多时采用

注意事项：

（1）轴间角及伸缩系数——两种轴测图的轴间角不同，因此轴向伸缩系数也不同；

（2）沿轴测量——画轴测图时，要沿轴测轴方向测量；

（3）应用场合——要注意选择轴测图的方法；方法不同，则表达的效果不同；

（4）投影方向——要从最能表达物体形状结构特征的方向去看

5.2　正等测轴测投影图的画法

5.2.1　轴测投影图中点的确定

如图 5.2－1 所示，表示空间一点 $A(x, y, z)$ 的轴测图，从图中我们可以看到，要确定点 A 的轴测图，首先要知道空间直角坐标系在轴测投影面上的投影（既要知道各轴向伸缩系数和轴间角的大小）。当这两个参数确定后，就可按下列步骤来确定点 A 的轴测图。

（1）根据轴间角的大小，画出轴测轴 O_1X_1，O_1Y_1 和 O_1Z_1。

（2）从原点沿轴测轴 O_1X_1 上截取 oa_x 等于点 A 的 x 坐标长度，得点 a_x。

（3）从点 a_x 引出平行于轴测轴 O_1Y_1 的直线，并在此直线上截取 aa_x 等于点 A 的 y 坐标长度，得点 a。

（4）从点 a 引出平行于轴测轴 O_1Z_1 的直线，并在此线上截取 A_1a 等于点 A 的 z 坐标长度，得点 A_1，则点 A_1 即为空间点 A 的轴测图，如图 5.2 – 1（a）。

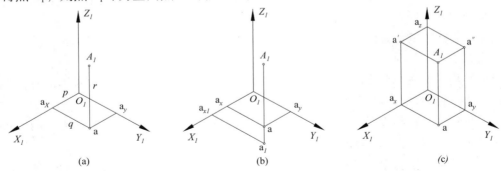

图 5.2 – 1　轴测抽影图中点的确定

如果仅知道点 A 的一个投影 a 或 a' 或 a''，如图 5.2 – 1（b）所示，则不能确定出点 A 的空间位置。因而在作点的轴测图时，它的任意一个投影都是不能少的，从图中也可以看到：当知道一个点的两个投影，如 a 和 a'，如图 5.2 – 1（c）所示，则通过它们作两条平行于坐标轴的直线 aA_1 和 $a'A_1$，则此两直线的交点 A_1 也就是该点的轴测图。由此可得出结论：在轴测图中，要确定空间一点的位置，可通过点的轴测图和一个投影或由两个投影完全决定。

5.2.2　平面立体正等轴测图的画法

画平面立体轴测图的基本方法，是沿坐标轴测量，然后按坐标画出各顶点的轴测图，该方法简称为坐标法。对不完整的形体，可先按完整形体画出，然后用切割的方法画出其不完整部分，此法称为切割法。对另一些平面立体则采用形体分析法，先将其分成若干基本形体、然后再逐个将形体组合在一起或进一步切割，此法称为叠加切割法或组合法。

1. 坐标法

即根据物体的尺寸或顶点的坐标画出点的轴测图，然后将同一棱线上的两点连成直线即得立体的轴测图。下面举例说明平面立体正等测的画法。

【例 5 – 1】　如图 5.2 – 2（a）所示，作出正六棱柱的正等测图。

1）分析

作物体的轴测图时，习惯上是不画出其虚线，因此作正六棱柱的轴测图时，为减少不必要的作图线，先从顶面开始作图比较好。

2）作图步骤

（1）在两面投影图上建立坐标系 $OXYZ$，如图 5.2 – 2（a）所示。

（2）画出正等测中的轴测轴 $O_1X_1Y_1Z_1$，如图 5.2 – 2（b）所示。

（3）在 O_1Y_1 轴上，以 O_1 为圆心，截取线段 I II 与线段 12 长度相等，得到 I 和 II 两点，沿 O_1X_1 轴量取 $O_1C_1 = Oc$、$O_1F_1 = Of$，得 C_1 和 F_1 两点。

（4）分别过点 I 和 II 作 O_1X_1 的平行线，并以 I 和 II 为圆心，截取 $A_1B_1 = ab$ 和 $E_1D_1 = ed$，得 A_1，B_1，D_1，E_1 四点，如图 5.2 – 2（c）所示。

（5）连 A_1，B_1，C_1，D_1，E_1，F_1 各点得正六棱柱顶面的轴测投影，如图 5.2 – 2（c）所示。

（6）分别过 A_1，D_1，E_1，F_1 各点向下作 O_1Z_1 轴的平行线，并在各平行线上截取长度均

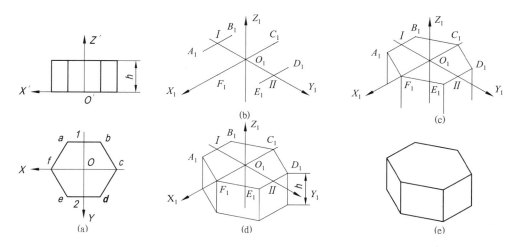

图 5.2 - 2　正六棱柱正等测图的画法

等于正六棱柱的高 h。连接各截取点，如图 5.2 - 2(d)所示。

(7) 加深各棱线的投影得正六棱的正等测图，如图 5.2 - 2(e)所示。

2. 切割法

1) 形体分析，确定坐标轴

如图 5.2 - 3(a)所示，该物体可以看成是由一个四棱柱切割而成。左上方被一个正垂面切割，右前方被一个正平面和一个水平面切割而成。画图时可先画出完整的四棱柱，然后逐步进行切割。

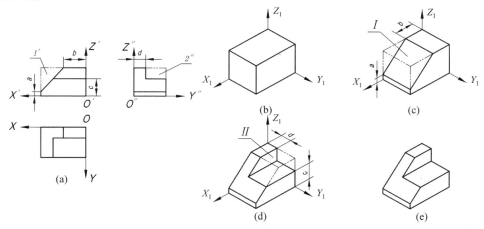

图 5.2 - 3　四棱柱切割体的正等测图的画法

2) 作图步骤

(1) 在三视图上建立直角坐标系 $OXYZ$，如图 5.2 - 3(a)所示；

(2) 画轴测轴 $O_1X_1Y_1Z_1$，然后画出完整的四棱柱的正等测图，如图 5.2 - 3(b)所示；

(3) 量尺寸 a，b，切去左上方的第 I 块，如图 5.2 - 3(c)所示；

(4) 量尺寸 c，平行 $X_1O_1Y_1$ 面向后切；量尺寸 d，平行 $X_1O_1Z_1$ 面向下切，两平面相交切去第 II 块，如图 5.2 - 3(d)所示；

（5）擦去多余图线并描深，得到四棱柱切割体的正等测图，如图5.2-3(e)所示。

3. 叠加切割法（组合法）

1）形体分析，确定坐标轴

如图5.2-4(a)所示，可将组合体分解成三个基本形体（Ⅰ、Ⅱ、Ⅲ），然后逐步画出各形体的正等测图，但要注意各形体间的位置关系。

2）作图步骤

（1）在主、俯视图上，建立直角坐标系$OXYZ$，如图5.2-4(a)所示；

（2）画轴测轴$O_1X_1Y_1Z_1$，然后画出形体Ⅰ，如图5.2-4(b)所示；

（3）形体Ⅱ与形体Ⅰ前、后和右面共面，画出形体Ⅱ，如图5.2-4(c)所示；

（4）形体Ⅲ的下面与形体Ⅰ的上面共面，右面与形体Ⅱ的左面共面，画出形体Ⅲ，如图5.2-4(d)所示；

（5）对形体Ⅱ进行挖切，擦去形体间不应有的交线和被遮挡住的线，然后描深，得到完整的正等测图，如图5.2-4(e)所示。

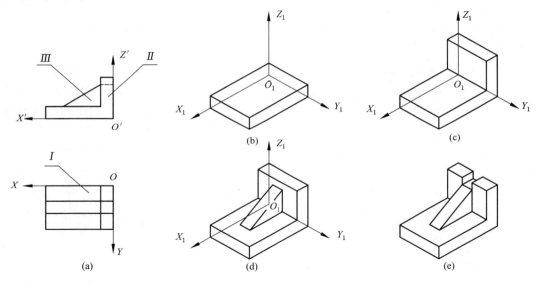

图5.2-4 作组合法正等测图

5.2.3 曲面立体正等轴测图的画法

1. 圆的正等测图的画法

在画圆柱、圆锥等回转体的轴测图时，关键是解决圆的轴测投影的画法。图5.2-5表示一个正立方体在正面、顶面和左侧面上分别画有内切圆的正等测图。

由图5.2-5可知，每个正方形都变成了菱形，而内切圆变为椭圆并与菱形相切，切点仍在各边的中点。由此可见，平行于坐标面的圆的正等测图都是椭圆，椭圆的短轴方向与相应菱形的短对角线重合，即与相应的轴测轴方向一致，该轴测轴就是垂直于圆所在平面的坐标轴的投影，长轴则与短轴相互垂直。如水平圆的投影椭圆的短轴与Z轴方向一致，而长轴则垂直于短轴。若轴向变形系数采用简化系数，所得椭圆长轴等于$1.22d$，短轴约等于$0.7d$。

以直径为d的水平圆为例，说明正等轴测投影椭圆的近似画法（四心法或称菱形法）：

（1）过圆心 O 作坐标轴并作圆的外切正方形，切点为 A、B、C、D，如图 5.2−6(a) 所示。

（2）作轴测轴及切点的轴测投影，过切点 A_1、B_1、C_1、D_1 分别作 X_1、Y_1 轴的平行线，相交成菱形（即外切正方形的正等测图）；菱形的对角线分别为椭圆长、短轴的方向，如图 5.2−6(b) 所示。

（3）1、2 点为菱形顶点，连接 $2A_1$、$2D_1$，交长轴于点 3、4 点，则 1、2、3、4 为圆心，如图 5.2−6(c) 所示。

（4）分别以 1、2 为圆心，以 $1B_1$（或 $2A_1$）为半径画大圆弧 B_1C_1、A_1D_1；以 3、4 为圆心，以 $3A_1$（或 $4B_1$）为半径画小圆弧 A_1C_1、B_1D_1，如此连成近似椭圆，如图 5.2−6(d) 所示。

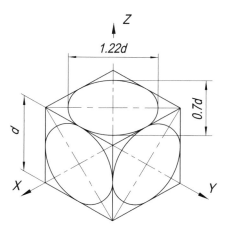

图 5.2−5　平行于坐标面的圆的正等测图

2. 正平圆和侧平圆的轴测图画法

根据各坐标面的轴测轴作出菱形，其余作法与水平椭圆的正等测图的画法类似，如图 5.2−7(a)、(b) 所示。

由此，当物体上具有平行于两个或三个坐标面的圆时，因正等测椭圆的作图方法统一而又较为简便，故适宜选用正等测来绘制这类物体的轴测投影。

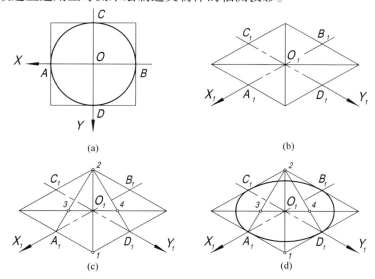

图 5.2−6　椭圆的近似画法

3. 圆柱体的正等测图的画法

如图 5.2−8(a) 所示，取顶圆中心为坐标原点，建立直角坐标系。并使 Z 轴与圆柱的轴线重合，其作图步骤如下：

（1）作轴测轴，用近似画法画出圆柱顶面的近似椭圆，再把连接圆弧的圆心沿 Z 轴方向下移 H，以顶面相同的半径画弧，作底面近似椭圆的可见部分，如图 5.2−8(b) 所示；

（2）过两长轴的端点作两近似椭圆的公切线，如图 5.2−8(c) 所示；

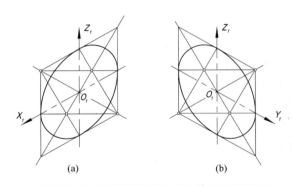

图 5.2 - 7 正平圆与侧平圆正等测图的画法

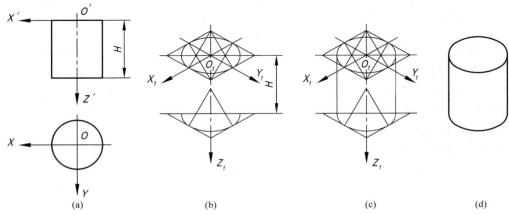

图 5.2 - 8 圆柱体正等测图的画法

（3）擦去多余的线并描深，得到完整的圆柱体的正等测图，如图 5.2 - 8(d)所示。

4. 圆台的正等测图的画法

如图 5.2 - 9(a)所示，圆台的轴线垂直于水平面，顶面和底面都是水平面，取顶面圆心为坐标原点，Z 轴与圆台的轴线重合，其作图步骤如下：

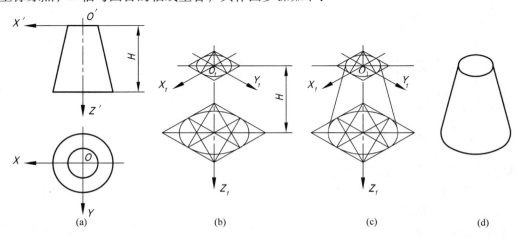

图 5.2 - 9 圆台正等测图的画法

（1）作轴测轴，用近似画法画出圆台顶面和底面的近似椭圆，如图 5.2 – 9（b）；

（2）作顶面和底面近似椭圆的公切线，如图 5.2 – 9（c）所示；

（3）擦去多余的线、描深，如图 5.2 – 9（d）所示。

5. 圆角的正等测图的画法

圆角是圆的四分之一，其正等测画法与圆的正等测画法相同，即作出对应的四分之一菱形，画出近似圆弧。

如图 5.2 – 10（a）所示，圆角的正等测轴测图近似画法：

（1）求作圆弧的连接点（切点）T；如图 5.2 – 10（b）所示，在作圆角的边线上量取圆角半径 R，得连接点 T；

（2）过点 T 作各边的垂线，得圆心 O；如图 5.2 – 10（c）所示，作边线的垂线、然后以两垂线交点为圆心，垂线长为半径画弧，所得弧即为轴测图上的圆角；

（3）画底面圆角。只要将切点、圆心都沿 Z 轴方向下移板厚距离 H，以顶面相同的半径画弧，即完成圆角的作图，如图 5.2 – 10（d）所示。注意，要画上两圆弧的公切线。

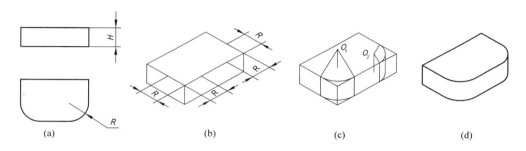

（a）　　　　　　　　　（b）　　　　　　　　　（c）　　　　　　　　　（d）

图 5.2 – 10　圆角的正等测图的画法

5.2.4　截交线、相贯线的正等测图的画法

1. 截交线的正等测图的画法

平面和曲面立体表面的截交线，可采用坐标法，即根据三视图中截交线上点的坐标，画出截交线上一系列点的轴测投影，然后用曲线板光滑连接成曲线。

如图 5.2 – 11（a）所示，基本体是由圆柱和圆锥组合而成，然后由水平面和侧平面切割得顶尖切口，取圆柱右面圆心为坐标原点，X 轴与圆柱的轴线重合，其作图步骤如下：

（1）在俯视图截交线投影上，作若干平行于 Y 轴的直线，如图 5.2 – 11（a）所示；

（2）作轴测轴，用近似画法画出圆柱左、右面的近似椭圆及其公切线，再在 X 轴上确定圆锥的顶点，过顶点作圆柱左面近似椭圆的公切线；画出顶尖轮廓后，先确定 F 点，再画圆柱部分切口交线 $ABCD$，如图 5.2 – 11（b）所示；

（3）根据直线与直线的间隔及每根直线的长度画出各条直线，并且画出截交线顶点的轴测投影，依次连接各直线端点及截交线顶点的投影成光滑曲线，如图 5.2 – 11（c）所示；

（4）擦去作图线并描深，得到完整的顶尖切口截交线的正等测图，如图 5.2 – 11（d）所示。

2. 相贯线的正等测图的画法

轴测图上相贯线的画法，一般采用坐标法或辅助平面法。注意：轴测图上选择的辅助平面与回转体的交线只能是直线、否则会使作图复杂。

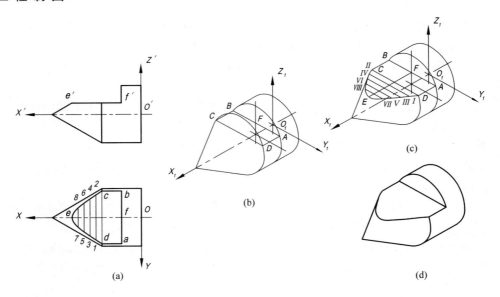

图 5.2-11　顶尖切口正等测图的画法

如图 5.2-12 所示，是采用坐标法和辅助平面法作相贯线的实例。

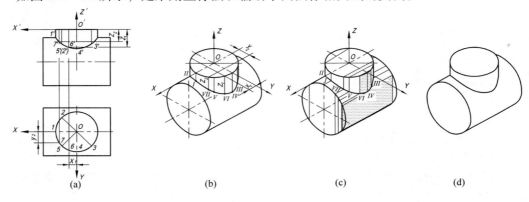

图 5.2-12　相贯线轴测图的画法

（1）在视图上定出相贯线上的特殊点和一两个一般点的坐标；

（2）坐标法：三视图上的 1、2、3、4、5 点对应轴测图上轴向直径的端点和长短轴端点，是特殊位置点，只需沿轴量取 Z 坐标即得 Ⅰ、Ⅱ、Ⅲ、Ⅳ、Ⅴ 各点；再沿轴量取 x_1、z_1 得Ⅵ点，沿轴量取 y_2、z_2 即可得Ⅶ点，再光滑连接各点成曲线，就得到了相贯线的正等轴测图，如图 5.2-12(b)所示；

（3）辅助平面法：选取一系列辅助平面截两圆柱，截交线交点 Ⅰ、Ⅱ、Ⅲ、Ⅳ、Ⅴ、Ⅵ、Ⅶ，即相贯线上的点，然后用光滑曲线连接，如图 5.2-12(b)、(c)所示。

5.2.5　组合体的正等测图的画法

如图 5.2-13 所示，首先根据该组合体的三视图，对其进行形体分析，明确该组合体是由底板、圆柱体和肋板组合而成的，然后按组合形体依次画图。圆孔、圆角一般先不考虑，待主要形体完成后，再逐步加画，作图方法及步骤如下：

（1）在正投影图上选定坐标轴，如图 5.2-13(a)所示；

（2）作轴测轴，画底板和右面长方体的主要轮廓，如图 5.2 – 13（b）所示；

（3）根据 y、z 坐标，切割掉右前方的小长方体；画后部分的近似椭圆；过 A 点作 $AB /\!/ OY$，取 $AB = ab$，过 A、B 分别作近似椭圆的公切线，如图 5.2 – 13（c）所示；

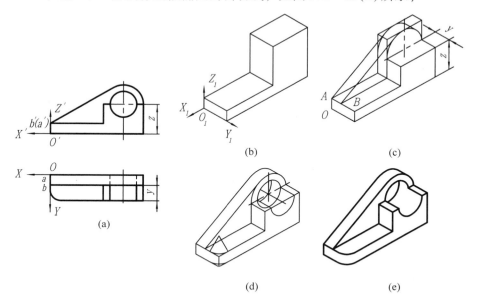

图 5.2 – 13　组合体轴测图的画法

（4）画圆孔和底板圆角，如图 5.2 – 13（d）所示；

（5）擦去作图线，加深，得该组合体的正等测图，如图 5.2 – 13（e）所示。

5.3　斜二测轴测图

在斜二等测图中，为方便起见，常在轴测投影图中选择轴测投影面 P 平行于坐标面 XOZ 或坐标面 XOY。这样，就能使平行于该坐标面的图形的轴测投影反映出实形。

5.3.1　平面立体斜二测图的画法

如图 5.3 – 1 所示，对于平面立体的斜二测图作图，由于立体是由平面所合围成，故在作图时只需确定角顶点（或棱角点）的斜二测图，然后依次连接成直线则得平面立体的斜二测图，具体作图步骤如下：

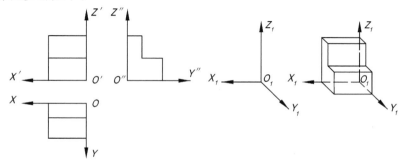

图 5.3 – 1　斜二测图的画法

（1）根据平面立体的三视图确定出固结坐标系 XOZ，如图 5.3-1(a)所示；

（2）根据斜二测图的轴间角画出轴测轴，如图 5.3-1(b)所示；

（3）根据各伸缩系数，利用点的轴测图确定方法逐一确定各顶点的轴测图；

（4）依次连接各顶点的轴测图成直线即可，如图 5.3-1(c)所示。

5.3.2　平行于坐标面的圆的斜二测投影图

由斜二测投影的特点可知，在坐标面 XOZ 上或平行于坐标面 XOZ 的圆的投影反映实形。在另外两个坐标面上或平行于这两个坐标面的圆的投影为椭圆。

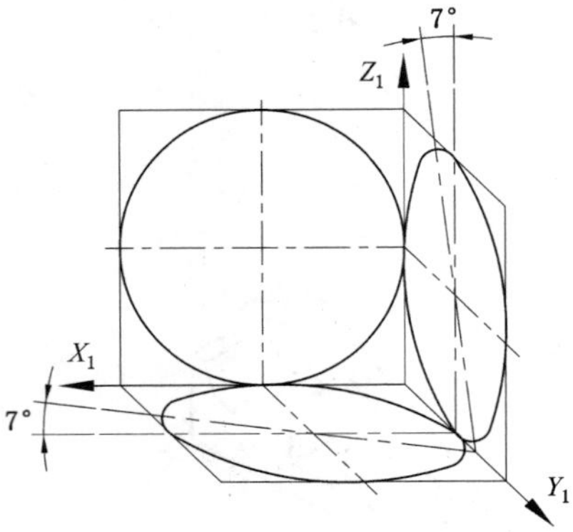

应该注意，在斜二等轴测图中，这两椭圆的长短轴方向与相应的轴测轴既不垂直也不平行，具体作图时可用共轭直线法或作出圆上各点轴测投影的方法解决。具有单向圆的零件，运用正面斜二测图作图甚为简捷。

平行于三个坐标面的圆的斜二测图画法，如图 5.3-2 所示。凡是在或平行于正面（坐标面 XOZ）的圆的轴测图仍为圆，直径为原来圆的直径 d。

在或平行于水平面（坐标面 XOY）的圆的轴测图为椭圆，长轴方向与 X 轴偏7°。

在或平行于侧面（坐标面 YOZ）的圆的轴测图也为椭圆，长轴方向与 Z 轴偏7°。

椭圆的画法（以 XOY 坐标面的椭圆为例），作图步骤如下（如图 5.3-3 所示）：

图 5.3-2　平行于坐标面圆
的斜二测投影图

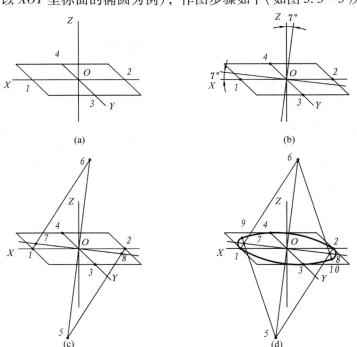

图 5.3-3　斜二测椭圆的画法

（1）作圆的外接正方形的斜二等轴测图，在 X 轴上取线段 $1\,2 = d$，在 Y 轴上取线段 $3\,4 = d/2$，过 1、2、3、4 点分别作 Y、X 轴的平行线得平行四边形，如图 5.3 – 3(a) 所示；

（2）定长短轴方向，长轴与 X 轴偏 ≈7°，短轴与长轴垂直，如图 5.3 – 3(b) 所示；

（3）定椭圆的四个圆心，在短轴上取 $O5 = O6 = d$（圆的直径），连接 6、1、5、2 与长轴交于 7、8 两点，5、6、7、8 四点为椭圆的圆心，如图 5.3 – 3(c) 所示；

（4）画出椭圆，分别以 5、6 为圆心，线段 $5\,2$、$6\,1$ 为半径，分别画圆弧 $2\,9$ 及圆弧 $1\,10$，以 7、8 两点为圆心，段 $7\,1$、$8\,2$ 为半径画弧 $1\,9$ 和弧 $2\,10$，如图 5.3 – 3(d) 所示。

5.4 轴测图的剖切画法

5.4.1 轴测图的剖切方法

在轴测图中为了表达机件内部结构，可假想用剖切平面将机件的一部分剖去，这种剖切后的轴测图称为轴测剖视图。为使图形清晰、立体感强，一般用两个互相垂直的轴测坐标面（或其平行面）进行剖切，并使剖切平面通过机件的主要轴线或对称平面，从而较完整地显示该机件的内外形状[图 5.4 – 1(a)]。应尽量避免用一个剖切平面剖切整个机件[图 5.4 – 1(b)]和选择不正确的剖切位置[图 5.4 – 1(c)]。

(a)正确   (b)错误   (c)错误

图 5.4 – 1 轴测剖切的正误画法

轴测剖视图中的剖面线方向，应按图 5.4 – 2 所示方向画出，正等测如图 5.4 – 2(a) 所示，斜二测如图 5.4 – 2(b) 所示。

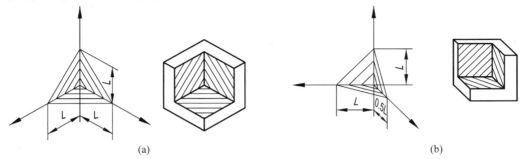

(a)   (b)

图 5.4 – 2 轴测剖视图中的剖面线方向

5.4.2 轴测剖视图的画法

轴测剖视图有两种画法：

1. 画法(一)

先把物体完整的轴测外形图画出，然后在轴测图上确定剖切平面的位置，画出剖面，擦除剖切的部分，并补画内部看得见的结构和形状。这种方法宜于初学者使用，如图 5.4 – 3 (a)所示机件，要求画出它的正等测剖视图。先画它的外形轮廓[图 5.4 – 3(b)]，然后沿 $X_1O_1Z_1$ 和 $Y_1O_1Z_1$ 轴测坐标面分别画出其剖面形状，擦去被剖切掉的那部分轮廓，再补画上剖切后下部孔的轴测投影，并画上剖面线，即完成该机件的轴测剖视图[图 5.4 – 3(c)]。

2. 画法(二)

先画出剖面的轴测投影，然后再画出剖切后看得见轮廓的投影。这样可减少不必要的作图线，使作图更为迅速。如图 5.4 –4(a)所示机件斜二测剖视图的画法。由于该机件的轴线处在正垂线位置，故采用通过该轴线的水平面及侧平面将其左上方剖切掉四分之一。先分别画出水平剖切平面及侧平剖切平面剖切所得剖面的斜二测[图 5.4 –4(b)]，在点画线上确定前后各表面上各个圆的圆心位置。然后再通过各圆心作出各表面上未被剖切的四分之三部分的圆弧，并画上剖面线，即完成该机件的轴测剖视图[图 5.4 –4(c)]。

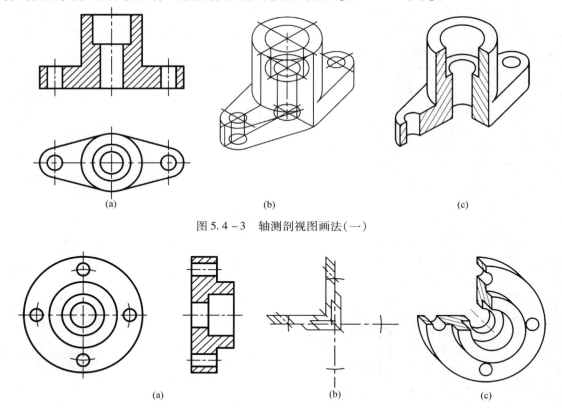

(a)　　　　　　　　　　(b)　　　　　　　　　　(c)

图 5.4 – 3　轴测剖视图画法(一)

(a)　　　　　　　　(b)　　　　　　　(c)

图 5.4 – 4　轴测剖视图画法(二)

画轴测剖视图时，如剖切平面通过肋或薄壁结构的对称面时，则在这些结构要素的剖面内，规定不画剖面符号，但要用粗实线把它和相邻部分分开。为了清晰，也可在肋或薄壁的剖面内打上细点以示区别。

5.5 草图的徒手画法

5.5.1 徒手画图的一般方法

1. 绘图笔

画草图应使用较软的铅笔，如 HB 或 B 绘图铅笔，修成圆锥形，笔尖较圆滑。

2. 直线的画法

（1）画直线时，笔从起点出发，眼睛应注视其终点，运笔用力要均匀，线条尽量以一笔画出，避免来回反复画同一条线。

（2）画水平线，自左向右；画竖直线，自上向下；画斜线，目估水平与竖直方向的直角边近似比例。图 5.5 – 1 是徒手画 30°、45°、60°的斜线示例。

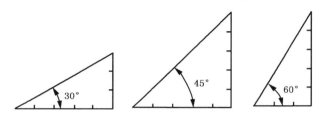

图 5.5 – 1 30°、45°、60°斜线的徒手画法示例

3. 圆及圆角的画法

（1）如图 5.5 – 2（a）所示，画小圆时，应先画中心线、确定圆心，再在中心线上目测半径长度定出四个点，然后，分左、右两个画圆弧，左、右半圆都是从上向下画。

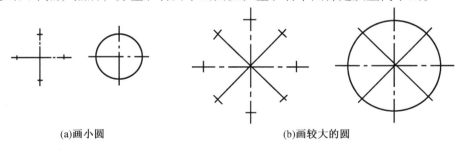

(a)画小圆   (b)画较大的圆

图 5.5 – 2 圆的徒手画法

（2）如图 5.5 – 2（b）所示，画较大的圆时，先画中心线，再过圆心增画两条45°线，在中心线和45°斜线上目测半径长度定出八个点，然后，从上向下分别画左半圆和右半圆。

（3）画圆角的方法如图 5.5 – 3 所示。

4. 椭圆的画法

1）已知长、短轴画椭圆[图 5.5 – 4（a）]

（1）画出长、短轴，确定椭圆中心，再在长、短轴上目测长、短轴的一半长度

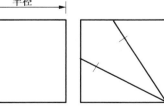
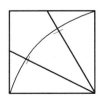

图 5.5 – 3 圆角的徒手画法

定出四个点；

（2）过这四个点分别作长、短轴的平行线，画出一个矩形，连矩形的对角线，在四段半对角线上，按目估从角点向中心取 3:7 的分点；

（3）将作出的长短轴上的四个点和对角线上的四个分点顺序连成椭圆。

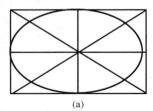 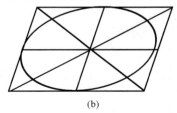

图 5.5 - 4　椭圆的画法

2）已知共轭轴画椭圆［图 5.5 - 4(b)］

（1）画共轭轴，确定椭圆中心，再在共轭轴上目测共轭轴的一半长度定出共轭轴的四个端点；

（2）过这四个点分别作共轭轴的平行线，画出一个平行四边形，连平行四边形的对角线，在四段半对角线上，按目估从角点向中心取 3:7 的分点；

（3）作出的共轭轴上的四个端点和对角线上的四个分点顺序连成椭圆。

5.5.2　画组合体的三面投影图草图示例

草图虽然是按目测比例徒手画出的图样，但不是潦草的图。组合体的三面投影草图通常也是按上面所述的步骤绘图。

目测比例徒手画出的草图一定要使组合体及其各简单几何体的长、宽、高的比例，几何形状，各部分的相对位置都接近准确。目测比例时，可以用眼睛判断一个尺寸是另一个尺寸的几倍或几分之几。三个投影相互之间符合"长对正、高平齐、宽相等"的三等规律，可以按目测保持联系，需要时，也可以在画底稿过程中按长度、高度方向徒手画此投影连线，等校核后，在加深底稿前擦去。

【例 5 - 2】　图 5.5 - 5(a)是按简化系数画出的正等测，要求徒手作出它的三面投影草图。

解题步骤：

对图 5.5 - 5(a)所示的组合体进行形体分析，可以将它看作是长方体切去左上方的一个三棱柱。画这个组合体的三面投影草图时的安放位置和正面投影图的投影方向是取组合体的自然安放位置，箭头所指的正面投影的投影方向最能反映组合体的特征形状，使三面投影图尽量多地反映出组合体表面的真形，而且避免出现虚线。

画草图的步骤：

（1）按 1:1 的比例布图，画底稿　先画出未切割的长方体的三面投影，目测长方体的高大约是长的五分之四，宽大约是长的五分之二，因而可以这个长方体的长度的五分之一作为一个单位，按长五个单位、高四个单位、宽两个单位布图，画出如图 5.5 - 5(b)所示的长方体的三面投影图；

（2）如图 5.5 - 5(c)所示，按图 5.5 - 4(a)目测左上方切去的三棱柱高为总高的一半、长为总长的五分之二，先在正面投影图中画出切去三棱柱后形成的正垂面，并按长对正画出这个正垂面与长方体顶面的交线的水平投影，按高平齐画出这个正垂面与长方体侧面的交线的侧面投影；

（3）如图 5.5-5(d)所示，擦去正面投影中被切去三棱柱的投影，清理图面，校核无误后，按规定线型加深底稿，就作出了这个组合体的三面投影图草图。

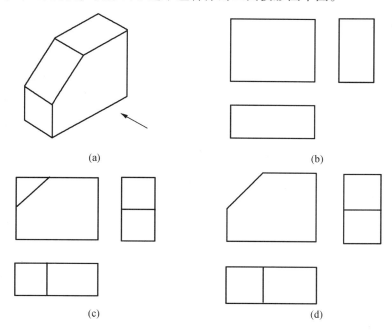

(a)　　　　　　　　　　　　　(b)

(c)　　　　　　　　　　　　　(d)

图 5.5-5　画组合体的三面投影图草图示例

第6章 机件的表达方法

在生产实际中，机件的形状是千变万化的，有的机件的外形和内形都较复杂，仅采用前面介绍的主、俯、左三个视图，往往不能完整、清晰地把它们表达出来。为此，国家标准《机械制图》规定了表达机件内外形状的各种方法——视图、剖视、剖面、局部放大、简化画法及其他规定画法。掌握这些表达方法是正确绘制和阅读机械图样的基本条件，每个工程技术人员在绘图时必须遵守这些规定。本章将重点介绍各种表达方法的画法及其标注。

6.1 视 图

机件向投影面投影所得的图形称为视图。视图主要用来表达机件的外部结构形状，一般只画出机件可见部分，必要时才画出不可见部分。视图通常可分为基本视图、向视图、局部视图和斜视图。

6.1.1 基本视图

为了清楚地表示出机件各方面的不同结构形状，国标规定，在原有的三个投影面的基础上再增加三个投影面，构成正六面体的六个面，如图6.1-1(a)所示。这六个投影面称为基本投影面。

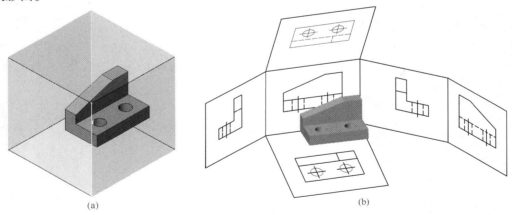

图6.1-1 六个基本视图的形成和投影面的展开

将机件置于正六面体中，分别向六个基本投影面投影所得的视图称为基本视图。除前面已介绍的主视图、俯视图和左视图外，还有以下三个基本视图：

（1）右视图 由右向左投影所得的视图，它反映机件的高和宽；

（2）后视图 由后向前投影所得的视图，它反映机件的长和高；

（3）仰视图 由下向上投影所得的视图，它反映机件的长和宽。

六个基本投影面的展开方法，如图6.1-1(b)所示。展开后各视图的配置关系如图6.1-2所示。当六个基本视图的位置按图6.1-2配置时，一律不标注视图名称。

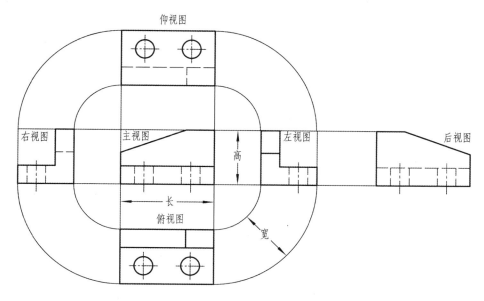

图6.1-2 六个基本视图的配置

六个基本视图的度量对应关系，仍遵守"三等"规律，即主视图、俯视图和仰视图长对正；主视图、左、右视图和后视图高平齐；左、右视图与俯、仰视图宽相等。另外，主视图与后视图、左视图与右视图、俯视图与仰视图还具有轮廓对称的特点，如图6.1-2所示。

六个基本视图的配置，反映了机件的上下、左右和前后的位置关系，如图6.1-2所示。特别应注意，左、右、俯、仰视图靠近主视图的一边代表物体的后面，而远离主视图的一边代表物体的前面。

在实际应用中，并不总是需要将机件的六个基本视图全部画出，而是要根据机件的结构特点，选用必要的几个基本视图。图6.1-3是一个机件的视图选择。除采用了主、左视图外，为避免左视图出现过多的虚线，还选用了右视图，俯视图及其他视没有必要。

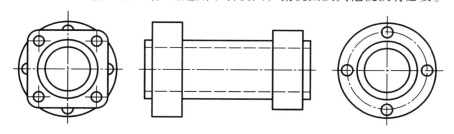

图6.1-3 基本视图的应用举例

6.1.2 向视图

向视图是可自由配置的视图。若视图不能按图6.1-2配置时，则应在向视图的上方标注"X"（"X"为大写的拉丁字母），且在相应的视图附近用箭头指明投影方向，并注上相同的字母，如图6.1-4所示。

6.1.3 局部视图

当机件仅有局部结构形状需要表达，而又没有必要画出其完整的基本视图时，可将机件的某一部分向基本投影面投影，所得到的视图称为局部视图。如图 6.1−5 所示机件，采用了主视图和俯视图为基本视图，并配合 A、B、C 局部视图表达机件两侧凸台及底板结构的形状，比采用左、右视图和仰视图的表达来的简单。

局部视图的断裂边界用波浪线表示，如图 6.1−5 中 A 向、B 向局部视图所示。

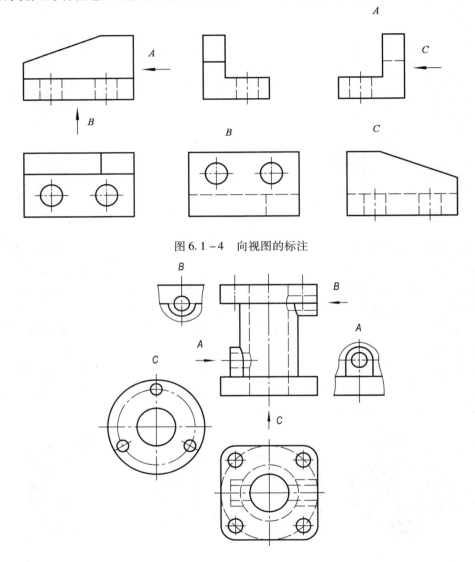

图 6.1−4　向视图的标注

图 6.1−5　局部视图

当所表达的局部结构是完整的，且外轮廓又成封闭时，波浪线可以省略，如图 6.1−5 中 C 向局部视图所示。

局部视图的标注方法与向视图相同。

局部视图一般可按基本视图的形式配置，中间又没有其他图形隔开时，可省略标注，如图 6.1−6(b)中俯视图方向的局部视图；也可以按向视图的形式配置并标注，如图 6.1−5 中 C 向局部视图。

6.1.4　斜视图

如图6.1－6(a)所示机件，其右侧结构倾斜于基本投影面，在基本投影面上投影就不能反映该结构的实形。这时，可用更换投影面的方法，增设一个与右侧的倾斜结构平行且垂直于基本投影面的辅助投影面 P，并在该投影上作出反映倾斜部分实形的投影，所得的视图称为斜视图。如图6.1－6(b)中的 A 向斜视图，表示了机件右侧倾斜结构的真实形状。

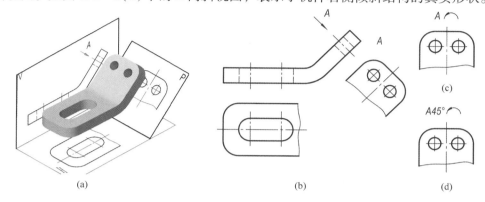

图6.1－6　斜视图和局部视图

斜视图一般只表达倾斜部分的局部形状，其余部分不必全部画出，可用波浪线断开。

斜视图必须标注，标注方法与向视图相同。注意表示斜视图视图名称的大写拉丁字母字头应该朝上。

斜视图最好如图6.1－6(b)那样按投影关系配置，必要时也可以平移到其他适当地方。在不引起误解时，允许将图形旋转，其标注形式如6.1－6(c)所示，表示该视图名称的大写拉丁字母应靠近旋转符号的箭头端，需给出旋转角度时，角度应注写在字母之后，如图6.1－7(d)所示。在图6.1－6中的(c)和(d)为斜视图的另外两种表示形式，可以用来替换图6.1－7(b)中的斜视图 A 来表达机件的倾斜结构。

6.2　剖　视　图

剖视图主要用来表达机件的内部结构形状。剖视图分为：全剖视图、半剖视图和局部剖视图三种。获得三种剖视图的剖切面和剖切方法有：单一剖切面(平面或柱面)剖切、几个相交的剖切平面剖切、几个平行的剖切平面剖切、组合的剖切平面剖切。

6.2.1　剖视图的概念与画法

1. 剖视图的概念

当机件的内部结构较复杂时，用视图表达将会出现较多虚线，这样既不便于看图，也不便于标注尺寸，如图6.2－1所示。为了解决这个问题，常采用剖视图来表示机件的内部结构。

图6.2－2(a)表示了剖视图的形成过程，假想用剖切面把机件切开，移去观察者与剖切面之间的部分，将留下的部分向投影面投影所得到的图形就称为剖视图(简称剖视)，如图6.2－2(b)所示的主视图即为剖视图。

采用剖视后，机件上原来一些看不见的内部形状和结构变为可见，并用粗实线表示，这样便于看图和标注尺寸。

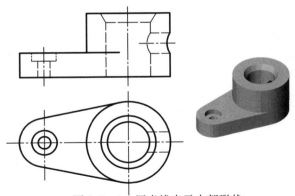

图 6.2 – 1　用虚线表示内部形状

　　剖切面与机件接触的部分，称为断面。为区别剖到和未剖到的部分，要在剖到的实体部分，即断面中画上剖面符号，如图 6.2 – 2(b)所示。国家标准 GB/T 17453—2003 剖面区域的表示法规定了各种材料剖面符号的画法，如表 6.2 – 1 所示。

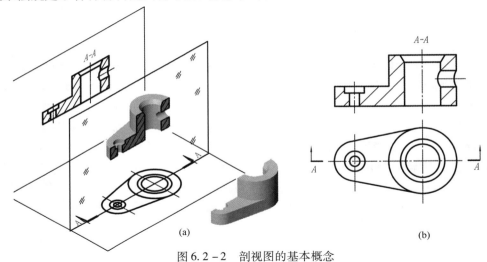

(a)　　　　　　　　　　　(b)

图 6.2 – 2　剖视图的基本概念

表 6.2 – 1　剖面符号

材料名称	剖面符号	材料名称	剖面符号
金属材料（已有规定剖面符号者除外）		砖	
线圈绕组元件		玻璃及供观察用的其他透明材料	
转子、电枢、变压器和电抗器等的叠钢片		液体	
型砂、填砂、粉末冶金、砂轮、陶瓷刀片、硬质合金刀片等		非金属材料（已有规定剖面符号者除外）	

　　注：（1）剖面符号仅表示材料的类别，材料的名称和代号必须另行注明。

　　　　（2）叠钢片的剖面线方向，应与束装中叠钢片的方向一致。

　　　　（3）液面用细实线绘制。

2. 剖视图的画法

（1）确定剖切面的位置

剖切面包括剖切平面和剖切柱面，这里以单一剖切平面进行剖切来说明剖视图的画法。

剖切面应尽量通过较多的内部结构（孔、槽等）的轴线；同时，剖切平面一般应通过机件的对称平面或轴线，并要平行或垂直于某一投影面。如图6.2 - 2所示，为了使主视图中的内孔变成可见并反映实际大小，剖切平面应平行于正面并通过对称中心线。

（2）画出剖切面后剩余部分的投影

在作图时要想清剖切后情况。哪些部分移走了？那些部分留下了？那些部分切着了？切着部分的断面形状是什么样的？

然后画出剖切面后剩余部分，即画出断面轮廓和剖切面后的可见轮廓，如图6.2 - 2（b）所示。断面轮廓一般是由剖切面和机件内、外表面产生的交线围合而成的封闭区域。

（3）在断面区域画上剖面符号

各种材料的剖面符号如表6.2 - 1所示。

同一零件的零件图中，各个剖视图的剖面符号应该相同。例如，金属材料的剖面符号，用与水平线成45°的相互平行的细实线画出，在同一金属零件的零件图中，各个剖视图的剖面线的方向、间隔应一致，如图6.2 - 2（b）所示。

（4）标注剖视图

为了便于看图，在画剖视图时，应将剖切位置、投影方向和剖视图名称标注在相应的视图上。标注的内容有下列三项，如图6.2 - 2（b）所示：

剖切符号——指示剖切面起、迄和转折位置。在剖切面的起、迄和转折处画上短的粗实线（线宽1 ~ 1.5b，长5 ~ 10mm），但尽可能不要与图形的轮廓线相交；

投影方向——表示剖切后的投影方向，画在剖切符号的两端；

视图名称——在剖视图上方注写剖视图名称"X—X"（"X"为大写的拉丁字母）。为便于读图时查找，在剖切符号附近注写相同的字母。如果在同一张图上，同时有几个剖视图，则其名称应按字母顺序排列，不得重复。

但是在下列情况，剖视图的标注内容可以简化或省略：

a. 当剖视图按投影关系配置，中间又没有其他图形隔开时，可以省略箭头，如图6.2 - 3中的A—A剖视图。

b. 当剖切平面与机件的对称平面完全重合，且剖切后的剖视图按投影关系配置，中间又没有其他图形隔开时，可以不标注，如图6.2 - 3中主视图方向的剖视图。

除了可以选用剖切平面对机件剖切以外，还可以根据机件的结构情况选用柱面对其进行剖切，如图6.2 - 4所示，其画法与上述画法相同。但是，采用剖切柱面剖得的剖视图一般采用展开画法。此时，应在剖视图名称后加注"展开"二字。

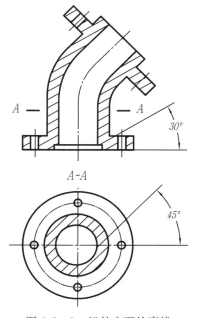

图6.2 - 3　机件主要轮廓线与水平线成45°

3. 画剖视图应注意的问题

剖视图是在作图时假想把机件切开而得来的，实际的机件并没有缺少一块，所以在一个视图上取剖视后，其他视图不受影响，仍按完整的机件画出，如图6.2-2(b)的俯视图就是这样。

当图形中的主要轮廓线与水平线成45°时，该图形的剖面线应画与水平线成30°或60°的平行线，其倾斜的方向仍与他图形的剖面线一致，如图6.2-3所示。

注意剖切面后的可见轮廓应全部画出，不能遗漏。例如比较图6.2-5和图6.2-2(b)会发现，图6.2-5中漏画了台阶面的投影线和内孔相贯的相贯线。这种情形在初学时常常出现，要注意防止。

剖视图中的虚线通常省略不画，只有对尚未表达清楚的结构，才必须用虚线表示。

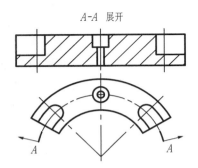 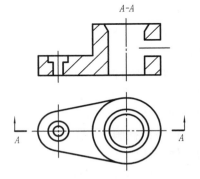

图6.2-4　单一剖切柱面剖得的剖视图　　　图6.2-5　剖视图的错误画法

6.2.2　剖视图的种类及其画法

根据机件被剖切范围的大小，剖视图可分为全剖视、半剖视和局部剖视图。

1. 全剖视

用剖切面把机件完全剖开所得到的剖视图，称为全剖视。如图6.2-2(b)为采用剖切平面完全地剖开机件所得到的全剖视；图6.2-4为采用剖切柱面完全地剖开机件所得到全剖视。

全剖视主要用于外形简单、内形复杂的不对称机件，如图6.2-2(b)所示；或外形简单的回转体机件，如图6.2-6所示。

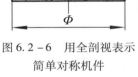

图6.2-6　用全剖视表示简单对称机件

全剖视的画法和标注同上节所述。

2. 半剖视

当机件具有对称平面时，在垂直于对称平面的投影面上的投影，可以对称中心线为界，一半画成剖视，另一半画成视图，这样的图形叫做半剖视，如图6.2-7所示。

半剖视主要用于内、外形状都需要表示的对称机件，如图6.2-8所示。当机件的形状接近于对称，且其不对称部分已另有视图表达清楚时，也允许画成半剖视，如图6.2-9所示。

半剖视的标注与全剖视相同。

画半剖视应注意：

（1）半剖视中，视图与剖视图的分界线应是点画线，不能画成粗实线，如图 6.2 - 8 所示；

（2）当机件的内部形状已在半个剖视图中表达清楚时，在另外半个视图中应省略表示该内部形状的虚线，但对孔等结构需用点画线表示其中心线位置；否则，需在另外半个视图中用虚线表示出来，如图 6.2 - 8 所示。

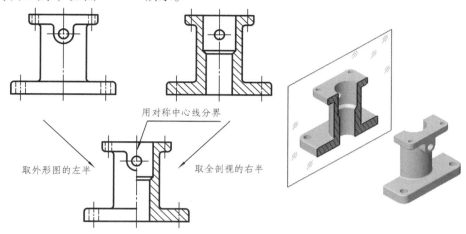

图 6.2 - 7　半剖视的形成

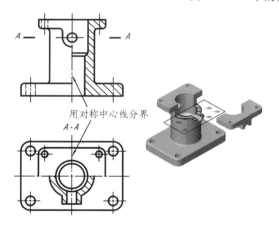

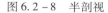

图 6.2 - 8　半剖视

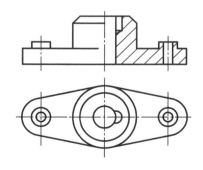

图 6.2 - 9　机件接近于对称的半剖视

3. 局部剖视图

用剖切面剖开机件的一部分，以显示这部分的内部形状，并用波浪线表示剖切范围，这样的图形称为局部剖视图。如图 6.2 - 10 中机件上板和底板上小孔结构就是选用剖切平面通过该孔轴线局部地剖开所得到的局部剖视图，注意两个位置的局部剖视图是选用不同的剖切平面。

局部剖视的适用范围比较广泛、灵活，一般用于下列两种情况：

（1）当同时需要表达不对称机件的内外形状和结构时，如图 6.2 - 11 所示；

（2）虽有对称平面但轮廓线与对称中心线重合，不宜采用半剖视时，如图 6.2 - 12

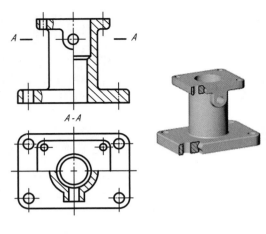

图 6.2 – 10　局部剖视图（一）

所示。

局部剖视图的标注与全剖视相同。当单一剖切平面位置明显时，可省略标注；当剖切平面位置不明显时，必须标注剖切符号、投影方向和剖视图的名称。

画局部剖视图应注意以下几点：

（1）机件局部剖切后，不剖部分与剖切部分的分界线用波浪线表示。波浪线表示机件断裂面的投影，应画在机件断裂部位，不应穿空而过或超出机件视图的轮廓线之外，如图6.2 – 13、图 6.2 – 14 所示。

（2）局部剖视图中剖切范围的确定，即确定波浪线的位置。对机件的较大内腔做局部剖视时，应使其轮廓线一侧完全剖出，如图 6.2 – 11（b）中主视图的右侧内腔结构；对机件的较小内腔做局部剖视时，应使该结构轮廓线完全剖出，如图 6.2 – 11（b）中主视图的左侧两内腔结构。

（3）波浪线不应与其他图线重合，也不该画在其他图线的延长线上，如图 6.2 – 15 所示。

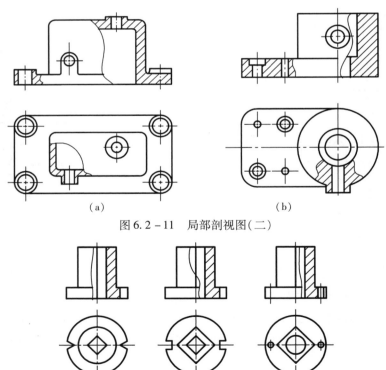

（a）　　　　　　　　　　　　　　（b）

图 6.2 – 11　局部剖视图（二）

图 6.2 – 12　不宜采用半剖视的局部剖视图

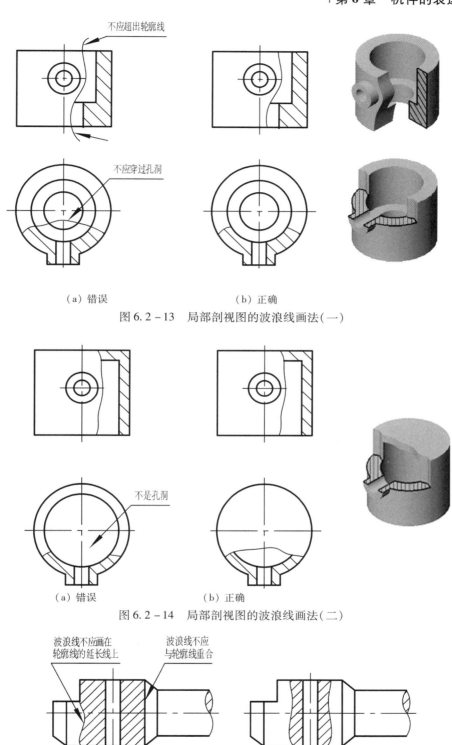

（a）错误　　　　　　　（b）正确

图 6.2－13　局部剖视图的波浪线画法（一）

（a）错误　　　　　　　（b）正确

图 6.2－14　局部剖视图的波浪线画法（二）

（a）错误面法　　　　　　（b）正确面法

图 6.2－15　局部剖视图的波浪线画法（三）

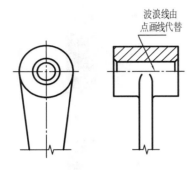

波浪线由
点画线代替

图 6.2 – 16 被剖切结构为
回转体的局部剖视图

（4）当被剖结构为回转体时，允许将结构的对称中心线作为局部剖视图与视图的分界线，如图 6.2 – 16 所示。

（5）在一个视图中，选用局部剖的数量不宜过多，否则会显得零乱以至影响图形清晰。

6.2.3 剖视图的剖切方法

由于零件结构形状不同，画剖视图时，可采用以下三种不同的剖切方法。

1. 单一剖切面剖切

单一剖切面包括正剖切平面、斜剖切平面和剖切柱面。前面所介绍的几个图例都是用单一正剖切平面或单一剖切柱面剖切的方法绘制的，其中用得最多的剖切面是正剖切平面。

当机件上倾斜部分的内形，在基本视图上不能反映实形时，可以用与基本投影面倾斜并且平行于机件倾斜部分的平面剖切，再投影到与剖切平面平行的投影面上，得到由单一斜剖切平面剖切的全剖视图，如图 6.2 – 17 所示。

在画单一斜剖切平面剖得的剖视图时，必须标出剖切位置，并用箭头指明投影方向，注明剖视图名称。

单一斜剖切平面剖得的剖视图最好配置在与基本视图的相应部分保持直接投影关系的地方，如图 6.2 – 17（b）所示。必要时可以平移到其他适当地方，如图 6.2 – 17（c）所示。在不致引起误解时，也允许将图形旋转，其标注形式如图 6.2 – 17（d）所示。

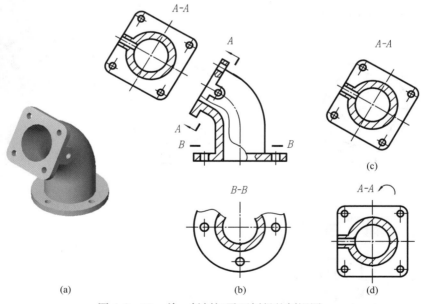

图 6.2 – 17 单一斜剖切平面剖得的剖视图

2. 几个相交的剖切面剖切

几个相交的剖切面包括剖切平面相交及剖切平面和剖切柱面相交两种情况。注意选择几个相交的剖切面剖切时，剖切面的交线应垂直于某一投影面。

　　当机件的内部结构形状用一个剖切平面不能表达完全，且这个机件在整体上又具有回转轴时，可用两个相交的剖切平面剖开。首先把由倾斜平面剖开的结构连同有关部分旋转到与选定的基本投影面平行，然后再进行投影，使剖视图既反映实形又便于画图，如图 6.2 - 18 中的 A—A 为旋转绘制的全剖视图。

　　旋转绘制的剖视图必须标注。标注时，在剖切面的起、迄、转折处画上剖切符号，标上同一字母，并在起迄画出箭头表示投影方向，在所画的剖视图的上方中间位置用同一字母写出其名称"X—X"，如图 6.2 - 18 所示。但当转折处地位有限，又不致引起误解时，允许省略字母，如图 6.2 - 19 所示。

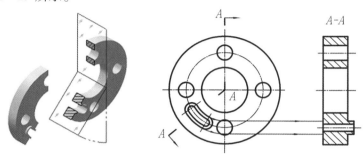

图 6.2 - 18　旋转绘制的剖视图

　　在剖切平面后的其他结构一般仍按原来位置投影，如图 6.2 - 19 中小油孔的投影。当剖切后产生不完整要素时，应将该部分按不剖画出，如图 6.2 - 20 所示。

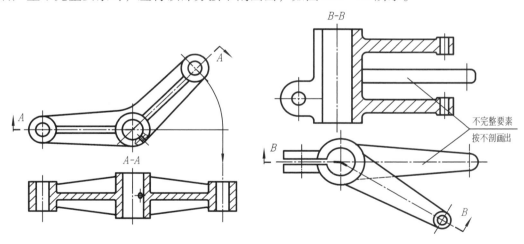

图 6.2 - 19　剖切平面后其他结构的处理　　　　图 6.2 - 20　剖切平面后不完整结构的处理

3. 几个平行的剖切平面剖切

　　当机件上有较多的内部结构形状，而它们的轴线不在同一平面内时，可用几个互相平行的剖切平面剖切，如图 6.2 - 21 中机件用了两个平行的剖切平面剖切后得到的 A—A 全剖视图。

　　平行的剖切平面剖得的剖视图的标注与上述的旋转绘制的剖视图的标注要求相同。

　　在平行的剖切平面剖得的剖视图中，各剖切平面剖切后所得的剖视图是一个图形，但是不应在剖视图中画出两个剖切平面转折处的投影，如图6.2-22(a)所示。在剖视图上也不应出现不完整的结构要素，如图6.2-22(b)所示。剖切位置线的转折处不应与视图上的轮廓线重合，如图6.2-22(c)所示。

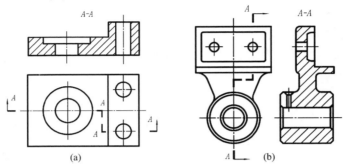

图6.2-21　两个平行的剖切平面剖得的全剖视图

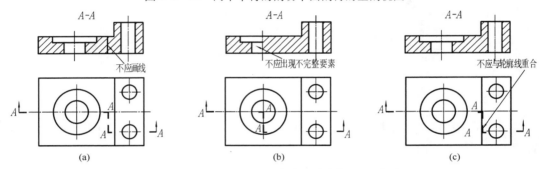

图6.2-22　平行的剖切平面剖得的全剖视图之错误画法

6.3　断　面　图

断面图主要用来表达机件某部分断面的结构形状。

6.3.1　断面图的概念

假想用剖切面把机件的某处切断，仅画出该剖切面与机件接触部分即断面的图形，此图形称为断面图，简称为断面。

断面与剖视的区别在于断面只画出剖切面和机件相交部分的断面形状，而剖视则须把断面和断面后可见的轮廓线都画出来，如图6.3-1所示。机件上的肋、轮辐、轴上的键槽和孔等结构常采用断面来表达。

6.3.2　断面的种类

根据断面在绘制时所配置的位置不同，断面可分为移出断面和重合断面两种。

1. 移出断面

画在视图轮廓线以外的断面，称为移出断面，如图6.3-1(a)所示。

移出断面的轮廓线用粗实线表示，并应尽量配置在剖切线或剖面符号的延长线上，如图6.3-2(a)、(d)所示。剖切线是剖切平面与投影面的交线，用细点画线表示。必要时也可将移出断面配置在其他适当的位置，如图6.3-2(b)、(c)所示。

画移出断面时，应注意以下几点：

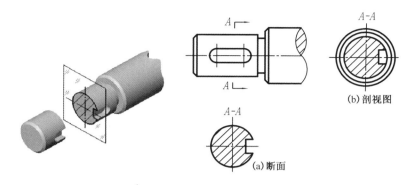

图 6.3 - 1 断面图和剖视图

（1）一般情况下，在画断面时只画出剖切后的断面形状，但当剖切平面通过机件上回转面形成的孔或凹坑的轴线时，这些结构按剖视画出，如图 6.3 - 2(a)、(b)、(d)所示。

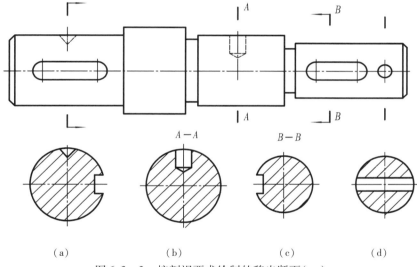

图 6.3 - 2 按剖视要求绘制的移出断面(一)

（2）当剖切平面通过非圆孔会导致出现完全分离的两个断面时，这样的结构也应按剖视画出，如图 6.3 - 3 所示。

（3）如图 6.3 - 4 所示，为了表示机件两边倾斜的肋的断面的真实形状，应使剖切平面垂直于轮廓线。由两个或多个相交的剖切平面剖切得出的移出断面，中间一般应断开，中间部分以波浪线断开。

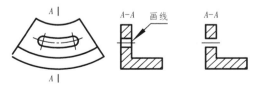

图 6.3 - 3 按剖视要求绘制的移出断面（二）　　图 6.3 - 4 断开的移出断面

2. 重合断面

画在视图轮廓线内部的断面，称为重合断面。例如 6.3 - 5、图 6.3 - 6 都是重合断面。

重合断面的轮廓线用细实线绘制，当视图的轮廓线与重合断面的图形线相交或重合时，视图的轮廓线仍要完整地画出，不可间断。

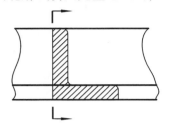

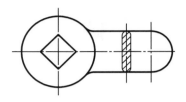

图 6.3 - 5　角钢的重合断面　　　　　　　　图 6.3 - 6　方扳手的重合断面

3. 断面图的标注

断面的标注与剖视图的标注基本相同。用剖切符号表示剖切位置，用箭头表示投影方向，并注上字母"X"（"X"为大写的拉丁字母），在断面图的正上方中间位置用同样的字母标出相应的名称"X—X"，如图 6.3 - 1(a) 所示。

当以上的标注内容不注自明时，可部分或全部省略标注：

（1）配置在剖切符号延长线上的不对称移出断面不必标注字母，如图 6.3 - 2(a) 所示；

（2）不配置在剖切符号延长线上的对称移出断面，如图 6.3 - 2(b) 所示，以及按投影关系配置的移出断面，如图 6.3 - 4 所示，一般不必标注箭头；

（3）配置在剖切符号延长线上的对称移出断面，不必标注字母和箭头，如图 6.3 - 2(d) 所示；

（4）不对称的重合断面可省略标注，如图 6.3 - 5 所示；对称的重合断面不必标注，如图 6.3 - 6 所示。

6.4　局部放大图和简化画法

6.4.1　局部放大图

机件上一些局部结构过于细小，当用正常比例绘制时，这些结构的图形因过小而表达不清，也不便于标注尺寸，这时可采用局部放大图来表达。将机件上的部分结构采用比原图形放大的比例画出的图形称为局部放大图，如图 6.4 - 1 所示。

如图 6.4 - 1 所示，局部放大图可以画成视图、剖视图和剖面图，它与原图中被放大部分的表达方法无关。绘制局部放大图时，应用细实线圈出被放大的部位，并尽量画在被放大部位附近，在局部放大图上方标注所采用的比例。当机件上有几个放大部位时，必须用罗马数字顺序地注明，并在局部放大图的上方，标出相应的罗马数字及所采用的比例。

6.4.2　简化画法及其他规定画法

除前述的图样画法外，国家标准《技术制图》、《机械制图》还列出了一些简化画法和规定画法。简化的原则如下：

a. 简化必须保证不致引起误解和不产生理解的多意性。在此前提下，应力求制图简便。

b. 便于识读和绘制，注重简化的综合效果。

c. 在考虑便于手工绘图及计算机绘图的同时，还要考虑缩微制图的要求。

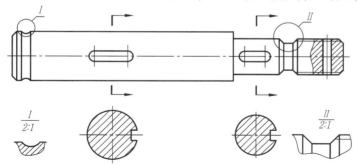

图 6.4 - 1 局部放大图的画法

（1）当机件具有若干相同结构（齿、槽等），并按一定规律分布时，只需画出几个完整的结构，其余用细实线连接，在零件图中则必须注明该结构的总数，如图 6.4 - 2 所示。

（2）若干直径相同且成规律分布的孔（圆孔、螺孔、沉孔等），可以仅画出一个或几个。其余只需用点画线表示其中心位置，在零件图中应注明孔的总数，如图 6.4 - 3 所示。

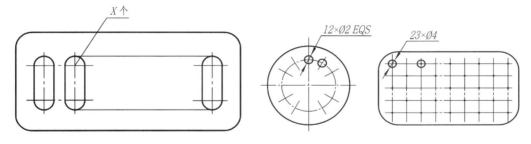

图 6.4 - 2 相同结构画法　　　　　　　图 6.4 - 3 规律分布孔的画法

（3）对于机件的肋、轮辐及薄壁等，如按纵向剖切，这些结构都不画剖面符号，而用粗实线将它与其邻接的部分分开，如图 6.4 - 4 所示。

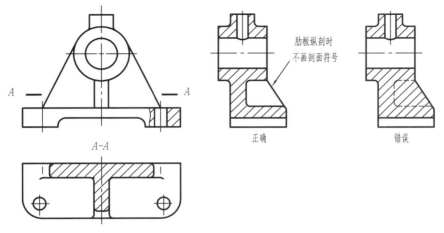

图 6.4 - 4 肋结构的画法

（4）当零件回转体上均匀分布的肋、轮辐、孔等结构不处于剖切平面上时，可将这些结构旋转到剖切平面上画出，如图 6.4－5、图 6.4－6 所示。

（5）较长机件（如轴、杆、型材、连杆等）沿长度方向的形状一致或按一定规律变化时，可断开后缩短绘制，标注尺寸时应按实际尺寸标注，如图 6.4－7 所示。

（6）在需要表示位于剖切平面前的结构时，这些结构按假想投影的轮廓线绘制以双点画线表示，如图 6.4－8 所示。

（7）在不致引起误解时，对于对称机件的视图也可只画出一半或四分之一，此时必须在对称中心线的两端画出两条与其垂直的平行细实线，如图 6.4－9 所示。

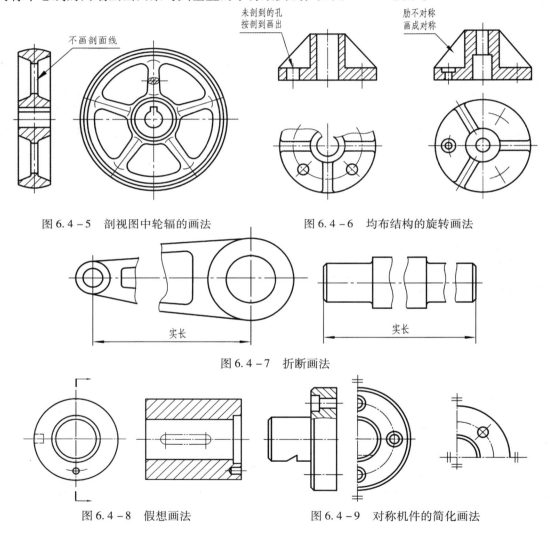

图 6.4－5　剖视图中轮辐的画法　　　　图 6.4－6　均布结构的旋转画法

图 6.4－7　折断画法

图 6.4－8　假想画法　　　　图 6.4－9　对称机件的简化画法

（8）当图形不能充分表达平面时，可用平面符号（相交的两细实线）表示，如图 6.4－10 所示。

（9）机件上斜度和锥度较小的结构，如在一个图形中已表达清楚时，其他图形可按小端画出，如图 6.4－11、图 6.4－12 所示。

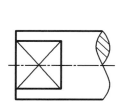
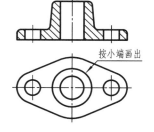
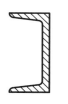
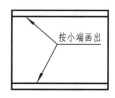

图 6.4－10　平面的　　　图 6.4－11　小锥度的简化画法　　　图 6.4－12　小斜
　　　　　简化画法　　　　　　　　　　　　　　　　　　　　　　度的简化画法

（10）在圆柱上因加工小孔、键槽等出现的交线在不致引起误解时，允许简化，如图 6.4－13 所示。

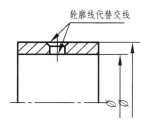
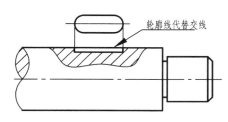

图 6.4－13　相贯线的简化画法

（11）与投影面倾斜角度小于或等于 30° 的圆或圆弧，其投影可以用圆或圆弧代替真实投影的椭圆，如图 6.4－14 所示。

（12）机件上有圆柱形法兰，其上有均匀分布的孔，可按图 6.4－15 形式表示。

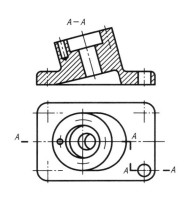

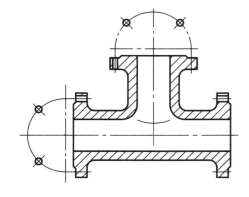

图 6.4－14　椭圆的简化画法　　　　　图 6.4－15　法兰盘上均布孔的简化画法

6.5　表达方法综合应用

6.5.1　机件表达方法的选用原则

本章介绍了表达机件的视图、剖视图、断面图、简化画法及规定画法等。在绘制图样时，应根据它的不同结构进行具体分析，综合运用这些表达方法确定机件。具体表达方法的原则是：在完整、清晰地表达机件各部分内外结构形状及相对位置的前提下，力求看图方便、绘图简单。在绘图时，应有效、合理地运用这些方法，还应考虑到尺寸标注对机件形状表达所起的作用。

1. 视图数量应适当

在完整、清晰地表达机件，且在阅读方便的前提下，视图的数量应尽量减少。但若由于视图数量减少而增加了读图难度时，则应适当补充视图。

2. 合理地综合运用各种表达方法

合理组合可使表达方法更适当。即要注意每个视图、剖视图等具体方案所表达的内容，又要注意它们之间的联系及侧重点，以达到表达完整、清晰的目的。在选择表达方案时，应首先考虑主体结构和整体的表达，然后针对次要结构及细小部位的表达不足之处进行修改和补充。

3. 虚线的处理

一般来说，视图中已表达清楚的结构，在其他视图中，不必再画出虚线。但在某些情况下，适当地画出某些虚线，反而可增加机件表达的清晰度，降低读图难度，此时应合理地画出这些虚线。

4. 比较各表达方案，择优选用

同一机件，往往可采用多种表达方案。不同视图数量、不同表达方法和尺寸标注方法可以构成多种不同的表达方案。同一机件的几个表达方案相比较，可能各有优缺点，但要认真分析，择优选用。

6.5.2 综合表达举例

图 6.5 - 1 所示支架，由底板、立筒、左凸台、十字肋四部分组成，现提出三种表达方案，进行分析比较，以供参考。

图 6.5 - 1 支架

方案一：如图 6.5 - 2 所示，用主视图和俯视图来表达机件的形状，并在俯视图上采用了 A—A 全剖视表达机架的内部结构，十字肋的形状是用虚线表示的。这种表达方案虽然视图数量较少，但俯视图中的虚线显得过多，影响图形清晰。另外各个部分的相对位置表示得也不够明显。

方案二：如图 6.5 - 3 所示，第二种表达方案采用主、俯、左三个视图。主视图上对底板仍作局部剖视，表达安装孔；左视图采用全剖视，表达支架的内部结构形状；俯视图取了 A—A 剖视，表达了左端圆锥台内的螺孔与中间大孔的关系及底板的形状。为了清楚地表达十字肋的形状增加了一个 B—B 断面。

方案三：如图 6.5 - 4 所示，主、左视图均采用局部剖视，这样兼顾保留了支架的内、外形状与结构，再用俯视图的 A—A 剖视表示了十字肋与底板的相对位置及实形。

比较以上三个表达方案，方案一虽视图数量少，但因虚线多影响了图形清晰度，给读图带来一定困难，所以方案一不可取。再比较方案二和方案三，都能完整地表达支架的内部结构，但方案三的局部剖还保留了局部的外部结构，使得在外部形状及相对位置表达方面优于方案二；另外，再比较俯视图，两方案对底板的形状均已表达清楚，但因剖切平面选取的位置不同，方案二的俯视图剖的是支架的内部结构，方案三剖切的是十字肋，由于支架上的内部结构已在主、左视图的局部剖中表达清楚，按第三方案表达，省去了一个断面图，又使十字肋与底板的形状及相对位置表示得非常清楚。比较以上方案，从便于读图和简化作图方面讲，方案三是一个较好的表达方案。

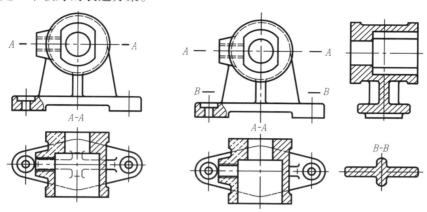

图 6.5 - 2　支架表达方案(一)　　　　图 6.5 - 3　支架表达方案(二)

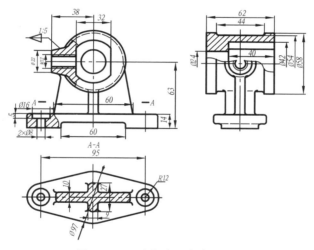

图 6.5 - 4　支架表达方案(三)

　　在前述章节介绍的尺寸标注方法，同样适用于剖视图。但在剖视图上标注尺寸注意以下几点：

　　(1) 在同一轴线上的直径尺寸，一般应尽量注在剖视图上，避免标注在投影为同心圆的视图上，如图 6.5 - 4 中直径 $\phi42$、$\phi54$、$\phi58$。

　　(2) 采用剖视后，有些尺寸不能完整地标注出来，此时，可采用图 6.5 - 4 尺寸 $\phi42$、$\phi54$ 形式标注。即不指出另一端尺寸界线与箭头。

　　(3) 在剖视图上，应尽量将外形尺寸和内部结构尺寸分开在视图的不同部位标注，这样即清晰又便于读图，如图 6.5 - 4 中外部尺寸长度 62、44 与内部深度尺寸 40 分别注在机件的外部与内腔。

　　(4) 如必须在剖面线中注写尺寸数字时，则剖面线应断开，为标写数字清晰为主。

6.6　第三角投影法

绘制工程图样时，有第一角和第三角投影法两种画法，此前所述各章节均为第一角投影绘图，国际标准 ISO 规定这两种画法具有同等效用。随着国际技术交流的日益增长，会接触到某些国家(如日本、美国等)采用第三角画法的技术图纸，因此有必要简单地介绍第三角画法。

1. 第三角投影(Third Angle Projection)六个基本视图的形成

三个互相垂直的平面将空间分为八个分角，分别称为第Ⅰ角、第Ⅱ角、第Ⅲ角……，如图 6.6 - 1 所示。

第三角画法是将机件置于第Ⅲ角内，使投影面处于观察者与机件之间而得到正投影的方法，如图 6.6 - 2 所示。从图可以看出，这种画法是把投影面假想成透明的来处理的。俯视图是从机件的上方往下看所得的视图，把所得的视图就画在机件上方的投影面(水平面)上。主视图是从机件的前方往后看所得的视图，把所得的视图就画在机件前方的投影面(正平面)上。其余类推，如图 6.6 - 3 所示。

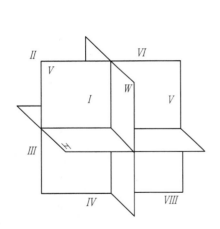

图 6.6 - 1　八个分角

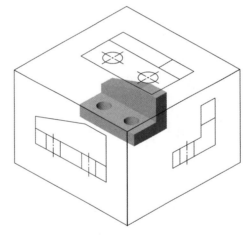

图 6.6 - 2　第三角画法中三视图的形成

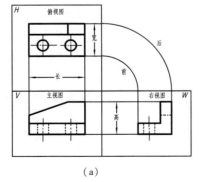

（a）

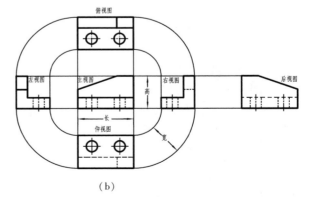

（b）

图 6.6 - 3　第三角投影三视图及六视图的位置

2. 各视图的配置

第三角投影的展开方式与第一角投影相同，即正立投影面 V 面不动，其他投影面依次展开。将投影面展开后，各视图之间的配置关系下：

（1）度量对应关系：各视图之间仍遵守"三等"规律。

主、俯、仰、后视图等长；

主、左、右、后视图等高；

左、右、俯、仰视图等宽。

（2）方位对应关系：

左、右、俯、仰视图靠近主视图的一侧为物体的前面，而远离主视图的一侧为物体的后面。

我国国家标准规定，由于我国采用第一角画法，因此，当采用第一角画法时无须标出画法的识别符号。当采用第三角画法时，必须在图样的标题栏附近画出第三角画法的识别符号，如图 6.6 – 4 所示。

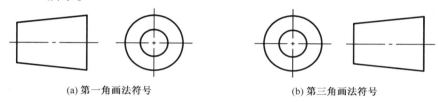

(a) 第一角画法符号　　　　　　　　　　(b) 第三角画法符号

图 6.6 – 4　第一角和第三角画法符号

第7章 标准件和常用件

7.1 螺纹及螺纹紧固件

在机械设备中，除一般零件外，还广泛应用标准件和常用件。标准件是指结构、尺寸等各方面都已经标准化的零件，如螺栓、螺钉、螺母、键、销、轴承等；常用件是部分结构参数标准化的零件，如齿轮、弹簧等。

上述零件应用广泛，机械制图时其形状和结构可不按零件的真实投影来绘制，国家标准规定了一系列的画法、代号和标记方法。本章重点介绍几种标准件和常用件的基本知识、规定画法、代号及标注方法。

7.1.1 螺纹

1. 螺纹的形成

平面图形(三角形、矩形、梯形等)在圆柱或圆锥等回转面上作螺旋运动，形成具有相同轴向断面的连续凸起和沟槽的螺旋体，工业上称这种螺旋体为螺纹(图7.1-1)。这个平面图形就是螺纹的牙型。

在圆柱、圆锥等外表面上加工的螺纹，称为外螺纹；在圆柱孔、圆锥孔等内表面上加工的螺纹，称为内螺纹。螺纹的加工方法主要有车螺纹、铣螺纹、磨螺纹、滚压螺纹、攻螺纹和套螺纹等，图7.1-2(a)为在车床上车削外螺纹，图7.1-2(b)为在预先加工好的光孔内用丝锥攻内螺纹。

图7.1-1　螺纹

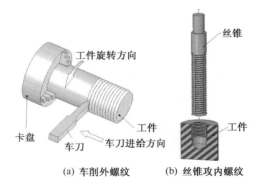

(a) 车削外螺纹　　(b) 丝锥攻内螺纹

图7.1-2　螺纹的加工方法

2. 螺纹的要素

螺纹的牙型、公称直径、线数 n、螺距 P 和导程 P_h、旋向等称为螺纹的要素，内外螺纹连接时，上述要素必须一致。

（1）牙型

假想通过螺纹中心轴线作一纵向剖面，螺纹在该剖面上的轮廓形状，称为螺纹牙型。常见的螺纹牙型有三角形、梯形、锯齿形等，不同的螺纹牙型有不同的用途。

（2）公称直径

在加工螺纹的过程中，由于刀具的切入（或压入）构成了凸起和沟槽两部分，凸起的顶端称为螺纹的牙顶，沟槽的底部称为螺纹的牙底。与外螺纹牙顶或内螺纹牙底相重合的假想圆柱面的直径称为大径（内、外螺纹分别用 D、d 表示），也称为螺纹的公称直径，公称直径是代表螺纹规格尺寸的直径；与外螺纹牙底或内螺纹牙顶相重合的假想圆柱面的直径称为小径（内、外螺纹分别用 D_1、d_1 表示）；在大径与小径之间，其母线通过牙型沟槽宽度和凸起宽度相等的假想圆柱面的直径称为中径（内、外螺纹分别用 D_2、d_2 表示），如图 7.1 – 3 所示。外螺纹的大径和内螺纹的小径，又称顶径；外螺纹的小径和内螺纹的大径，又称底径。

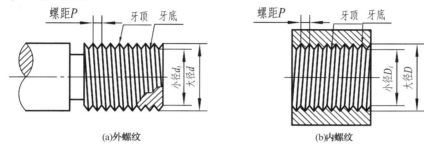

(a)外螺纹　　　　　　　　　　　(b)内螺纹

图 7.1 – 3　螺纹的牙型、大径、小径和螺距

（3）线数 n

螺纹有单线和多线之分，沿一条螺旋线形成的螺纹为单线螺纹；沿轴向等距分布的两条或两条以上的螺旋线所形成的螺纹为多线螺纹，如图 7.1 – 4 所示。

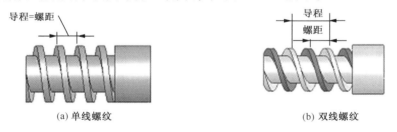

(a) 单线螺纹　　　　　　　　　　　(b) 双线螺纹

图 7.1 – 4　螺纹的线数

（4）螺距 P 和导程 P_h

相邻两牙在中径线上对应两点之间的轴向距离称为螺距 P。同一螺旋线上相邻两牙在中径线上对应两点之间的轴向距离称为导程 P_h。导程与螺距的关系为 $P_h = nP$。单线螺纹导程和螺距相同，即 $P_h = P$［见图 7.1 – 4(a)］，而双线螺纹导程等于 2 倍螺距，即 $P_h = 2P$［见图 7.1 – 4(b)］。

（5）旋向

螺纹有右旋和左旋之分。按顺时针方向旋转时旋进的螺纹称为右旋螺纹，按逆时针方向旋转时旋进的螺纹称为左旋螺纹。判别的方法是将螺杆轴线铅垂放置，面对螺纹，若螺纹自左向右升起，则为右旋螺纹，反之则为左旋螺纹，如图 7.1 – 5 所示。工程上常用螺纹多为右旋螺纹。

(a)左旋　(b)右旋

图7.1-5　螺纹的旋向

螺纹诸要素中，牙型、公称直径和螺距是决定螺纹结构规格最基本的要素，称为螺纹三要素。凡螺纹三要素符合国家标准的称为标准螺纹；而牙型符合标准，直径或螺距不符合标准的称为特殊螺纹；对于牙型不符合标准的，称为非标准螺纹。

3. 螺纹的结构

（1）螺纹末端

为了防止外螺纹起始圈损坏和便于装配，通常在螺纹起始处做出一定形式的末端，如图7.1-6(a)所示。

（2）螺纹收尾和退刀槽

车削螺纹的刀具将近螺纹末尾时要逐渐离开工件，因而螺纹末尾附近的螺纹牙型不完整，如图7.1-6(b)中标有尺寸的一段长度称为螺尾。螺纹的长度是指完整螺纹的长度，即不包含螺尾在内的有效螺纹长度。有时为了避免产生螺尾，在该处预先加工出一个退刀槽，如图7.1-6(c)所示。

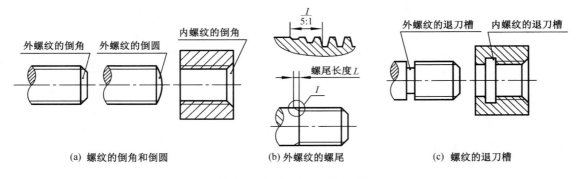

(a) 螺纹的倒角和倒圆　　　(b) 外螺纹的螺尾　　　(c) 螺纹的退刀槽

图7.1-6　螺纹的结构示例

4. 螺纹的规定画法

国家标准 GB/T 4459.1—1995《机械制图 螺纹及螺纹紧固件表示法》中统一规定了螺纹的画法，螺纹结构要素均已标准化，故绘图时不必画出螺纹的真实投影。

（1）外螺纹的规定画法

国标规定，螺纹的大径(牙顶)及螺纹终止线用粗实线表示，小径(牙底)用细实线表示，小径可近似地画成大径的 0.85 倍(实际的小径值可查阅相关标准)；在平行于螺纹轴线的投影面的视图中，表示螺纹小径(牙底)的细实线在螺纹的倒角或倒圆部分也应画出，如图7.1-7中主视图所示。在垂直于螺纹轴线的投影面的视图中，表示牙底的细实线圆只画约3/4 圈，空出的 1/4 圈的开口位置不作规定；此时螺纹的倒角圆规定省略不画，如图7.1-7中左视图所示。

螺尾部分一般不必画出，当确实需要表示螺尾时，螺尾部分的牙底用与轴线成30°的细实线表示，如图7.1-7(a)所示。

（2）内螺纹的规定画法

采用剖视画法时[见图7.1-8和图7.1-9（a）]，大径(牙底)为细实线，小径(牙顶)及螺纹终止线为粗实线。绘制不穿通的螺孔时，一般应将钻孔深度和螺纹部分的深度分别画出，如图7.1-9(a)所示。钻孔深度应比螺孔深度深 0.5D，底部的锥顶角应画成

120°。在垂直于螺纹轴线的投影面的视图中，牙底仍画成约为 3/4 圆的细实线，并规定螺纹孔的倒角圆也省略不画。当需要表示螺纹收尾时，螺尾部分的牙底用与轴线成 30°的细实线表示。

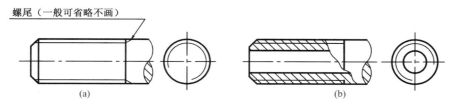

图 7.1 – 7　外螺纹的规定画法

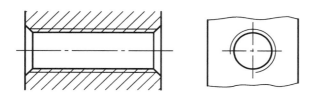

图 7.1 – 8　内螺纹的画法 1—穿通螺孔的剖视画法

不采用剖视画法时［见图 7.1 – 9（b）］，大径、小径和螺纹终止线皆为虚线。

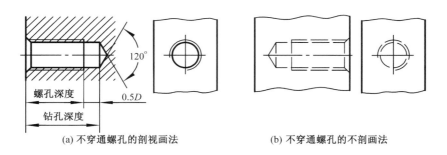

（a）不穿通螺孔的剖视画法　　　　（b）不穿通螺孔的不剖画法

图 7.1 – 9　内螺纹的画法 2

　　无论内螺纹还是外螺纹，在剖视图或断面图中的剖面线都必须画到粗实线处［见图 7.1 – 7（b）、图 7.1 – 8、图 7.1 – 9］。

　　（3）内、外螺纹连接的规定画法

　　图 7.1 – 10 表示装配在一起的内、外螺纹连接的规定画法。国标规定，在剖视图中表示螺纹连接时，其旋合部分应按外螺纹的画法表示，其余部分仍按各自的画法表示。应注意的是，内外螺纹的大径和小径应分别对齐，剖面线均应画到粗实线处，实心螺杆按不剖绘制。

　　（4）螺纹牙型的表示方法

　　当需要表示牙型时，可用局部剖视图或局部放大图表示，如图 7.1 – 11 所示。

　　5. 常用螺纹的分类和标记

　　螺纹按用途分为两大类，即连接螺纹和传动螺纹，前者起连接作用，后者用于传递运动和动力。常用螺纹如图 7.1 – 12 所示。

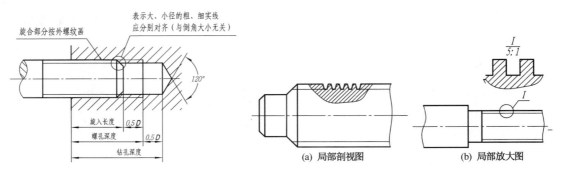

图 7.1-10　螺纹连接的画法　　　　　图 7.1-11　螺纹牙型的表示方法

(a) 局部剖视图　　　(b) 局部放大图

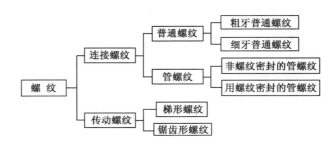

图 7.1-12　常用螺纹分类

　　螺纹按国标的规定画法画出后，还需要用标注代号或标记的方式来表明螺纹牙型、公称直径、螺距、线数和旋向等螺纹要素。常用标准螺纹标记方式及示例见表 7.1-1。

表 7.1-1　常用螺纹的种类及标注示例

螺纹种类		牙型放大图	特征代号		标记示例	说　明
连接螺纹	普通螺纹	（60°牙型图）	M	粗牙	M12-6g	粗牙普通外螺纹，公称直径为 12mm，右旋，中径、大径公差带均为 6g，中等旋合长度
				细牙	M12×1.5-7H-S	普通细牙内螺纹，公称直径为 12mm，右旋，螺距为 1.5mm，中径、小径公差带均为 7H，短旋合长度
	管螺纹	（55°牙型图）	G	55°非螺纹密封的管螺纹	G1/2A	55°非密封圆柱外螺纹，尺寸代号 1/2in、公差等级 A 级、右旋。用引出标注

续表

螺纹种类		牙型放大图	特征代号	标记示例	说　明
连接螺纹	管螺纹	55°	Rc R_2 Rp R_1 55°螺纹密封的管螺纹	$Rc1^{1}\!/_{4}$	与圆锥外螺纹旋合的55°密封圆锥内螺纹 R_C、尺寸代号为 $1\frac{1}{4}$ in、右旋。用引出标注。与圆锥内螺纹旋合的圆锥外螺纹特征代号用"R_2"表示；圆柱内螺纹与圆锥外螺纹旋合时，圆柱内螺纹特征代号用"R_P"表示；圆锥外螺纹特征代号用"R_1"表示
传动螺纹	梯形螺纹	30°	Tr	$Tr40\times14(P7)LH\text{-}7H$	梯形内螺纹，公称直径为40mm、导程为14mm、螺距为7mm、双线左旋，中径公差带为7H，中等旋合长度
	锯齿形螺纹	30° 3°	B	$B32\times6\text{-}7e$	锯齿形外螺纹，公称直径为32mm、螺距为6mm、单线右旋、中径公差带为7e，中等旋合长度

（1）普通螺纹

普通螺纹的直径、螺距等螺纹要素可查附录 1 附表 1-1。

普通螺纹的牙型为等边三角形（牙型角为 60°），同一公称直径的普通螺纹，其螺距有粗牙和细牙之分，区别在于细牙螺纹螺距及螺纹牙高度都比粗牙螺纹小。细牙螺纹多用于细小的精密零件和薄壁零件连接。

普通螺纹的完整标记由螺纹代号、螺纹公差带代号和螺纹旋合长度代号三部分组成，其格式如下：

$$\boxed{\text{M 公称直径} \times \text{螺距}}\quad \boxed{\text{旋向代号}} - \boxed{\text{公差带代号}} - \boxed{\text{旋合长度代号}}$$

其中　　　　M——普通螺纹特征代号；

公称直径——螺纹公称直径，即螺纹大径，mm；

螺距——螺纹螺距，mm，粗牙螺纹螺距不必标注；细牙螺纹一定要标注螺距，细牙螺纹公称直径与螺距之间用乘号"×"分开；

旋向代号——螺纹旋向为"右旋"时不必标注，为"左旋"时标注为"LH"；

公差带代号——公差带代号由中径公差带代号和顶径（指外螺纹大径或内螺纹小径）公差带代号组成，它们都是由表示公差等级的数字和表示公差带位置的字母组成；大写字母表示内螺纹，小写字母表示外螺纹；如果中径公差带代号和顶径公差带代号相同，则只标注一个公差带代号即可；

旋合长度代号——螺纹公差带按短（S）、中（N）、长（L）三种旋合长度给出了精密、中等、粗糙三种精度，可按照国家标准 GB/T 197 选用，其中中等旋合长度最为常用。当采用中等旋合长度时，不必标注旋合长度代号；采用短或长旋合长度时，要标注旋合长度代号"S"或"L"。

上述螺纹代号、螺纹公差带代号和螺纹旋合长度代号三部分之间用分隔符号" − "分开。普通螺纹标记示例见表 7.1 − 1。

【例 7 − 1】 请按要求标注出螺纹的代号：普通细牙外螺纹，公称直径为 20mm，左旋，螺距为 1.5mm，中径公差带为 5g，大径公差带为 6g，长旋合长度。其标记为：

$M20 \times 1.5LH - 5g6g - L$

【例 7 − 2】 请按要求标注出螺纹的代号：粗牙普通内螺纹，公称直径为 10mm，螺距为 1.5mm，右旋，中径公差带为 6H，小径公差带为 6H，中等旋合长度。其标记为：

$M10 - 6H$

（2）管螺纹

管螺纹是在管道接头处管壁上加工出来的用于管道连接的螺纹，常用螺纹牙型为等腰三角形（牙型角为 55°），分为非密封管螺纹和密封管螺纹。非密封管螺纹连接由圆柱外螺纹和圆柱内螺纹旋合获得；密封管螺纹连接则由圆锥外螺纹和圆锥内螺纹或圆柱内螺纹旋合获得。管螺纹多用于管件和薄壁零件的连接，其螺距与牙型均较小，相应螺纹要素可查阅附录 1 附表 1 − 3。

（a）非螺纹密封的管螺纹，其内、外螺纹均为圆柱管螺纹，标记格式为：

螺纹特征代号	尺寸代号	公差等级代号	旋向代号

螺纹特征代号用"G"表示；尺寸代号有 1/8、1/2、1、3/4 等，与带有外螺纹管子的内径相近，其单位为 in；外螺纹的公差等级代号分为 A、B 两级，内螺纹则不标注；左旋螺纹在公差等级代号后加"LH"，右旋不必标注。

例如："G1½LH"表示非密封内螺纹、尺寸代号为 1½ in、左旋；

"G2B"表示非密封外螺纹，尺寸代号 2in、公差等级 B 级、右旋。

（b）用螺纹密封的管螺纹，包括圆锥内螺纹与圆锥外螺纹连接和圆柱内螺纹与圆锥外螺纹连接两种型式。其标记格式为：

螺纹特征代号	尺寸代号	旋向代号

其中，圆柱内螺纹、圆锥内螺纹特征代号分别用"Rp"和"Rc"表示；与圆柱内螺纹旋合的圆锥外螺纹特征代号为"R_1"；与圆锥内螺纹旋合的圆锥外螺纹特征代号为"R_2"；尺寸代号含义与非密封管螺纹相同；左旋螺纹在尺寸代号后加"LH"，右旋不必标注。

例如："Rc 1½ LH"表示圆锥内螺纹、尺寸代号为 1½ in、左旋；

"R_1 2"表示与圆柱内螺纹旋合的密封圆锥外螺纹、尺寸代号为 2in、右旋。

（3）梯形螺纹和锯齿形螺纹

梯形螺纹牙型为等腰梯形，牙型角为 30°，是最常用的传动螺纹，可以传递双向动力，例如机床丝杠上的螺纹就是梯形螺纹。有关梯形螺纹的螺纹要素可查阅附录 1 附表 1 − 2。

锯齿形螺纹牙型为不等腰梯形，一边与铅垂线的夹角为 30°，另一边为 3°，形成 33°的牙型角。锯齿形螺纹是一种受单向力的传动螺纹,例如千斤顶中的螺杆就是锯齿形螺纹。有关锯齿形螺纹的螺纹要素可查阅国家标准 GB/T 13576—1992 。

梯形和锯齿形螺纹的标记格式与普通螺纹类似,也是由螺纹代号、螺纹公差带代号和螺纹旋合长度代号三部分组成:

| 螺纹特征代号 | | 公称直径×螺距 | | 旋向代号 | – | 中径公差带代号 | – | 旋合长度代号 |

梯形螺纹特征代号用"Tr"表示;锯齿形螺纹特征代号用"B"表示;如果是单线螺纹用"公称直径×螺距"表示;如果是多线螺纹,用"公称直径×导程(螺距)"表示;左旋螺纹用"LH"表示,如果是右旋螺纹,则不必标注;两种螺纹只标注中径公差带代号;旋合长度只有中等旋合长度(N)和长旋合长度(L)两种,若为中等旋合长度则不必标注;螺纹代号、螺纹公差带代号和螺纹旋合长度代号三部分之间用分隔符号"–"分开。

例如:"Tr40×7–7H"表示公称直径为40mm、螺距为7mm的单线右旋梯形内螺纹,中径公差带为7H,中等旋合长度。

"Tr50×16(P8)LH–7e–L"表示公称直径为50mm、导程为16mm、螺距为8mm、双线左旋梯形外螺纹,中径公差带为7e,长旋合长度。

"B40×10(P5)–8C"表示公称直径为40mm、导程为10mm、螺距为5mm、双线右旋锯齿形内螺纹,中径公差带为8C,中等旋合长度。

(4)螺纹标注注意事项

普通螺纹、梯形螺纹和锯齿形螺纹在螺纹大径的尺寸线上进行标注,而管螺纹在螺纹大径的引出线上进行标注,见表7.1–1。

7.1.2 常用螺纹紧固件及其规定画法与标记

螺纹紧固件是运用一对内、外螺纹旋合到一起的连接作用来连接和紧固零部件。常用的螺纹紧固件有螺栓、螺柱、螺钉、螺母和垫圈等(见图7.1–13),它们的结构和尺寸均已标准化,由专门的标准件厂成批生产。

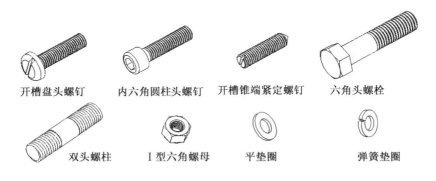

开槽盘头螺钉　　内六角圆柱头螺钉　　开槽锥端紧定螺钉　　六角头螺栓

双头螺柱　　Ⅰ型六角螺母　　平垫圈　　弹簧垫圈

图 7.1–13　常用的螺纹紧固件示例

工程实践中一般不需要画出螺纹标准件的零件图,只要按规定进行标记,根据标记就可从国家标准中查到它们的结构形式和尺寸数据。紧固件的标记方法可查阅国家标准GB/T 1237—2001,表7.1–2列举出一些常用螺纹紧固件的视图、主要规格尺寸和标记示例。

表 7.1 - 2　常用的螺纹紧固件及其标记示例

名称及视图	规定标记示例	名称及视图	规定标记示例
开槽盘头螺钉 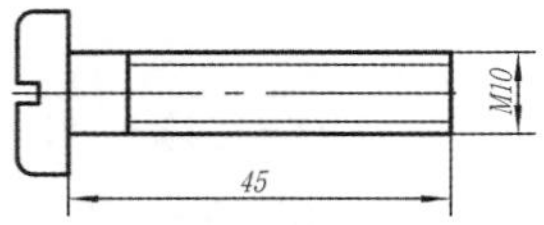 45	螺钉 GB/T 67 M10 × 45	双头螺柱 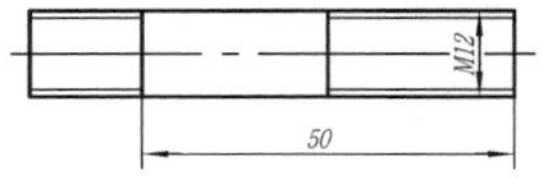 50	螺柱 GB/T 899 M12 × 50
内六角圆柱头螺钉 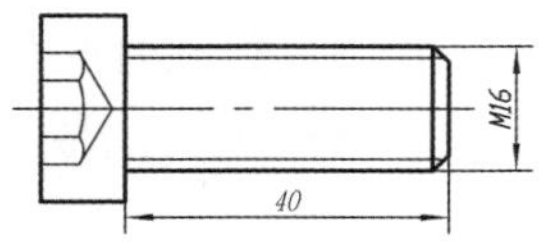 40	螺钉 GB/T 70.1 M16 × 40	I 型六角螺母 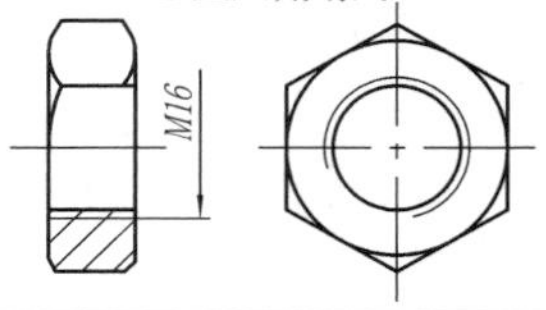 	螺母 GB/T 6170 M16
开槽锥端紧定螺钉 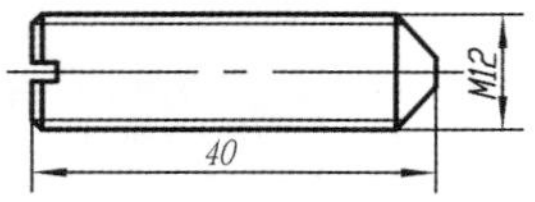 40	螺钉 GB/T 71 M12 × 40	平垫圈 A 级 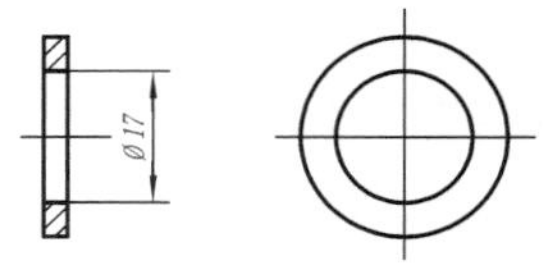 	垫圈 GB/T 97.1 16
六角头螺栓 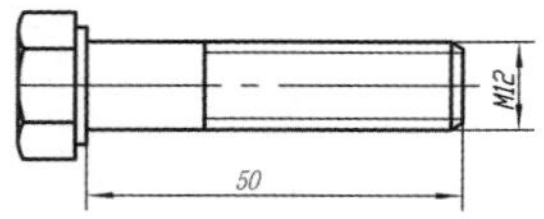 50	螺栓 GB/T 5782 M12 × 50	标准型弹簧垫圈 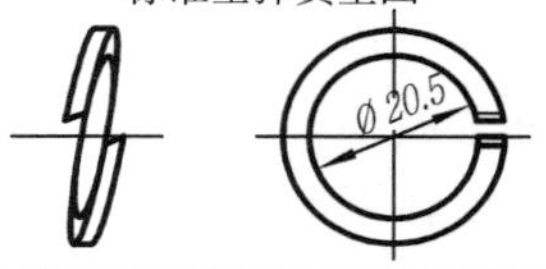 	垫圈 GB/T 93 20

常用螺纹紧固件的完整标记由以下各项组成：

名称 国家标准代号 螺纹规格（或螺纹规格 × 公称长度）– 性能等级、热处理或表面处理

采用现行国家标准时，国标代号中的年号可以省略；当性能等级是标准中规定的常用等级时，可以省略不注，但在其他情况下应该注明。

螺纹紧固件可以按其标记从标准中查出全部尺寸数据进行画图，工程实践中为了提高画图速度，通常采用比例画法（也称为近似画法）。比例画法是根据螺纹公称直径按比例关系计算出螺纹紧固件各部分尺寸，近似地画出图形。但应注意，比例画法作出的图形尺寸与紧固件实际尺寸是有出入的，如需在视图上标注尺寸或获取紧固件的实际尺寸，必须从相关紧固件的标准中查得。

1. 六角头螺栓、六角螺母和垫圈的比例画法与标记

六角头螺栓和六角螺母在装配图中的比例画法可以采用如图 7.1 - 14 所示的简化画法，即六角头螺栓头部和六角螺母上的截交线可省略不画、倒角可省略不画，装配图中常用这种简化画法。垫圈的比例画法如图 7.1 - 15 所示。

（1）螺栓

螺栓由螺栓头和螺杆组成，有六角头、方头等，常用的为六角头螺栓（见图 7.1 - 13），螺杆上有全螺纹和部分螺纹两种形式之分。

螺栓标记为： 名称 国家标准代号 Md（螺纹公称直径）× l（螺栓公称长度）

例如：螺栓 GB/T 5782 M24 × 100

根据标记查阅附录 2 附表 2 – 1 可知：该紧固件是螺纹公称直径 24mm、公称长度 100mm，性能等级为 8.8 级，表面氧化、A 级的六角头螺栓。

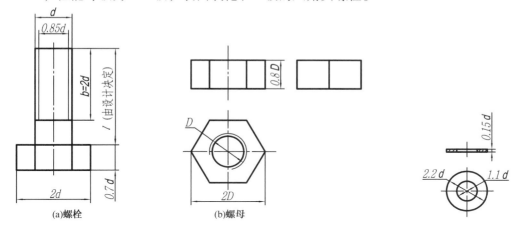

(a)螺栓　　(b)螺母	
图 7.1 – 14　六角头螺栓和六角螺母	图 7.1 – 15　垫圈的
在装配图中的简化画法	比例画法

（2）螺母

螺母有六角螺母、方螺母和圆螺母，六角螺母（见图 7.1 – 13）应用最广。

螺母标记为：　名称　国家标准代号　Md(螺纹公称直径)

例如：螺母 GB/T 6170 M10

根据标记查阅附录 2 附表 2 – 2 可知，该紧固件是螺纹公称直径 10mm、性能等级为 8 级、不经表面处理、A 级的 I 型六角螺母。

（3）垫圈

垫圈一般放在螺母与被连接件之间，起保护被连接零件的表面、以免拧紧螺母时刮伤零件表面；同时可以增加螺母与被连接零件的接触面积。常用的标准垫圈有平垫圈和弹簧垫圈（见图 7.1 – 13），为便于安装，垫圈内孔直径比穿过其间的外螺纹大径要大一些，具体数值可查阅附录 2 附表 2 –6、附表 2 –7。

垫圈标记为：　名称　国家标准代号　d（穿过垫圈内孔的螺纹公称直径）

例如：垫圈 GB/T 97.1 12

根据标记查阅附录 2 附表 2 –6 可知,该紧固件是公称规格为 12mm（即与公称直径为 12 的外螺纹配用）的平垫圈、硬度等级为 200HV 级、不经表面处理、产品等级为 A 级的平垫圈。

垫圈 GB/T 93 20

根据标记查阅附录 2 附表 2 –7 可知，该紧固件是公称规格为 20mm（即与公称直径为 20 的外螺纹配用）的表面氧化的标准型弹簧垫圈。

2. 螺钉的比例画法与标记

螺钉的种类很多，按用途可分为连接螺钉和紧定螺钉。前者用于连接不经常拆卸、并且受力不大的零件；后者用来固定零件相对位置、使之不发生相对运动。各种类型螺钉的规定画法可查阅国家标准 GB/T 4459.1。

螺钉标记为：　名称　国家标准代号　Md（螺钉公称直径）×l（螺钉公称长度）

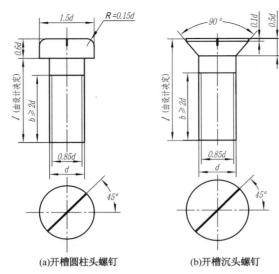

(a)开槽圆柱头螺钉　　(b)开槽沉头螺钉

图 7.1－16　开槽圆柱头螺钉和开槽沉头
螺钉在装配图中的简化画法

（1）开槽圆柱头螺钉和开槽沉头螺钉

开槽圆柱头螺钉和开槽沉头螺钉（见图 7.1－13）属于连接螺钉，它们在装配图中的比例画法可以采用如图 7.1－16 所示的简化画法，即螺钉头部一字槽用粗实线表示、在顶面视图中用 45°粗实线表示。

例如：螺钉 GB/T 65 M8×30

根据标记查阅附录 2 附表 2－3 可知，该紧固件是螺纹公称直径 8mm、公称长度 30mm，性能等级为 4.8 级，不经表面处理的 A 级开槽圆柱头螺钉。

例如：螺钉 GB/T 68 M4×12

根据标记查阅附录 2 附表 2－3 可知，该紧固件是螺纹公称直径 4mm、公称长度 12mm，性能等级为 4.8 级，不经表面处理的

A 级开槽沉头螺钉。

（2）开槽锥端紧定螺钉

开槽锥端紧定螺钉（见图 7.1－13）的简化画法如图 7.1－17 所示。

例如：螺钉 GB/T 71 M3×12

根据标记查阅附录 2 附表 2－4 可知，该紧固件是螺纹公称直径 3mm、公称长度 12mm，性能等级为 14H 级、表面氧化的开槽锥端紧定螺钉。

3. 双头螺柱的比例画法与标记

双头螺柱两端都有螺纹（见图 7.1－13），其中一端全部旋入被连接件的螺孔内，称为旋入端，其长度用 b_m 表示；另一端用来旋紧螺母称为紧固端，其长度用 b 表示。双头螺柱的简化画法如图 7.1－18 所示。

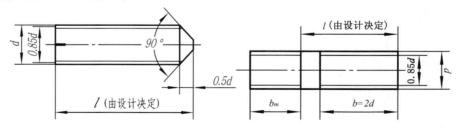

图 7.1－17　开槽锥端紧定螺钉的简化画法　　图 7.1－18　双头螺柱的简化画法

双头螺柱标记为： 名称 国家标准代号 Md（螺纹公称直径）×l（双头螺柱公称长度）

例如：螺柱 GB/T 897 M10×50

根据标记查阅附录 2 附表 2－5 可知：该紧固件是两端均为粗牙普通螺纹，螺纹公称直径 10mm、公称长度 50mm、$b_m=1d=10$mm，性能等级为 4.8 级、不经表面处理的 B 型双头螺柱。

7.1.3 螺纹紧固件的连接

用螺纹紧固件将两个(或两个以上)被连接件连接在一起,称为螺纹紧固件的连接。常见螺纹紧固件的连接形式有:螺栓连接、螺钉连接和螺钉紧定、双头螺柱连接等。

1. 螺纹连接装配图中的一般规定

(1)相邻两零件表面接触时,只画一条粗实线;不接触时,按各自的尺寸画出;如间隙太小,可夸大画出。

(2)在剖视图中,当剖切平面通过螺纹紧固件的轴线时,这些零件按不剖画出;需要时,可采用局部剖视。

(3)在剖视图中,相邻两被连接件的剖面线方向应相反,必要时也可以相同,但要相互错开或间隔不等。在同一张图纸上,同一零件的剖面线在各个剖视图中方向应一致,间隔应相等。

2. 螺栓连接的装配图及其画法

螺栓连接适用于连接两个不太厚的零件。螺栓穿过两被连接件上的通孔,加上垫圈,拧紧螺母,就将两个零件连接在一起了,如图 7.1 - 19 所示。

螺栓连接的装配图画法如图 7.1 - 20 所示,要遵循前面所述螺纹连接装配图中的一般规定。

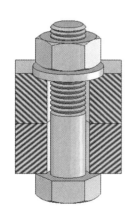

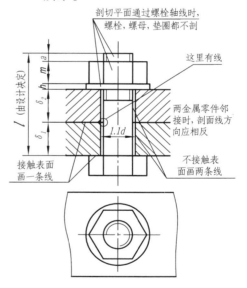

图 7.1 - 19 螺栓连接示意图　　　图 7.1 - 20 螺栓连接装配图画法

螺栓的公称长度 l 可按下式计算:

$l \geqslant \delta_1 + \delta_2 + h($垫圈厚度 $0.15d) + m($螺母厚度$0.8d) + a($螺栓末端伸出高度 $0.3d)$

式中　　d——螺纹公称直径;

　　δ_1、δ_2——被连接件的厚度(已知条件)。

按上式计算出的螺栓长度,还应查阅附录 2 附表 2 - 1,根据螺栓的标准公称长度系列,选取公称长度值。

螺栓连接装配图比例画法的步骤:

(1)画出基准线(轴线);

(2)画出被连接件,采用剖视画法,孔径为 1.1d;

（3）画出穿入螺栓（不剖）的两个视图，螺纹小径可暂不画；

（4）画出套上垫圈（不剖）的三视图；

（5）画出拧紧螺母（不剖）后的三视图，注意在俯视图中按外螺纹画法画出螺纹；

（6）补齐螺纹小径线，检查、描深，画剖面线，注意剖面线的方向和间距。

3. 螺钉连接的装配图及其画法

螺钉连接不用螺母，而将螺钉直接旋入被连接件的螺纹孔内。螺钉连接常用于受力不大而又不经常拆装的场合。下面主要介绍连接螺钉开槽圆柱头螺钉和开槽沉头螺钉的连接画法、开槽锥端紧定螺钉连接的画法。

（1）开槽圆柱头螺钉和开槽沉头螺钉的连接画法

如图 7.1 –21 所示，通常在较厚的零件上制出螺孔，另一零件上加工出通孔；连接时，将螺钉穿过通孔旋入螺纹孔拧紧即可。按前面所述螺钉在装配图中的简化画法将螺钉作为不剖画出；螺钉螺纹长度 $b \geq 2d$，并且要保证螺钉的螺纹终止线应在被连接零件的螺纹孔顶面以上，以表示螺钉尚有拧紧的余地；对于不穿通的螺孔，可以不画出钻孔深度，仅按螺纹深度画出，如图 7.1 –21(c)所示。

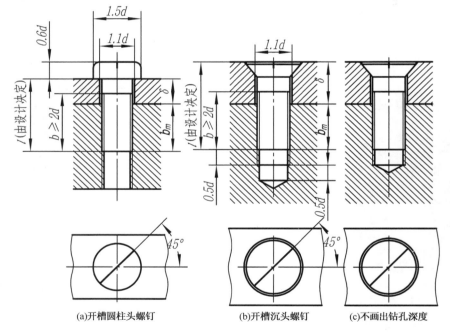

(a)开槽圆柱头螺钉　　　(b)开槽沉头螺钉　　　(c)不画出钻孔深度

图 7.1 – 21　螺钉连接装配图画法

螺钉的公称长度 l 计算如下：$l \geq \delta$（通孔零件厚度）$+ b_m$（旋入端螺纹长度）

b_m 值根据国家标准规定，由带螺孔的被连接零件的材料决定：材料为青铜、钢时，$b_m = d$；为铸铁时，$b_m = 1.25d$ 或 $1.5d$；为铝时，$b_m = 2d$，d 为螺钉的螺纹公称直径。

按上式计算出的螺钉的公称长度，还应查阅附录 2 附表 2 – 3，根据螺钉的标准公称长度系列，选取公称长度值。

（2）开槽锥端紧定螺钉的连接画法

紧定螺钉用于防止两零件之间发生相对运动的场合。图 7.1 –22 为开槽锥端紧定螺钉连

接的装配图画法。为防止轴和轮毂的轴向相对运动,将锥端紧定螺钉旋入轮毂,使螺钉端部
90°顶角与轴上90°锥坑压紧,从而固定轴和轮毂的相对位置。

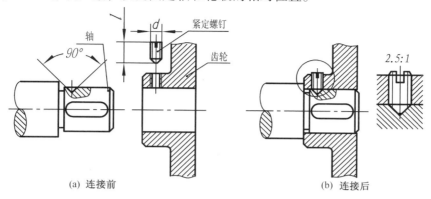

图 7.1 – 22　开槽锥端紧定螺钉连接的装配图画法

4. 双头螺柱连接的装配图及其画法

双头螺柱连接常用于被连接件之一太厚而不能加工成通孔的情况。双头螺柱两端都有螺
纹,其中一端全部旋入被连接件的螺孔内,称为旋入端,旋入端长度用 b_m 表示;另一端穿
过另一被连接件的通孔,加上垫圈,旋紧螺母,如图 7.1 – 23 所示。其中垫圈多采用弹簧垫
圈,见附录 2 附表 2 – 7,它依靠弹性增加摩擦力,防止螺母因受震动松开。

如图 7.1 – 24 所示,双头螺柱旋入端长度 b_m 应全部旋入螺孔内,故螺孔的深度应大于
旋入端长度,一般取 $b_m + 0.5d$。d 为双头螺柱的螺纹公称直径,b_m 由带螺孔的被连接零件的
材料决定,取值方法同螺钉连接;b_m 根据国标规定有四种长度:

$$b_m = d（GB/T\ 897—1988）\qquad b_m = 1.25\,d（GB/T\ 898—1988）$$

$$b_m = 1.5d（GB/T\ 899—1988）\quad b_m = 2d（GB/T\ 900—1988）$$

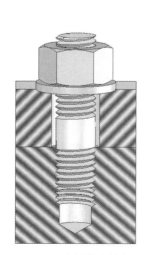

图 7.1 – 23　双头螺柱连接的示意图

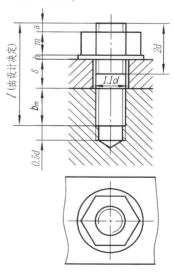

图 7.1 – 24　双头螺柱连接的装配图画法

由此可见,双头螺柱连接的上半部分画法与螺栓连接相似,下半部分画法与螺钉连接相似。

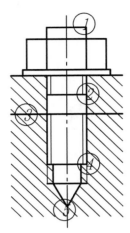

图 7.1 - 25 双头螺柱
连接的装配图错误画法

螺柱的公称长度 l 按下式计算后查阅附录 2 附表 2 - 5 取标准公称长度：

$$l \geqslant \delta + h + m + a$$

式中　δ——通孔零件厚度（已知条件）；

　　　h——垫圈厚度，取 $h = 0.2d$。

注意：旋入端的螺纹终止线应与两个被连接零件接触面平齐。

对比图 7.1 - 24，总结图 7.1 - 25 中画圈处的错误画法如下：

（1）双头螺柱伸出螺母处，漏画表示螺纹小径的细实线；

（2）上部被连接零件的孔径，应比双头螺柱的大径稍大（孔径 ≈ 1.1d），此处不是接触面，应画两条线；同时，剖面线应画到表示孔壁的粗实线为止；

（3）两相邻零件的剖面线方向，没有画成相反或错开；

（4）基座螺纹孔中表示螺纹小径的粗实线和表示钻孔的粗实线，未与双头螺柱表示小径的细实线对齐；

（5）钻孔底部的锥角，未画成 120°。

7.2 键 和 销

7.2.1 键连接

键通常用来连接轴和装在轴上的转动零件（如齿轮、带轮等），起传递扭矩的作用，如图 7.2 - 1 所示。键连接的连接方式是先在轮孔和连接轴上分别加工出键槽，把键嵌入轴的键槽内，再把轮孔上的键槽对准键插入，从而使轴与轮连接在一起。

1. 常用键的种类和标记

常用的键有普通平键、半圆键和钩头楔键等，如图 7.2 -2 所示。其中普通平键应用最广，按其形状又分为 A 、B 、C 三种型式，其形状和尺寸如图 7.3 -3 所示。

键是标准件，常用的普通平键的尺寸和键槽的剖面尺寸可按轴径查阅附录 2 中附表 2 -8 得出。

在标记时，A 型平键省略字母 A，而 B 型、C 型应写出字母 B 或 C。

图 7.2 - 1 键连接

图 7.2 - 2 常用的几种键

如 $b=18\text{mm}$、$h=11\text{mm}$、$L=100\text{mm}$ 的圆头普通平键应标记为：

GB/T 1096　键 18×100

又如 $b=18\text{mm}$、$h=11\text{mm}$、$L=100\text{mm}$ 的单圆头普通平键，则应标记为：

GB/T 1096　键 C 18×100

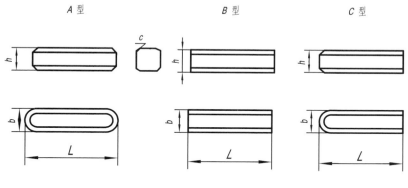

图 7.2-3　普通平键

2. 键槽的画法和尺寸标注

图 7.2-4(a) 所示为轴和轮子的键槽及其尺寸注法。轴的键槽用轴的主视图(局部剖视)和在键槽处的移出剖面表示。尺寸则要标注键槽长度 L、键槽宽度 b 和 $d-t_1$(t_1 是轴上的键槽深度)。轮子采用全剖视及局部视图表示，尺寸则应注 b 和 $d+t_2$(t_2 是齿轮轮毂的键槽深度)。b, t, L 则应根据设计要求按 b 由附录 2 附表 2-8 选定。

3. 键连接的画法

图 7.2-4(b) 表示轴和轮子用键连接的装配画法。剖切平面通过轴和键的轴线或对称面，轴和键均按不剖形式画出。为了表示轴上的键槽，采用了局部剖视。键的顶面和轮毂键槽的顶面有间隙，应画两条线。

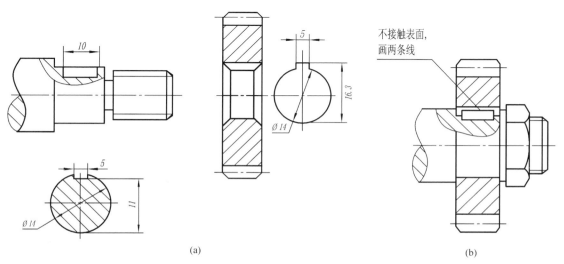

(a)

(b)

图 7.2-4　键连接的画法

图 7.2 - 5　花键连接

7.2.2　花键连接

花键是把键直接做在轴上和轮孔上，使之成为一整体，如图 7.2 - 5 所示。花键主要用来传递较大的扭矩。花键的齿型有矩形和渐开线形等，其中矩形花键应用最广，其结构和尺寸已标准化，下面介绍矩形花键轴及孔的画法及尺寸标注。

1. 外花键的画法

在平行于外花键轴线的投影面的视图中，大径用粗实线，小径用细实线绘制；并在断面图画出全部或一部分齿型，但要注明齿数；工作长度的终止端和尾部长度的末端均用细实线绘制，并与轴线垂直；尾部则画成与轴线成 30°的斜线；花键代号应写在大径上，如图 7.2 - 6 所示。

2. 内花键的画法

在平行于花键投影的轴线上的剖视图中，大径及小径都用粗实线绘制；并用局部视图画出全部或一部分齿形，如图 7.2 - 7 所示。

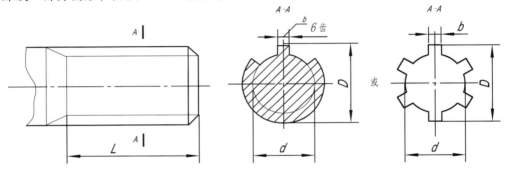

图 7.2 - 6　外花键的画法

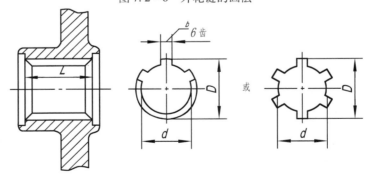

图 7.2 - 7　内花键的画法

3. 花键连接的画法

用剖视表示花键连接时，其连接部分用花键轴的画法表示，其他部分按各自的规定画，如图 7.2 - 8 所示。

4. 花键的标注

花键标注的方法有两种：一种是在图上标出公称尺寸 D（大径），d（小径），b（键宽）和 z（齿数）等（图 7.2 - 6，图 7.2 - 7）；另一种是用代号标柱：图形符号 $Z \times d \times D \times b$（见国家标准 GB/T 4459. 3—2000）；两种标柱形式都需标出花键的工作长度(*L*)。

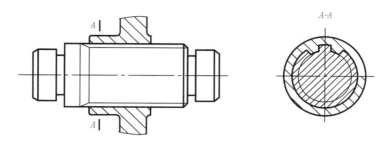

图 7.2 - 8　花键连接的画法

7.2.3　销连接

销也是标准件，通常用于零件间的连接或定位。常用的销有圆柱销、圆锥销和开口销等，如图 7.2 - 9 所示。

图 7.2 - 9　常用的销

圆柱销的标记如下：

例如，表示公称直径 $d = 8$mm、公差 $m6$、长度 $L = 30$mm、材料为不经淬火、不经表面处理的钢的圆柱销的标记为：

销　GB /T 119.1　8m6×30

圆柱销及圆柱销的连接画法如图 7.2 - 10 所示。当剖切平面通过各轴线时,销作为不剖处理。

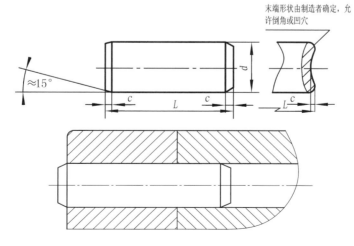

图 7.2 - 10　圆柱销及圆柱销连接的画法

7.3　滚 动 轴 承

滚动轴承是一种支承旋转轴的组件。它具有摩擦小、结构紧凑的优点，广泛应用在机器或部件中。作为一种标准件，其生产已经标准化。

7.3.1　滚动轴承的结构及其规定画法

滚动轴承种类很多，但其结构大体相同，一般由外圈、内圈、滚动体及保持架组成，如图7.3-1所示。在一般情况下，外圈装在机座的孔内，固定不动；而内圈套在转动的轴上，随轴转动。

图7.3-1　滚动轴承的结构

常用滚动轴承的规定画法、特征画法如图7.3-2所示(GB/T 4459.7—1998)。其中，图(a)为深沟球轴承，主要用于承受径向力；图(b)为圆锥滚子轴承，能够同时承受径向力和轴向力；图(c)为推力球轴承，只能承受轴向力。

7.3.2　滚动轴承的代号和标记

滚动轴承的代号可查阅国家标准GB/T 296。滚动轴承的代号是由前置代号、基本代号、后置代号构成，分别用字母和数字表示轴承的结构形式、特点、承载能力、类型和内径尺寸等。前置代号和后置代号是补充代号。基本代号是轴承代号的基础，由轴承类型代号、尺寸系列代号和内径代号构成(尺寸系列代号由轴承的宽(高)度系列代号和直径系列代号组合而成)。如圆锥滚子轴承30203，右起第一、二位数字表示轴承的内径代号。内径在10~495mm以内的表示方法如下：

内 径 代 号	00	01	02	03	04 以上
内径数值/mm	10	12	15	17	将代号数字乘以5为内径数值

右起第三位数字表示直径系列，即在内径相同时，有各种不同的外径；右起第四位数字表示轴承的宽度系列。当宽度系列为0系列(正常系列)时多数轴承可不注出宽度系列代号0，但对于调心滚子轴承，宽度系列代号0应标出；右起第五位数字表示轴承的类型，例如"3"表示圆锥滚子轴承。

下面举例说明滚动轴承的规定标记。

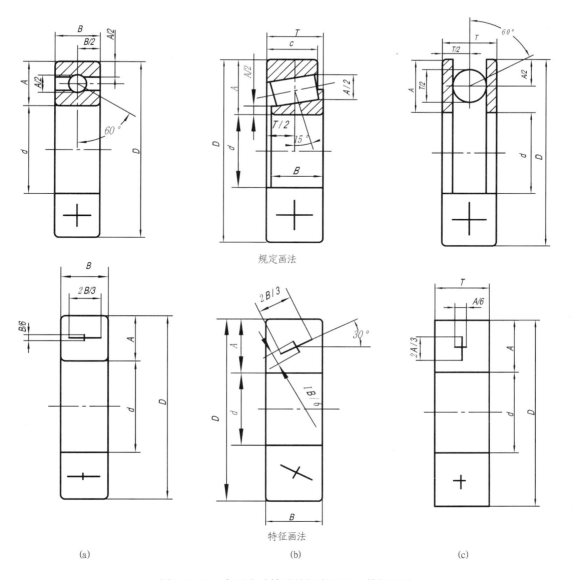

规定画法

特征画法

(a)　　　　　　　　　　(b)　　　　　　　　　　(c)

图 7.3 - 2　常用滚动轴承的规定画法、特征画法

【例 7 - 3】　滚动轴承 30203 GB/T 297—1994

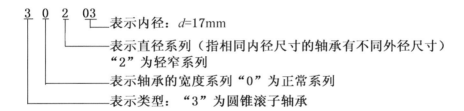

【例 7 - 4】 滚动轴承 6208 GB/T 276—1994

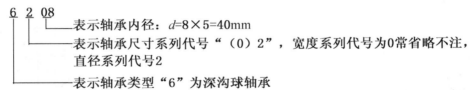

【例 7 - 5】 滚动轴承 51207 GB/T 301—1995

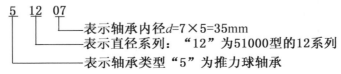

7.4 齿 轮

齿轮是在机械中广泛使用的传动零件，它利用轮齿直接啮合来传递运动和动力，传动精确，并且可以改变转速和回转方向。齿轮的参数中只有模数和压力角已经标准化，因此属于常用件。

7.4.1 齿轮的分类

齿轮的种类很多，常见的有以下三种形式：

（1）圆柱齿轮，用于平行两轴之间的传动，如图 7.4 - 1（a）所示；

（a）圆柱齿轮　　　　　（b）圆锥齿轮　　　　　（c）蜗杆与蜗轮

图 7.4 - 1　齿轮的传动类型

（2）圆锥齿轮，用于相交两轴之间的传动，如图 7.4 - 1（b）所示；

（3）蜗杆与蜗轮，用于交错两轴之间的传动，如图 7.4 - 1（c）所示。

7.4.2 圆柱齿轮

圆柱齿轮的轮齿有直齿、斜齿和人字齿三种，如图 7.4 - 2 所示。

1. 标准直齿圆柱齿轮各部分的名称、代号和尺寸计算

图 7.4 - 3 相啮合的两个直齿圆柱齿轮的示意图，图中标出了齿轮各部分的名称和代号。

（1）名称和代号

齿顶圆直径 d_a：连接齿轮各齿顶部的圆称为齿顶圆。

（a）圆柱直齿轮　　　　　（b）圆柱斜齿轮　　　　　（c）圆柱人字齿轮

图 7.4 - 2　圆柱齿轮的轮齿类型

齿根圆直径 d_f：连接齿轮各齿根部的圆称为齿根圆。

齿槽：相邻两齿之间的空隙。

齿厚：一个轮齿两侧齿廓间的弧长。

分度圆直径 d：分度圆位于齿顶圆和齿根圆之间，该圆上齿厚与齿槽宽相等。分度圆上的齿厚及齿槽宽分别用 s 及 e 表示。

齿距 p：在分度圆上，相邻两齿对应点之间的弧长。

对于标准齿轮，$s = e = p/2$。

齿高 h：齿顶圆与齿根之间的径向距离。

齿顶高 h_a：齿顶圆与分度圆之间的径向距离。

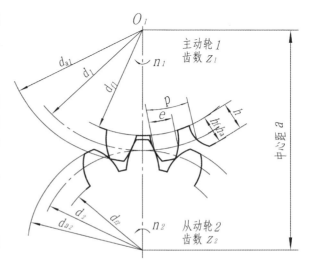

图 7.4 - 3　齿轮各部分的名称和代号

齿根高 h_f：分度圆与齿根圆之间的径向距离。

模数 m：设齿轮的齿数为 z，则，分度圆周长 $= \pi d = pz$，即 $d = \dfrac{p}{\pi} z$，令 $m = \dfrac{p}{\pi}$，则

$$d = mz$$

m 称为齿轮的模数，由其定义可知，两齿轮啮合时齿距 p 必须相等，因此，<u>两啮合齿轮的模数必须相等</u>。模数 m 是设计、制造齿轮的重要参数，它的数值已经标准化，如表 7.4 - 1 所示。模数反映齿的大小，模数越大，轮齿就越大，齿轮的承载能力就越大。

表 7.4 - 1　齿轮模数系列（GB/T 1357—2008）

第 I 系列	1	1.25	1.5	2	2.5	3	4	5	6	8	10	12
	16	20	25	32	40	50						
第 II 系列	1.125	1.375	1.75	2.25	2.75	3.5	4.5	5.5	(6.5)	
	7	9	11	14	18	22	28	36	45	

注：优先采用第 I 系列法向模数。应避免采用第 II 系列中的法向模数 6.5。

传动比 i：主动齿轮转速 n_1 与从动齿轮转速 n_2 之比

$$i = \frac{n_1}{n_2} = \frac{z_2}{z_1}$$

中心距 a：两齿轮轴线之间的最短距离。

（2）标准直齿圆柱齿轮各部分的尺寸计算

标准直齿圆柱齿轮各部分的尺寸计算公式见表 7.4 - 2。

表 7.4 - 2　标准圆柱直齿齿轮各部分的尺寸计算公式

名　　称	代　　号	计 算 公 式	名　　称	代　　号	计 算 公 式
分度圆直径	d	$d = mz$	齿顶高	h_a	$h_a = m$
齿顶圆直径	d_a	$d_a = m(z+2)$	齿根高	h_f	$d_f = 1.25m$
齿根圆直径	d_f	$d_f = m(z-2.5)$	中心距	a	$a = \dfrac{d_1 + d_2}{2} = \dfrac{m(z_1 + z_2)}{2}$

2. 圆柱齿轮的规定画法

（1）单个圆柱齿轮的画法

根据 GB/T 4459.2—2003 规定的齿轮画法，齿顶圆和齿顶线用粗实线绘制，分度圆和分度线用点画线绘制，齿根圆和齿根线用细实线绘制，也可省略不画，如图 7.4 - 4（a）所示。在剖视图中，当剖切平面通过齿轮轴线时，齿轮按不剖处理，齿根线用粗实线绘制，如图 7.4 - 4(b)所示。当需要表现斜齿或人字齿的齿线形状时，可用三条与齿线方向一致的细实线表示，如图 7.4 - 4(c)、(d)所示。

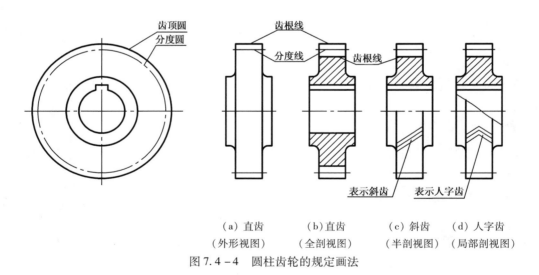

（a）直齿　　　　（b)直齿　　　　（c）斜齿　　　　（d）人字齿
（外形视图）　　（全剖视图）　　（半剖视图）　　（局部剖视图）

图 7.4 - 4　圆柱齿轮的规定画法

直齿圆柱齿轮的零件图如图 7.4 - 5 所示。

（2）圆柱齿轮啮合的画法

在投影为圆的视图中，两齿轮的分度圆相切，用点画线绘制；啮合区内的齿顶圆均用粗实线绘制，如图 7.4 - 6（a）的左视图所示；或采用省略画法，如图 7.4 - 6（b）所示。在剖视图中，啮合区内的两齿轮分度线重合，用点画线绘制；齿根线均用粗实线绘制，一齿轮的齿顶线用粗实线绘制，另一齿轮的齿顶线用虚线绘制，如图 7.4 - 6（a）的主视图所示。被遮挡的部分也可省略不画。图 7.4－6(c)、(d)是啮合齿轮不剖的画法，啮合的齿顶线和齿根线不画，分度线用粗实线画出。

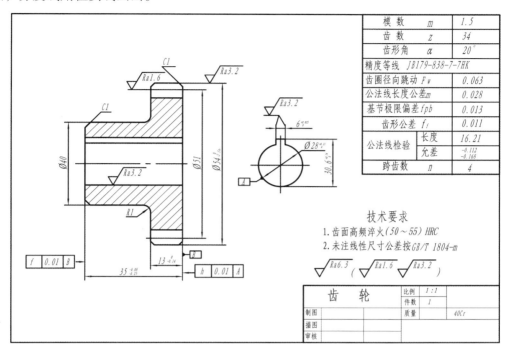

模　数	m	1.5
齿　数	z	34
齿形角	α	20°
精度等线　JB179-838-7-7HK		
齿圈径向跳动 Fw		0.063
公法线长度公差 m		0.028
基节极限偏差 fpb		0.013
齿形公差 f_f		0.011
公法线检验	长度	16.21
	允差	$^{-0.112}_{-0.168}$
跨齿数	n	4

技术要求
1. 齿面高频淬火(50～55) HRC
2. 未注线性尺寸公差按 GB/T 1804-m

$\sqrt{Ra6.3}$ ($\sqrt{Ra1.6}$ $\sqrt{Ra3.2}$)

齿　　轮	比例	1:1	
	件数	1	
制图		质量	40Cr
描图			
审核			

图 7.4－5　圆柱齿轮零件图

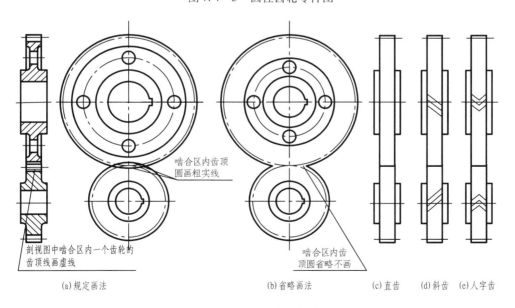

啮合区内齿顶圆画粗实线

剖视图中啮合区内一个齿轮的齿顶线画虚线

啮合区内齿顶圆省略不画

(a) 规定画法　　　　　　　　(b) 省略画法　　　　(c) 直齿　(d) 斜齿　(e) 人字齿

图 7.4－6　圆柱齿轮的规定画法

齿轮啮合时，齿根高与齿顶高相差 0.25m，所以一齿轮的齿顶线与另一齿轮的齿根线之间应有 0.25 倍模数的间隙，如图 7.4－7 所示。

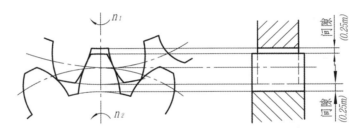

图 7.4 – 7　啮合齿轮的间隙

7.5　弹　　簧

弹簧是用来减振、测力 、加紧和储存能量的零件，属于常用件。弹簧的种类很多，用途很广，常用的弹簧种类有压缩弹簧、拉伸弹簧、扭转弹簧、蜗卷弹簧，如图 7.5 – 1 所示。本节只介绍圆柱压缩弹簧的尺寸计算及其画法。GB/T 2089—1994 规定了圆柱螺旋压缩弹簧的尺寸及参数。

（a）压缩弹簧　　　　　（b）拉伸弹簧　　　　　（c）扭转弹簧　　　　　（d）蜗卷弹簧

图 7.5 – 1　常见弹簧的种类

7.5.1　圆柱螺旋压缩弹簧的各部分名称及尺寸计算

圆柱螺旋压缩弹簧的各部分名称如图 7.5 – 2 所示。

（1）簧丝直径 d：弹簧钢丝的直径。

（2）弹簧中径 D：弹簧的平均直径。

弹簧内径 D_1：弹簧的最小直径，$D_1 = D - d$。

弹簧外径 D_2：弹簧的最大直径，$D_2 = D + d$。

（3）支撑圈数 n_2：弹簧两端并紧、磨平、仅起支撑作用的圈数，通常 n_2 为 1.5、2 或 2.5 圈。

有效圈数 n：保持相等距离的圈数。

总圈数 n_1：支撑圈数与有效圈数之和，$n_1 = n + n_2$。

（4）节距 t：除支撑圈外，相邻两圈的轴向距离。

（5）自由高度 H_0：弹簧不受外力时的高度，$H_0 = nt + (n_2 - 0.5)d$。

（6）展开长度 L：制造时弹簧丝的长度，$L \approx n_1 \sqrt{(\pi D)^2 + t^2}$。

7.5.2 圆柱螺旋压缩弹簧的规定画法

图 7.5 - 2 为单个弹簧的画法。图 7.5 - 3 为弹簧在装配图中的画法,其中(b)为簧丝直径小于 2mm 的画法,图(c)为示意图画法。

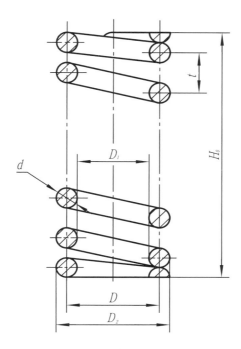

图 7.5 - 2 圆柱螺旋压缩弹簧各部分名称

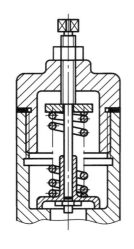 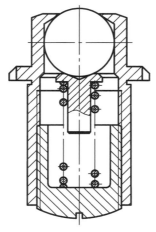 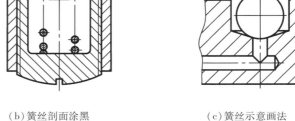

(a)不画挡住部分的零件轮廓　　　(b)簧丝剖面涂黑　　　(c)簧丝示意画法

图 7.5 - 3 装配图中弹簧的规定画法

第8章 零件图

8.1 零件图的内容

8.1.1 零件图与机器或部件的关系

任何机器或部件都是由多个零件按一定的装配关系和技术要求装配而成的，零件是构成机器的最小单元。表达单个零件的图样叫零件图，除标准件外，其余零件一般均应绘制零件图。零件图是用来表示零件结构形状、大小及技术要求的图样，是直接指导制造和检验零件的重要技术文件。

图8.1-1所示为球阀的轴测装配图。球阀是管道系统中控制流量和启闭的部件，共由10种零件组成，各零件装配关系参见图8.1-2。当球阀的阀芯轴线与阀体的水平轴线对齐时，阀门全部开启，管道畅通；转动扳手带动阀杆和阀芯转动90°，则阀门全部关闭，管道断流。

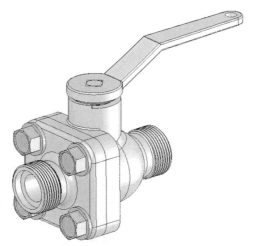

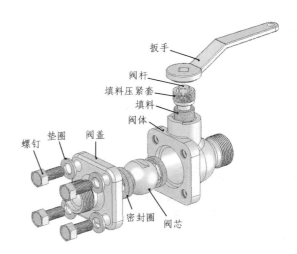

图8.1-1 球阀的轴测装配图

图8.1-2 球阀的零件分解图

制造这个球阀时，必须要有除了标准件以外的所有零件的零件图，如图8.1-3所示即为其中的阀盖零件的零件图。

8.1.2 零件图的内容

零件图是制造和检验零件的重要技术文件，以阀盖零件图（见图8.1-3）为例，一张完整的零件图应包括下列基本内容：

（1）一组图形　用视图、剖视、断面及其他规定画法来正确、完整、清晰地表达零件的各部分形状和结构；

（2）尺寸　正确、完整、清晰、合理地标注零件的全部尺寸；

（3）技术要求　用符号或文字来说明零件在制造、检验等过程中应达到的一些技术要

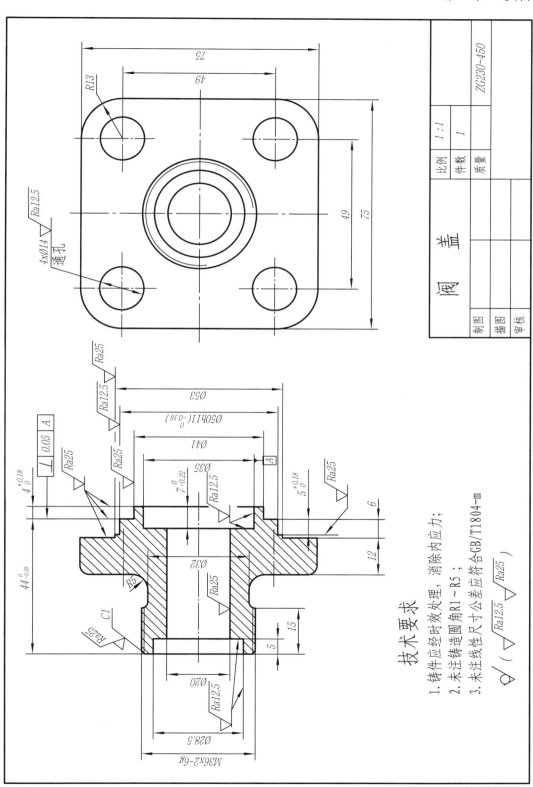

技术要求

1. 铸件应经时效处理，消除内应力；
2. 未注铸造圆角R1～R5；
3. 未注线性尺寸公差应符合GB/T1804-m

$\sqrt{}$ ($\sqrt{Ra12.5}$ $\sqrt{Ra25}$)

图 8.1 - 3 阀端零件图

阀 盖

比例	1:1	ZG230-450
件数	1	
质量		

制图		
描图		
审核		

求，如表面粗糙度、尺寸公差、形状和位置公差、热处理要求等。技术要求的文字一般注写在标题栏上方图纸空白处；

（4）标题栏　标题栏位于图纸的右下角，应填写零件的名称、材料、数量、图的比例以及设计、描图、审核人的签字、日期等各项内容。

8.2　零件工艺结构

零件的结构形状，主要是根据它在部件或机器中的作用决定的。但是制造工艺对零件的结构也有某些要求，应使零件的结构既能满足使用要求，又要方便制造。因此，为了正确绘制图样，必须对一些常见的零件工艺结构有所了解，下面介绍它们的基本知识和表示方法。

8.2.1　铸造工艺对铸件结构的要求

1. 拔模斜度

用铸造方法制造零件的毛坯时，为了便于将模样（木模或金属模）从砂型中取出，一般沿模样拔起的方向作成约 1 : 20 的斜度，叫做拔模斜度。因而铸件上也有相应的斜度，如图 8.2 - 1(a)所示。这种斜度在图上可以不标注，也可不画出，如图 8.2 - 1(b)所示。必要时，可在技术要求中注明。通常，拔模方向尺寸在 25 ~ 500mm 的铸件，其拔模斜度约为 1 : 20 ~ 1 : 10(3° ~ 6°)，拔模斜度的大小也可从相关机械手册中查得。

2. 铸造圆角

在铸件毛坯各表面的相交处，都有铸造圆角（图 8.2 - 2）。这样既便于起模，又能防止在浇铸时铁水将砂型转角处冲坏，还可避免铸件在冷却时产生裂纹或缩孔。铸造圆角半径在图上一般不注出，而写在技术要求中。铸造圆角半径一般取 3 ~ 5mm，或取壁厚的 0.2 ~ 0.4 倍，也可从相关机械手册中查得。

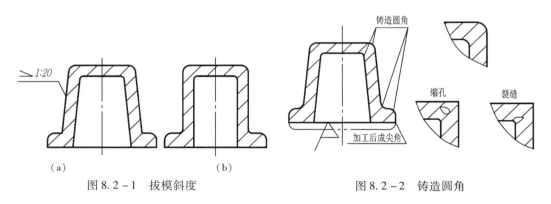

图 8.2 - 1　拔模斜度　　　　　　　　　　图 8.2 - 2　铸造圆角

图 8.2 - 2 所示的铸件毛坯底面（作安装面）常需经切削加工，这时铸造圆角被削平。

3. 过渡线

铸件表面由于圆角的存在，使铸件表面的交线变得不很明显，如图 8.2 - 3 所示，这种不明显的交线称为过渡线。过渡线要采用细实线，过渡线的画法与交线画法基本相同，只是过渡线的两端与圆角轮廓线之间应留有空隙。

图 8.2 - 4 是常见的几种过渡线的画法。

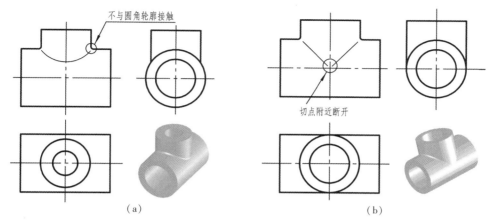

图 8.2 - 3 过渡线及其画法

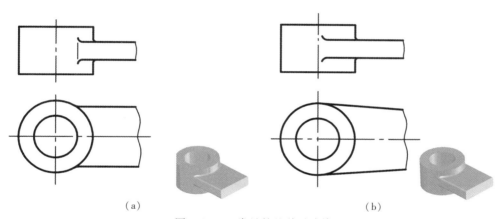

图 8.2 - 4 常见的几种过渡线

4. 铸件壁厚

在浇铸零件时，为了避免各部分因冷却速度不同而产生缩孔或裂纹，铸件的壁厚应保持大致均匀，或采用渐变的方法，并尽量保持壁厚均匀，如图 8.2 - 5 所示。

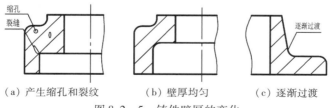

（a）产生缩孔和裂纹　　（b）壁厚均匀　　（c）逐渐过渡

图 8.2 - 5 铸件壁厚的变化

8.2.2 金属切削加工工艺对零件结构的要求

铸件、锻件以及各种轧制坯料，一般均要在金属切削机床上通过一定的切削加工，才能获得图样上所要求的尺寸、形状和表面质量。

1. 倒角与倒圆

为了便于零件的装配并消除毛刺或锐边，在轴和孔的端部通常加工出倒角。为减少应力

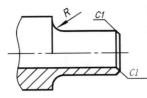

图 8.2 - 6　倒角与倒圆

集中，有轴肩处往往制成圆角过渡形式，称为倒圆。两者的画法和标注方法如图 8.2 - 6 所示，倒角和倒圆的结构尺寸参见附录 4。

2. 退刀槽和砂轮越程槽

在切削加工，特别是在车螺纹和磨削时，为便于退出刀具或使砂轮可稍微越过加工面，常在待加工面的末端先车出退刀槽或砂轮越程槽，如图 8.2 - 7 所示，退刀槽与砂轮越程槽的结构尺寸参见附录 4。

3. 钻孔结构

用钻头钻出的盲孔，底部有 1 个 120° 的锥顶角。圆柱部分的深度称为钻孔深度，如图 8.2 - 8(a) 所示。在阶梯形钻孔中，有锥顶角为 120° 的圆锥台，如图 8.2 - 8(b) 所示。

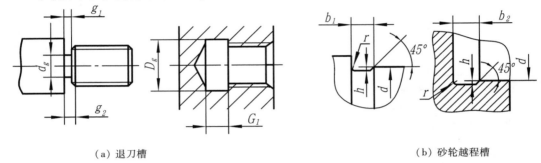

（a）退刀槽　　　　　　　　　　　　　（b）砂轮越程槽

图 8.2 - 7　退刀槽与砂轮越程槽

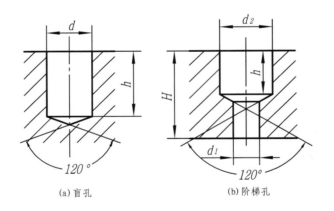

(a)盲孔　　　　　　　　　　　(b)阶梯孔

图 8.2 - 8　钻孔结构 1

用钻头钻孔时，要求钻头轴线尽量垂直于被钻孔的端面，并且不应有半悬空孔。否则不易钻入，使孔的位置不易钻准，甚至折断钻头。另外还应留足钻孔的空间位置，便于钻孔。图 8.2 - 9 表示三种钻孔端面的正确结构。

4. 凸台和凹坑

零件上与其他零件的接触面，一般都要进行加工。为了减少加工面积、降低加工成本并保证零件表面之间有良好的接触，常在铸件上设计出凸台和凹坑。图 8.2 - 10(a)、(b)表示螺栓连接的支承面做成凸台和凹坑形式，图 8.2 - 10(c)、(d)表示为减少加工面积而做成凹槽和凹腔结构。

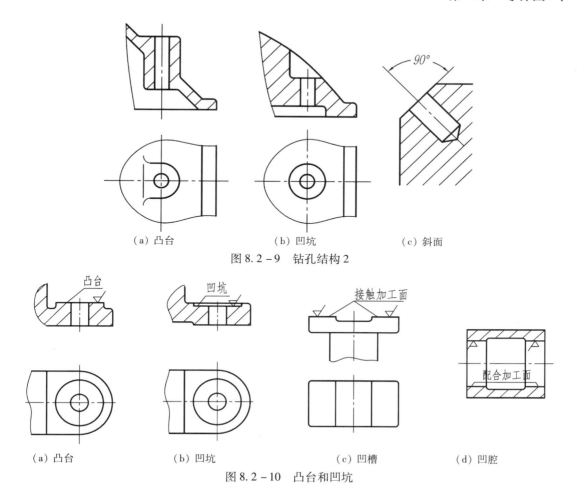

（a）凸台　　　　　　（b）凹坑　　　　　　（c）斜面

图 8.2 – 9　钻孔结构 2

（a）凸台　　　　（b）凹坑　　　　（c）凹槽　　　　（d）凹腔

图 8.2 – 10　凸台和凹坑

8.3　零件图的视图选择

零件图的视图选择，是指选用适当的视图、剖视、断面等表达方法，将零件的结构形状完整、清晰地表达出来。选择视图的总原则是在便于看图的前提下，力求画图简便。要达到这个要求首先必须选好主视图，然后选配其他视图。

8.3.1　主视图的选择

1. 形状特征原则

主视图应较好地反映零件的形状特征，即能较好地将零件各功能部分的形状及相对位置表达出来。

2. 加工位置原则

主视图与零件在机床上加工时的装夹位置一致，以便于看图加工。

3. 工作位置原则

主视图与零件在机器（或部件）中的工作位置一致，以便于对照装配图进行作业。

选择主视图时，上述三个原则并不是总能同时满足，还需要根据零件的类型等情况来确定按哪个原则选择主视图。

8.3.2　其他视图的选择

为了表达清楚该零件的每个组成部分的形状和它们的相对位置，除了主视图外，一般还需要其他视图。选择其他视图时，要考虑需要哪些视图（包括断面），还要考虑到用尺寸注法来表达形状。

8.3.3　典型零件的视图选择

零件结构多种多样，按结构特征大体上可分为轴套类、盘盖类、叉架类、箱体类四类，如图 8.3 −1 所示。

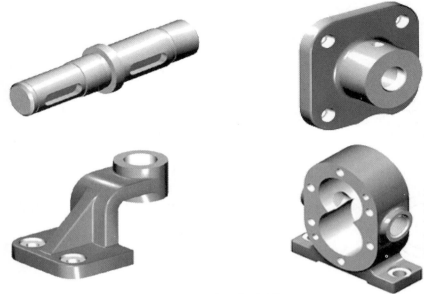

图 8.3 − 1　常见典型零件

1. 轴、套类零件

这类零件主要有轴、套筒等。其主要结构为回转体，长径比较大。这类零件的主要加工过程是在卧式车床上完成的。

轴套类零件主视图应按加工位置原则选择，即画图时将轴线水平放置，表达方法一般采用主视图附加适当的断面图、局部剖视或局部视图等，如图 8.3 −2 所示。

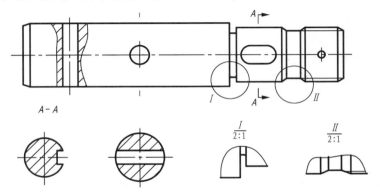

图 8.3 − 2　泵轴的视图选择

2. 盘、盖类零件

这类零件主要有齿轮、带轮、法兰盘及端盖等。其主要结构是回转体，长径比较小，形状特征是扁平的盘状。这类零件的主要加工过程是在卧式车床上完成，因此其主视图采用加工位置原则，轴线水平放置。通常需用两个基本视图来进行表达，如图 8.3 − 3 所示，主视图常取剖视，以表达零件的内部结构，另一基本视图主要表达其外轮廓以及零件上各种孔的分布。

3. 叉架类零件

叉架类零件主要包括支架、连杆、拨叉等，在机器中主要用于支承或夹持零件，其结构形状随工件需要而定，因此一般很不规则，加工位置

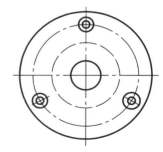

图 8.3 − 3 法兰盘的视图选择

多变，所以，主要依据其工作位置来选择主视图，用局部视图或斜视图表达倾斜部分的形状，用局部剖、断面表达内部结构和肋板断面的形状和结构，如图 8.3 − 4 所示。

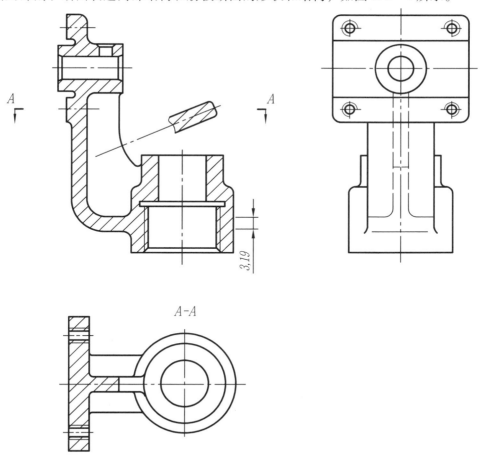

图 8.3 − 4 支架的视图选择

4. 箱体类零件

箱体类零件主要包括箱体、泵体、阀体、机座等，通常起着支承、容纳机器运动部件的作用。因箱体内部具有空腔、孔等结构，形状一般较为复杂，选择其主视图时主要遵循工作位置原则，表达方法一般需要三个基本视图，并配以剖视，断面等方法才能完整、清晰地表达它们的结构，如图 8.3 – 5 所示。

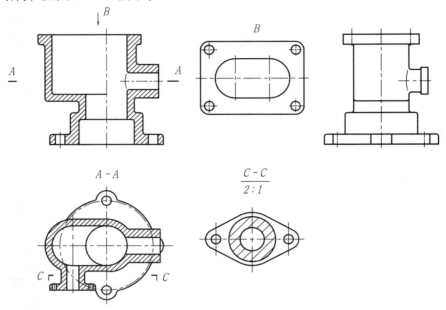

图 8.3 – 5　泵体的视图选择

8.4　零件图的尺寸标注

零件图尺寸标注的基本要求是正确、完整、清晰、合理。所谓合理标注尺寸，就要：

（1）满足设计要求，以保证机器的质量；

（2）满足工艺要求，以便于加工制造和检测。

合理标注尺寸，要考虑下面几个因素。

8.4.1　合理选择尺寸基准

尺寸基准是指零件的设计、制造和测量时，确定尺寸位置的几何元素，也可以理解为标注尺寸的起点。零件的长度、宽度、高度三个方向至少各要有一个尺寸基准，当同一方向有几个基准时，其中之一为主要基准，其余为辅助基准，要合理标注尺寸，必须正确选择尺寸基准。基准有设计基准和工艺基准两种，从设计基准出发标注尺寸，能保证设计要求；从工艺基准出发标注尺寸，则便于加工和测量。

主要基准常采用零件上的对称面、较大的加工面、重要端面、轴肩、对称中心线、轴线等，如图 8.4 – 1 所示。

8.4.2　重要的尺寸应直接标注

重要尺寸是指零件上对机器（或部件）的使用性能和装配质量有直接影响的尺寸，如零

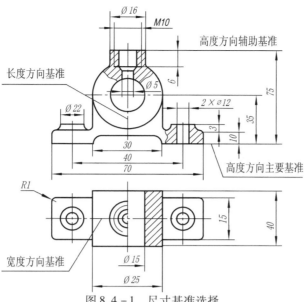

图 8.4 - 1 尺寸基准选择

件间的的配合尺寸、重要的安装和定位尺寸等，这些尺寸必须在图样上直接注出，如图
8.4 - 2中的轴承座，轴承孔的中心高 35 以及安装孔的间距 40 必须直接标出，而不能间接地
通过其他尺寸计算得到，以免造成尺寸误差的积累，（a）为正确的标法，如果按照图（b）的
标注方法，轴承孔的中心高度尺寸必须通过计算得到：轴承孔的中心高度尺寸 = 75 - 40；而
在加工和测量过程中必然会产生误差，从而造成在轴承孔的中心高度尺寸上的误差积累。

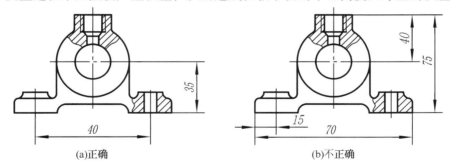

(a)正确   (b)不正确

图 8.4 - 2 重要尺寸直接标出

8.4.3 与加工顺序一致

标注零件尺寸时，应尽可能与加工顺序一致，以方便加工时看图和测量，如图 8.4 - 3
所示的轴，是在车床上加工的，从下料到每一步加工工序，其尺寸都在图中直接标出（图中
51 为重要设计尺寸，直接标出），以方便看图和测量。

8.4.4 避免出现封闭尺寸链

同一方向上的一组尺寸顺序排列时，连成一个封闭回（环）路，其中每一个尺寸，均受
到其余尺寸的影响，这种尺寸回路，称为尺寸链。如图 8.4 - 4 中的 L_1、L_2、L_3、L_4 为一个
尺寸链。标注尺寸时不能按照图（b）的标注方法，形成封闭尺寸链，因为 L_1、为 L_2、L_3、L_4
之和，而每个尺寸在加工中都会产生误差，则 L_1 的误差也是 L_2、L_3、L_4 的误差之和，很难达

到设计要求。因此，设计时通常将某一个最不重要的尺寸（如 L_2）空出不注，形成开链。此环称为终结环或尾环。但有时为了设计、加工、检测或装配时提供参考，也可经计算后把尾环的尺寸加上括号标出（称为参考尺寸）。

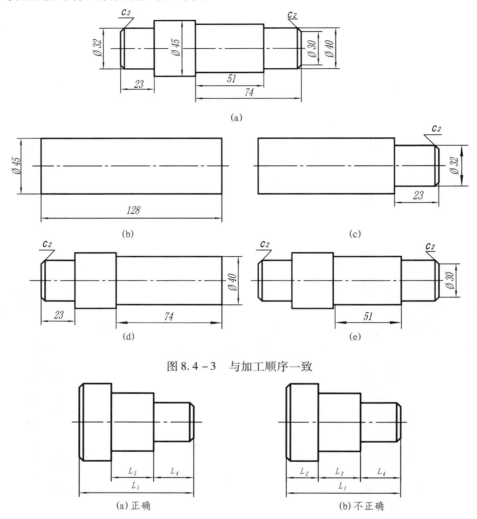

(a)

(b)   (c)

(d)   (e)

图 8.4 - 3　与加工顺序一致

(a) 正确   (b) 不正确

图 8.4 - 4　避免出现封闭尺寸链

8.4.5　尺寸标注要便于测量

标注零件尺寸时，在满足设计要求的前提下，要便于测量和检验，如图 8.4 - 5 所示，图（a）方便测量，如果按照图（b）的标注方法，则尺寸 28 很不方便测量。

8.4.6　加工面与非加工面尺寸

同一方向的加工面与非加工面之间，只能有一个联系尺寸。如图 8.4 - 6 所示的零件是一个圆形罩，只有凸缘底面是加工面。图（a）中用尺寸 A 将加工面与非加工面联系起来，即加工凸缘底面时，保证尺寸 A，其余都是铸造自然形成的；图（b）中加工面间与非加工面有 A、B、C 三个联系尺寸，而在加工底面时，要同时保证 A、B、C 三个尺寸是不可能的。

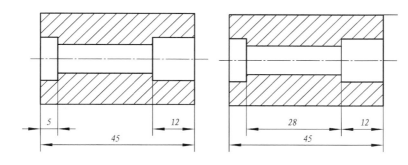

（a）好　　　　　　　　　　　（b）不好

图 8.4 - 5　尺寸标注要便于测量

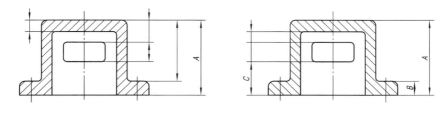

（a）正确　　　　　　　　　　（b）错误

图 8.4 - 6　加工面和非加工面之间只能有一个联系尺寸

8.4.7　零件常见典型结构的尺寸注法

工程中零件常见典型结构的尺寸注法见表 8.4 - 1 和表 8.4 - 2。

表 8.4 - 1　零件常见典型结构的尺寸注法

结构名称	尺　寸　注　法	说　明
倒角	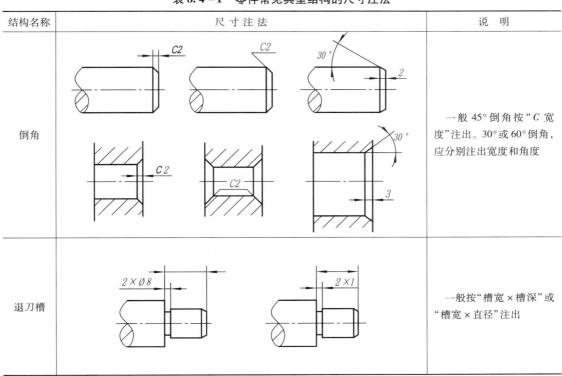	一般 45°倒角按"C 宽度"注出。30°或 60°倒角，应分别注出宽度和角度
退刀槽		一般按"槽宽×槽深"或"槽宽×直径"注出

续表

结构名称	尺寸注法	说　明
正方形结构	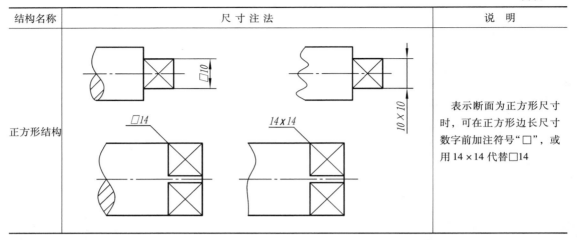	表示断面为正方形尺寸时，可在正方形边长尺寸数字前加注符号"□"，或用14×14代替□14

表8.4－2　零件常见典型结构的尺寸注法

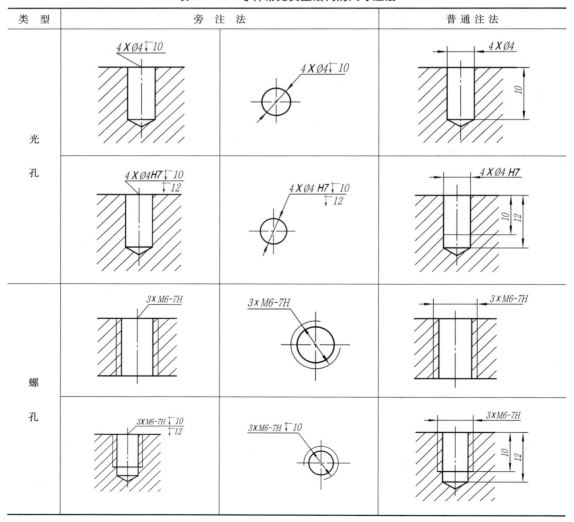

类　型	旁　注　法		普　通　注　法
光孔			
螺孔			

类 型	旁 注 法		普 通 注 法
沉孔	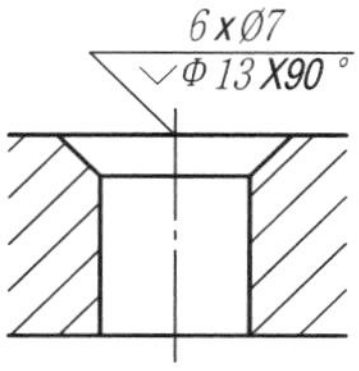 6×∅7 ⊽ ∅13 X90°	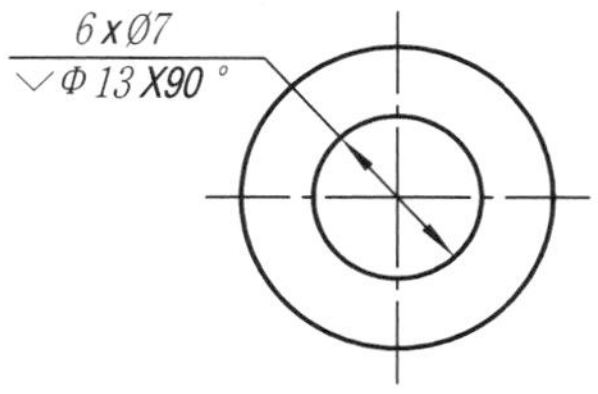 6×∅7 ⊽ ∅13 X90°	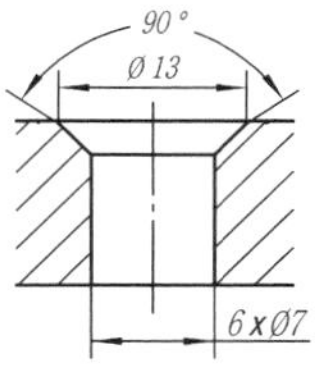 90° ∅13 6×∅7
	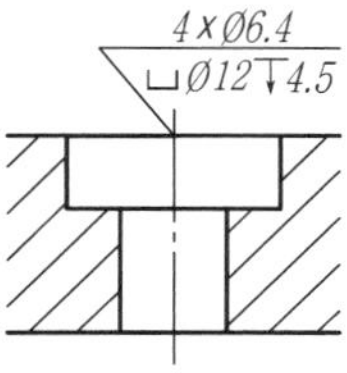 4×∅6.4 ⊔∅12↧4.5	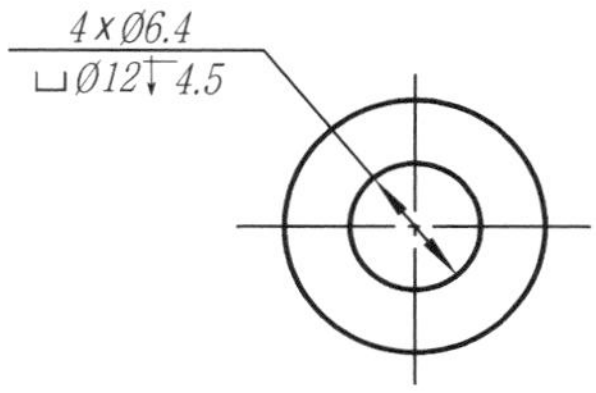 4×∅6.4 ⊔∅12↧4.5	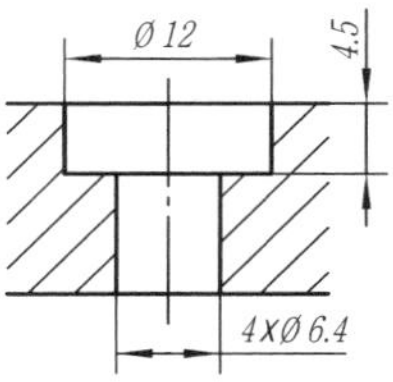 ∅12 4.5 4×∅6.4
	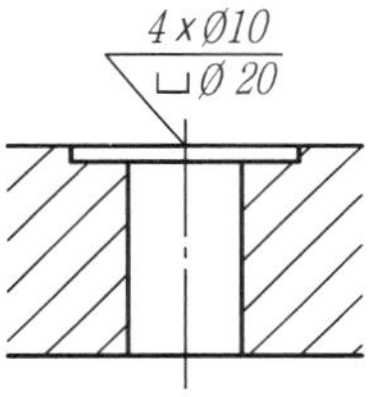 4×∅10 ⊔∅20	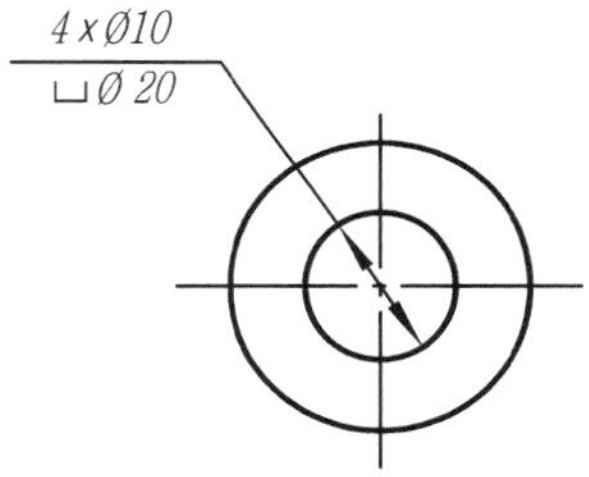 4×∅10 ⊔∅20	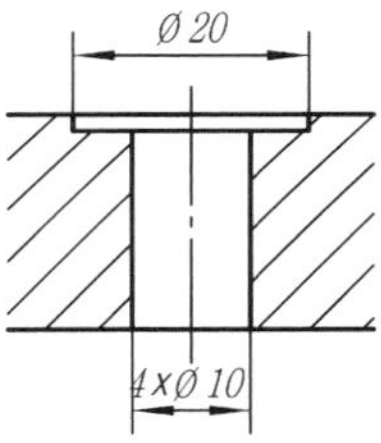 ∅20 4×∅10

8.5 技术要求

零件图上除了要标注出零件的形状尺寸外，还应注明零件在制造和检验时应达到的技术要求，包括表面粗糙度、公差与配合、形位公差及热处理等。其中有些是国标规定的标注方法，如表面粗糙度、公差与配合、形位公差，有些则没有标准的标注方法，需要在"技术要求"中用文字说明。

本节主要介绍国标规定的关于表面结构、极限与配合、形状及位置公差的基本概念和标注方法。

8.5.1 表面结构的图形符号、代号及标注方法

1. 基本概念

零件加工后表面结构可以用三种轮廓参数描述：粗糙度轮廓（R 轮廓）、波纹度轮廓（W 轮廓）和原始轮廓（P 轮廓）。表面粗糙度轮廓是微观凹凸不平的几何形状特征，它是反映零件表面质量高低的标志之一。

国家标准 GB/T 3505—2009 中定义了表面结构轮廓的定义、术语和参数，评定表面粗糙度轮廓的常用参数有轮廓算术平均偏差 R_a 及轮廓的最大高度 R_z。表面粗糙度 R_a 不同参数值的加工方法和应用举例见表 8.5 – 1。R_a 值越小，表面越光滑，但加工成本也越高。所以，在满足使用要求的前提下，尽量选用较大的 R_a 值。

表 8.5 - 1　不同表面粗糙度轮廓参数的加工方法和应用举例

$R_a/\mu m$	主要加工方法	应用举例
50	粗车、粗铣、粗刨、钻、粗纹锉刀、粗砂轮加工等	粗糙度最大的加工面，一般较少使用
25		
12.5	粗车、刨、立铣、平铣、钻等	不重要的接触面或不接触面。如螺钉孔、轴的端面、倒角、机座底面等
6.3	精车、精铣、精刨、铰、镗、粗磨等	较重要的接触面，没有相对运动的接触面，如键和键槽工作表面；转动和滑动速度不高的接触面，如轴套、齿轮的端面
3.2		
1.6		
0.8	精车、精铰、精拉、精镗、精磨等	要求较高的接触面，如与滚动轴承配合的表面、锥销孔等；转动和滑动速度较高的接触面，如齿轮的工作面、导轨表面、主轴轴颈表面等
0.40		
0.20		
0.10	研磨、抛光、超级精细研磨等	要求密封性能较好的表面，转动和滑动速度极高的接触面，如精密量具表面、汽缸内表面及活塞环表面、精密机床主轴轴颈表面等
0.05		
0.025		
0.012		
0.006		

2. 表面结构的图形符号
（1）表面结构的符号和意义　见表 8.5 - 2。

表 8.5 - 2　表面结构的符号和含义

符　号	含　义
√	基本图形符号 表示未指定加工工艺方法的表面，仅用于简化代号标注，没有补充说明时不能单独使用
√ (带圈)	不去除材料的扩展图形符号 表示用不去除材料的方法获得的表面，如铸造、锻、冲压等；也可表示保持上道工序形成的表面，不管这种状况是通过去除材料或不去除材料形成的
√ (带横线)	去除材料的扩展图形符号 表示用去除材料的方法获得的表面，如车、铣、刨等机械加工方法；当仅表示"被加工表面"时，才能单独使用
√ √ √	完整图形符号 用于标注表面结构的补充信息
√ √ √ (带圈)	带有补充注视的图形符号 对投影视图上封闭的轮廓线所表示的各表面有相同的表面结构要求

（2）表面结构符号的画法　如图8.5－1所示。

数字和字母高度/h（见 GB/T 14690）	2.5	3.5	5	7	10	14	2
符号线宽 d'	0.25	0.35	0.5	0.7	1	1.4	2
字母线宽 d							
高度 H₁	3.5	5	7	10	14	20	28
高度 H₂（最小值）	7.5	10.5	15	21	30	42	60

图 8.5－1　表面结构的画法

（3）表面结构代号

表面结构代号一般由完整图形符号、单一要求（参数代号及参数值）、必要的补充要求等组成，补充要求包括传输带、取样长度、表面纹理及方向、加工余量等。在图样上标注时，若采用默认定义且没有补充要求时，可采用简化的代号标注，即将表面结构轮廓的参数代号及参数值写在完整图形符号的长线下方，为了避免误解，在参数代号及参数值之间应插入空格。表8.5－3中给出了默认定义时表面粗糙度轮廓代号的写法示例和含义。

表 8.5－3　默认定义时表面粗糙度轮廓代号

代号示例（GB/T 131—2006）	代 号 意 义
⊽ Ra 3.2	表示不允许去除材料，单向上限值，R_a 的上限值是 3.2μm
√ Ra 3.2	表示去除材料，单向上限值，R_a 的上限值是 3.2μm
√ Ra max1.6	表示去除材料，单向上限值，R_a 的最大值是 1.6μm
√ U Ra 3.2 L Ra 1.6	表示去除材料，双向上限值，R_a 的上限值是 3.2μm，Ra 的下限值是 1.6μm
√ Rz 3.2	表示去除材料，单向上限值，R_z 的上限值是 1.6μm

3. 表面结构要求代号在图样中的标注

根据 GB/T 131—2006 规定，表面结构符号应标在可见轮廓线、尺寸线、引出线或它们的延长线上，符号尖端由材料外部指向并接触被测表面；在同一张图上，每一个表面标注一次代号。表面结构参数值的大小、方向与图中尺寸数字的大小、方向应一致。表8.5－4给出了表面结构中表面粗糙度轮廓的一些标注示例。

表8.5－4　表面结构粗糙度轮廓的标注示例

标注图例	说明
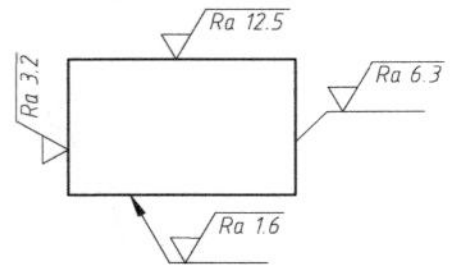	表面结构要求的注写和读取方向与尺寸的注写和读写方向一致，对每一个表面一般只标注一次
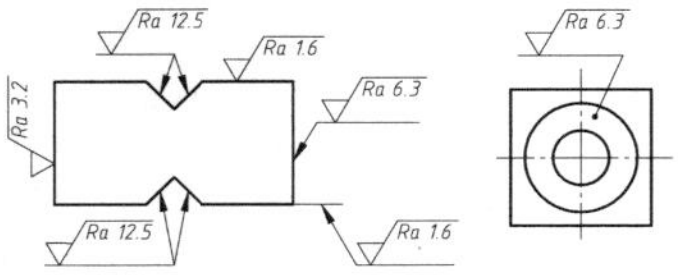	表面结构要求可标注在轮廓线上，其符号应从材料外指向并接触表面。必要时，表面结构符号也可用带箭头或黑点的指引线引出标注
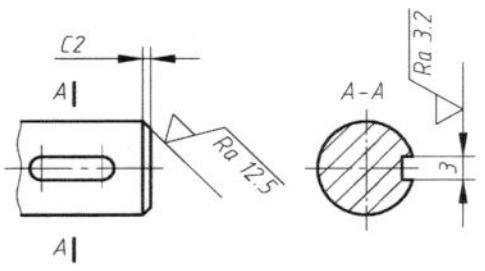	表面结构要求和尺寸可以标注在同一尺寸线上。键槽两侧壁的表面结构要求见 $A-A$ 断面图，倒角的表面结构要求见主视图
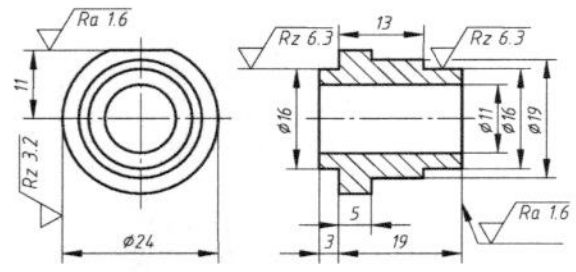	表面结构要求可以直接标注在尺寸界线上，或用带箭头的指引线引出标注。表面结构要求尽可能与相应的尺寸及公差注在同一视图上
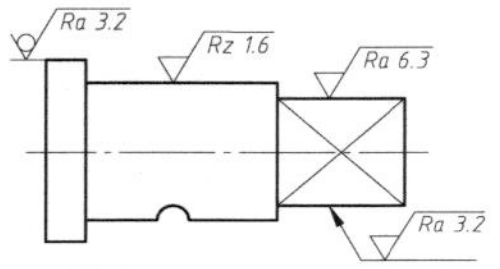	圆柱和棱柱表面的表面结构要求只标注一次。如果每个棱柱表面有不同的表面结构要求，则应分别标注
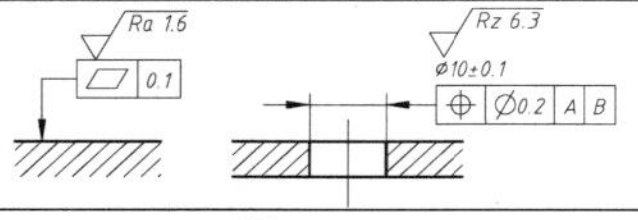	表面结构要求可标注在形位公差框格的上方
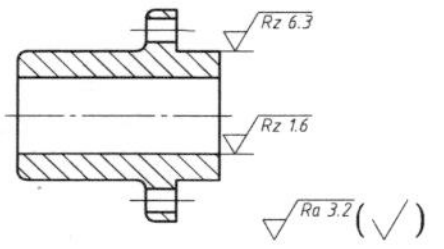 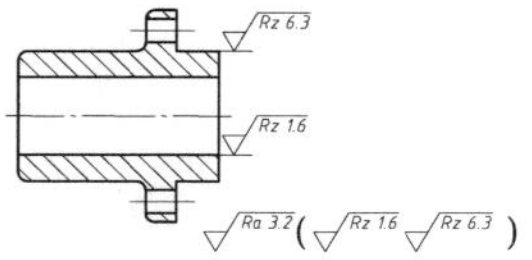	有相同表面结构要求的简化注法 如果工件的多数(包括全部)表面有相同的表面结构要求，则其表面结构要求可按简化注法统一标注在图样的标题栏附近。此时(除全部表面有相同要求的情况除外)，所注表面结构要求的代号后面应有： 在圆括号内给出无任何其它标注的基本符号，见图(a)； 在圆括号内给出不同的表面结构要求，见图(b)
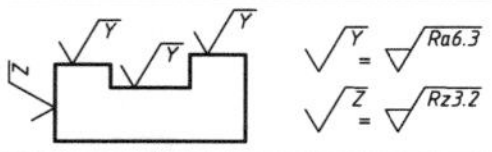	当多个表面具有相同的表面结构要求或图纸空间有限时，可用带字母的完整符号，以等式的形式，在图形或标题栏附近进行简化标注
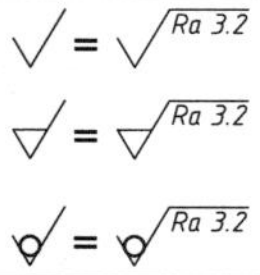	只用表面结构符号的简化注法 当多个表面具有相同的表面结构要求，可以在图形中只标注表面结构的基本或扩展图形符号，在标题栏附近以等式的形式给出对多个表面共同的表面结构要求
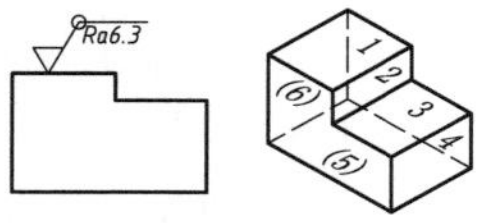	当某个视图上构成封闭轮廓的各表面有相同的表面结构要求时，应在完整图形符号上加一圆圈，标注在图样中工件的封闭轮廓线上。 图示的封闭轮廓线是指 1～6 的六个表面，不包括前后面。

8.5.2 尺寸公差与配合

在零件的批量大生产中，要求同一规格的零件不经过任何挑选和修配，就可以顺利地装配到有关部件或机器上，并能满足使用要求，零件的这种性质称为互换性。由于零件在制造时尺寸不可能做得绝对准确，它有一个变动范围。只要零件的实际尺寸在规定的范围内变动，这个零件在尺寸上就是合格的。规定的尺寸变动范围（变动量）称为尺寸公差。尺寸公差的大小以满足使用要求为准。为了保持互换性和制造零件的需要，国家标准 GB/T 1800.1—1997、GB/T 1800.2—1998、GB/T 1800.3—1998、GB/T 1800.4—1999 规定了尺寸公差的标准。

1. 有关术语

（1）基本尺寸 设计时所给定的尺寸。

（2）实际尺寸 实际测量时所得到的尺寸。

（3）极限尺寸 允许尺寸变化的两个界限值：

最大极限尺寸 界限值中最大的一个尺寸。

最小极限尺寸 界限值中最小的一个尺寸。

（4）极限偏差 极限尺寸减基本尺寸所得的代数差。

$$上偏差 = 最大极限尺寸 - 基本尺寸$$
$$下偏差 = 最小极限尺寸 - 基本尺寸$$

上、下偏差统称为极限偏差，可以为正、负或零。孔的上、下偏差分别用大写字母 ES 和 EI 表示，轴的上、下偏差分别用小写字母 es 和 ei 表示。

（5）尺寸公差 允许尺寸的变动量。

$$尺寸公差 = 最大极限尺寸 - 最小极限尺寸$$

公差永远为正值。公差以上、下偏差的形式注出。

（6）标准公差和公差等级 国家标准规定的用以确定公差带大小的标准化数值称为标准公差，用字母 IT 表示。标准公差分为 20 个等级，用以确定尺寸精确程度。即 IT01，IT0，IT1，…IT18。同一公差等级，基本尺寸越大，公差带越大；同一基本尺寸，公差从 IT01 至 IT18 由小变大，精度依次降低。标准公差等级见附录 5 附表 5 - 1。

（7）公差带 由代表上、下偏差的两条直线所限定的区域称为公差带，如图 8.5 - 2（b），用公差带图表示。公差带的宽度反映公差值的大小。

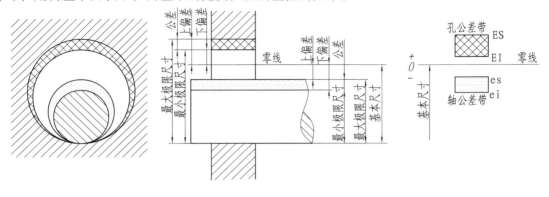

图 8.5 - 2 尺寸公差术语

（8）零线　在公差带图中，表示基本尺寸的一条直线，它的偏差为零，因此称其为"零线"，并用它作为确定偏差的基准线。零线上方为正偏差，下方为负偏差。

（9）基本偏差　用以确定公差带相对于零线位置的上偏差或下偏差。一般指靠近零线的那个偏差。若公差带位于零线之上，基本偏差为下偏差；若公差带位于零线之下，基本偏差为上偏差。

国家标准规定了轴和孔各有28个基本偏差，如图8.5－3所示，大写字母代表孔，小写字母代表轴。孔和轴的基本偏差见附录5附表5－2、附表5－3。

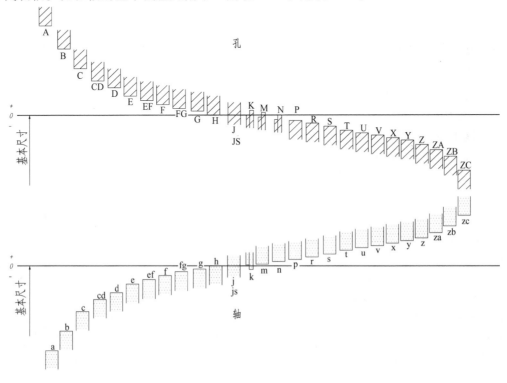

图 8.5－3　基本偏差系列

2. 配合的种类

根据轴和孔结合时的松紧程度，国标规定有三种类型的配合：

（1）间隙配合　具有间隙的配合（包括最小间隙为零），如图8.5－4所示；

（2）过盈配合　具有过盈的配合（包括最小过盈为零），如图8.5－5所示；

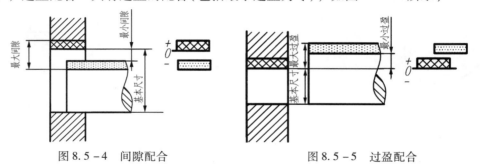

图 8.5－4　间隙配合　　　　　图 8.5－5　过盈配合

（3）过渡配合　可能具有间隙，也可能具有过盈的配合。此时，孔的公差带与轴的公差带相互交叠，如图 8.5－6 所示。

3. 配合的基准制

通过改变孔和轴的公差带相对位置，可以得到不同的配合。为了便于设计制造，国标规定了两种配合制基准，即基孔制和基轴制。

（1）基孔制

基本偏差为一定的孔的公差带，与不同基本偏差的轴的公差带组成的各种配合，如图 8.5－7 所示。基孔制的孔称为基准孔，用基本偏差代号"H"表示，其下偏差为零。

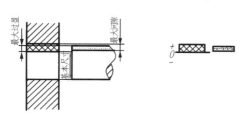

图 8.5－6　过渡配合

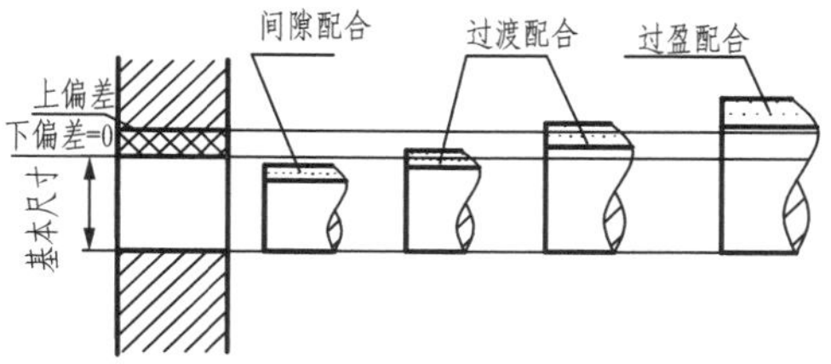

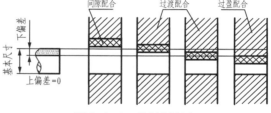

图 8.5－7　基孔制配合

（2）基轴制

基本偏差为一定的轴的公差带，与不同基本偏差的孔的公差带组成的各种配合，如图 8.5－8 所示。基轴制的轴称为基准轴，用基本偏差代号"h"表示，其上偏差为零。

设计中选用哪种基准制，要从具体的结构、工艺要求等方面考虑。无具体要求时，由于轴比孔加工容易，所以应优先选用基孔制。表 8.5－5 列出了基孔制的优先、常用配合；表 8.5－6 列出了基轴制的优先、常用配合。

图 8.5－8　基轴制配合

4. 公差与配合在图样上的标注

（1）在零件图上的标注

在零件图上标注公差有三种形式：在基本尺寸之后，或标注出公差带代号，或标出上、下偏差值，或两者同时标出，如图 8.5－9 所示。

表 8.5－5　基孔制的优先、常用配合

基孔制	轴																					
	a	b	c	d	e	f	g	h	js	k	m	n	p	r	s	t	u	v	x	y	z
	间隙配合								过渡配合			过盈配合										
H6						$\dfrac{H6}{f5}$	$\dfrac{H6}{g5}$	$\dfrac{H6}{h5}$	$\dfrac{H6}{js5}$	$\dfrac{H6}{k5}$	$\dfrac{H6}{m5}$	$\dfrac{H6}{n5}$	$\dfrac{H6}{p5}$	$\dfrac{H6}{r5}$	$\dfrac{H6}{s5}$	$\dfrac{H6}{t5}$					
H7						$\dfrac{H7}{f6}$	$\dfrac{H7}{g6}$	$\dfrac{H7}{h6}$	$\dfrac{H7}{js6}$	$\dfrac{H7}{k6}$	$\dfrac{H7}{m6}$	$\dfrac{H7}{n6}$	$\dfrac{H7}{p6}$	$\dfrac{H7}{r6}$	$\dfrac{H7}{s6}$	$\dfrac{H7}{t6}$	$\dfrac{H7}{u6}$	$\dfrac{H7}{v6}$	$\dfrac{H7}{x6}$	$\dfrac{H7}{y6}$	$\dfrac{H7}{z6}$

续表

基孔制	轴																				
	a	b	c	d	e	f	g	h	js	k	m	n	p	r	s	t	u	v	x	y	z
H6	间 隙 配 合								过 渡 配 合			过 盈 配 合									
H8					H8/e7	H8/f7	H8/g7	H8/h7	H8/js7	H8/k7	H8/m7	H8/n7	H8/p7	H8/r7	H8/s7	H8/t7	H8/u7				
H8				H8/d8	H8/e8	H8/f8		H8/h8													
H9			H9/c9	H9/d9	H9/e9	H9/f9		H9/h9													
H10			H10/c10	H10/d10				H10/h10													
H11	H11/a11	H11/b11	H11/c11	H11/d11				H11/h11													
H12		H12/b12						H12/h12	常用配合59种，其中优先配合(加下划线的)13种												

表 8.5－6 基轴制的优先、常用配合

基轴制	孔																				
	A	B	C	D	E	F	G	H	JS	K	M	N	P	R	S	T	U	V	X	Y	Z
	间 隙 配 合								过 渡 配 合			过 盈 配 合									
h5						F6/h5	G6/h5	H6/h5		K6/h5	M6/h5	N6/h5	P6/h5	R6/h5	S6/h5	T6/h5					
h6						F7/h6	G7/h6	H7/h6	JS7/h6	K7/h6	M7/h6	N7/h6	P7/h6	R7/h6	S7/h6	T7/h6	U7/h6				
h7					E8/h7	F8/h7		H8/h7	JS8/h7	K8/h7	M8/h7	N8/h7									
h8				D8/h8	E8/h8	F8/h8		H8/h8													
h9				D9/h9	E9/h9	F9/h9		H9/h9													
h10				D10/h10				H10/h10													
h11	A11/h11	B11/h11	C11/h11	D11/h11				H11/h11													
h12		B12/h12						H12/h12	常用配合47种，其中优先配合(加下划线的)13种												

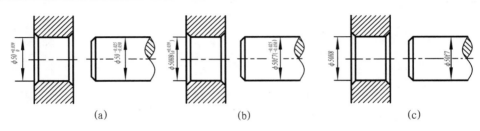

(a)   (b)   (c)

图 8.5－9 公差与配合在零件图上的标注

注写时应该注意：

- 偏差数值的数字应比基本尺寸数字的字号小一号；
- 下偏差应与基本尺寸注在同一底线上，上偏差应注在基本尺寸的右上方；
- 上、下偏差数值相同时，在数值前加"±"号，数字的大小与基本尺寸相同，如$\phi20 \pm 0.15$；
- 如有一个偏差为零时，仍应标出；
- 同时标出公差代号和偏差数值时，偏差数值应写在代号之后的括号内。

（2）在装配图上的标注

在装配图上，公差与配合需在基本尺寸的后面用分数形式标出，分子为孔的公差带代号，分母为轴的公差带代号，如图 8.5 – 10(a)所示。

当零件与标准件、外购件(如轴承)配合时，只需要标注零件(非标准件)的公差带代号，如图 8.5 – 10(b)所示。

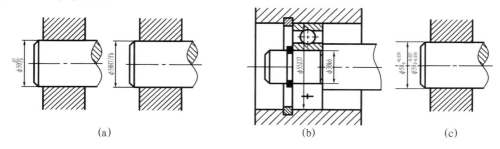

(a)   (b)   (c)

图 8.5 – 10　公差与配合在装配图上的标注

装配图上标注配合零件的极限偏差时，一般按图 8.5 – 10(c)的形式注出。

8.5.3　形状和位置公差

形状和位置公差，简称形位公差，是指零件的实际形状和实际位置对理想形状和理想位置的允许变动量。对于一般零件的形状和位置公差可由尺寸公差、加工机床的精度等加以保证。对要求较高的零件，则根据设计要求，在零件图上注出有关的形状和位置公差。如图 8.5 –11(a)所示，为了保证滚柱工作质量，除了注出直径的尺寸公差外，还需要注出滚柱

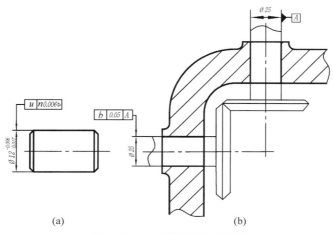

(a)   (b)

图 8.5 – 11　形状和位置公差

轴线的形状公差，这个代号表示滚柱实际轴线与理想轴线之间的变动量——直线度，必须保持在 $\phi0.006$ mm 的圆柱面内。又如图 8.5－11（b）所示，箱体上两个孔是安装锥齿轮的轴的孔，如果两孔安装轴线歪斜太大，就会影响锥齿轮的啮合传动。为了保证正常的啮合，应该使两孔轴线保持一定的垂直位置，所以要标注位置公差——垂直度，这个代号说明水平孔的轴线，必须位于距离为 0.05mm 且垂直于铅垂孔的轴线的两平行平面之间，A 为基准代号字母。

国家标准 GB/T 1182—2008 规定了形位公差的标注方法。在实际生产中，当无法用代号标注形位公差时，允许在技术要求中用文字说明。

形位公差代号包括：形位公差特征项目的符号（见表 8.5－7），框格及指引线，形位公差数值和其他有关符号，以及基准代号等，如图 8.5－12。框格中字体的高度 h 与图样中的尺寸数字等高。

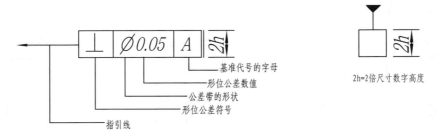

图 8.5－12　形位公差及基准代号

表 8.5－7　形位公差特征项目及符号

公差类型	几何特征	符号	有无基准
形状公差	直线度	―	无
	平面度	▱	无
	圆　度	○	无
	圆柱度	⌀	无
	线轮廓度	⌒	无
	面轮廓度	◠	无
方向公差	平行度	∥	有
	垂直度	⊥	有
	倾斜度	∠	有
	线轮廓度	⌒	有
	面轮廓度	◠	有

续表

公 差 类 型	几 何 特 征	符 号	有 无 基 准
位置公差	位置度	⊕	有或无
	同心度 （用于中心点）	◎	有
	同轴度 （用于轴线）	◎	有
	对称度	≡	有
	线轮廓度	⌒	有
	面轮廓度	◠	有
跳动公差	圆跳动	↗	有
	全跳动	↗↗	有

如图 8.5 – 11，当被测要素为线或表面时，从框格引出的指引线箭头，应指在该要素的轮廓线或其延长线上。当被测要素为直线时，如 $\phi12_{-0.017}^{-0.0016}$ 滚柱轴线，孔 $\phi25$ 的轴线，应将箭头与该被测尺寸要素的尺寸线对齐，如直线度箭头与 $\phi12_{-0.017}^{-0.0016}$ 的尺寸线对齐，垂直度的箭头与 $\phi25$ 的尺寸线对齐。当基准要素为直线时，基准线与基准要素的尺寸线对齐。

8.6　典型零件的工程图分析

8.6.1　轴类零件图

轴是机器中重要的零件。轴的主要作用是传递运动和转矩，齿轮、带轮、链轮等转动零件一般都装在轴上，如图 8.6 – 1。其基本形状为圆柱体，其他常见的结构有阶梯轴、键槽、退刀槽、倒角、倒圆、销孔、小平面等。轴类零件图的特点是：轴线水平放置的主视图配以

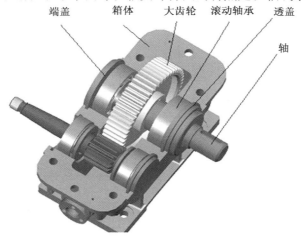

图 8.6 – 1　减速器轴系

断面图或局部放大图表示轴上各种结构。

减速器轴系装配图如图 8.6 - 2 所示,轴的零件图如图 8.6 - 3 所示。

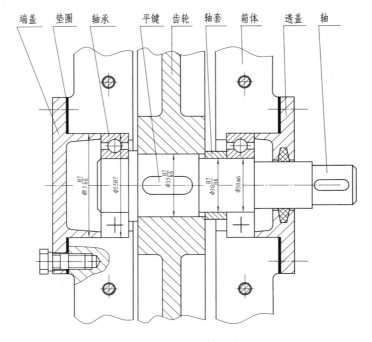

图 8.6 - 2 减速器轴系装配图

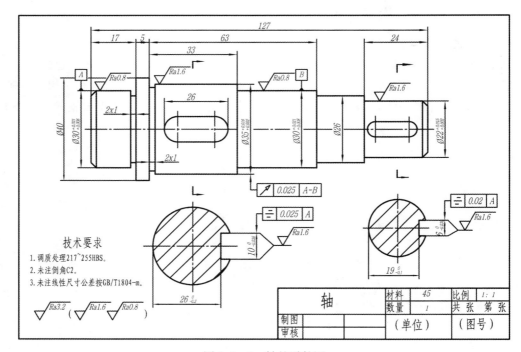

图 8.6 - 3 轴的零件图

1. 概括了解

由标题栏可以了解到：零件名称轴，材料 45 钢，画图比例 1:1，与实物大小一致。轴类零件一般都是经切削加工而形成的。

根据减速器轴系装配图（图 8.6 - 2）可以看出，轴由一对滚动轴承支承在箱体孔内，右端伸出箱体部分有键槽，用于连接主动小齿轮，是轴的动力输入端，中间一段有键与被动大齿轮连接，将动力减速后输出。

2. 分析视图和零件的结构形状

看视图：轴由一个基本视图和两个断面图表达，主视图按轴的加工位置轴线水平放置。由于轴上零件的固定及定位要求，其形状为阶梯形，用移出断面图表达键槽结构。

3. 分析尺寸和技术要求

轴的径向尺寸基准是轴的水平轴线，所有径向尺寸由此注出。凡是尺寸数字后面有公差的，说明该部分与其他零件有配合关系。如 $\phi30n6\left(^{+0.028}_{+0.015}\right)$ 是轴与轴承的配合，由于轴承是标准件，所以一般轴与轴承孔的配合都是基轴制的过渡配合，使得轴承内圈与轴抱紧一起旋转。轴的轴向基准是左端面，由此标出轴的总长 127mm，为符合加工顺序，标出 17、5、63 等尺寸，退刀槽尺寸 2×1 直接注出。

安装轴承与齿轮的部分，因为有配合要求表面粗糙度要求较高。

轴经过调质处理，硬度达到 217～255 布压硬度。轴前后两端的倒角为 C2。

4. 综合归纳

得出轴的立体形状，如图 8.6 - 4。

8.6.2 盘盖类零件图

盘盖类零件包括法兰盘、端盖、齿轮、带轮、链轮、凸轮等。盘类零件主要由不同直径的同心圆柱面所组成，其厚度相对于直径小得多，成盘状，周边常分布一些孔、槽等。图 8.6 - 5 为端盖零件图。

图 8.6 - 4　轴的立体图

1. 由标题栏概括了解

由标题栏可以了解到：零件名称端盖，材料为铸铁，画图比例 1:1。主体部分为两段圆柱。根据图 8.6 - 1 可以知道：此零件的主要作用是保护旋转的轴头和防止漏油，由均匀分布的 4 个螺钉固定在箱体上。凸缘部分顶住滚动轴承的外圈，使其不能轴向移动。凹槽的作用是减少加工面。

2. 分析视图和零件的结构形状

盘盖类零件通常采用两个视图表达，主视图轴线水平放置，采用全剖视图，表达中部带锥度的孔、凹槽、周边小圆孔及右端凸缘的结构；用左视图表达孔、槽的分布情况。

3. 分析尺寸和技术要求

盘盖类零件多是回转体，所以通常以轴孔的轴线作为径向尺寸基准，由此注出 $\phi100$、$\phi52$、$\phi62$、$\phi62h8$、$\phi82$ 各直径尺寸。其中 $\phi62h8$ 处与箱体有配合要求。端盖的右端面为轴向尺寸基准，由此注出 24、16 长度方向的尺寸，端盖左端面为辅助基准，由此注出 2 表示凹槽深度。

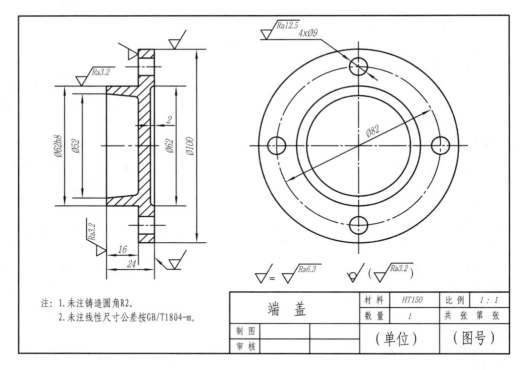

注：1. 未注铸造圆角R2。
     2. 未注线性尺寸公差按GB/T1804-m。

端　盖	材　料	HT150	比　例	1：1
	数　量	1	共 张 第 张	
制图			（单位）	（图号）
审核				

图 8.6 - 5　端盖零件图

　　有配合要求的表面 $\phi62h8$ 处及有重要定位要求的右端面表面
粗糙度较高，用于普通连接的光孔一般 R_a 值为 $12.5\mu m$。$\phi100$ 的
外圆柱面、$\phi52$ 的锥孔面等是铸造面，不用加工。

　　4. 综合归纳

　　端盖的立体形状如图 8.6 - 6 所示。

8.6.3　箱体、支架类零件图

　　1. 概括了解

图 8.6 - 6　端盖立体图

　　图 8.6 - 7 为泵体零件图。由标题栏可知：零件名称为泵体。
泵是将机械能转化成压力能的设备，一般有气泵、油泵和水泵。
泵体是承载零件，一般都由可容纳其他零件的腔体部分、流体的进出口部分和支撑部分组
成。材料是铸铁。绘图比例1：2。

　　2. 分析视图和零件的结构形状

　　该零件由三个视图表达，主视图是全剖视图，表达了泵体内部结构。俯视图取了局部
剖，表达进出油口的结构，左视图是外形图，表达了两个三角形支撑板的形状。

　　从三个视图看，泵体由三部分组成：

　　（1）半圆柱形的壳体，其圆柱形的内腔用于容纳其他零件。

　　（2）两块三角形的安装板。

　　（3）两个圆柱形的进出油口，分别位于泵体的右边和后边。

　　3. 分析尺寸和技术要求

　　长度方向的尺寸基准是安装板的端面，宽度方向的尺寸基准是泵体前后对称面，高度方

向的尺寸基准是泵体的上端面。47 ± 0.1、60 ± 0.2 是主要尺寸，加工时必须保证。进出油口及顶面尺寸：M14 × 1.5 − 7H，M33 × 1.5 − 7H，都是细牙普通螺纹。

端面粗糙度 R_a 值分别为 3.2、6.3，要求较高，以便对外连接紧密，防止漏油。

4. 综合归纳

泵体的立体形状如图 8.6 − 8 所示。

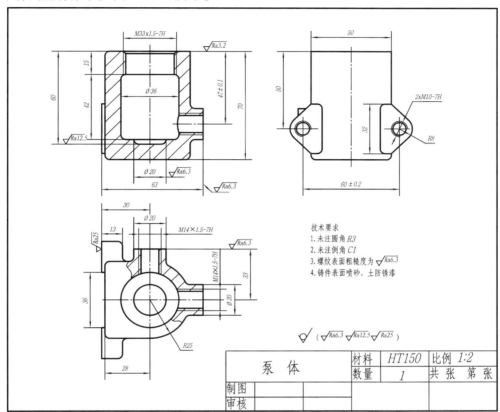

图 8.6 − 7　泵体零件图

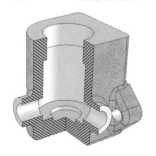

图 8.6 − 8　泵体立体图

第9章 装配图

　　表达机器或部件的图样称为装配图。装配图表达了机器或部件的结构形状、装配关系、工作原理和技术要求，它是装配、调整、检验、维修等工作中的重要技术文件。

　　在产品设计时，一般先画出装配图，再根据装配图绘制零件图。

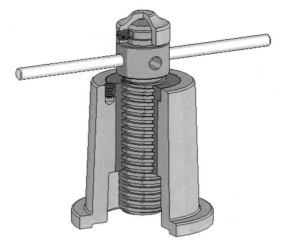

图 9.1 – 1　千斤顶

9.1　装配图的内容

　　图 9.1 – 1 是一个千斤顶，其装配图如图 9.1 – 2 所示。从图中看出装配图中一般包括以下内容：

　　（1）一组视图　选择一组基本视图和恰当的表达方法（断面、剖视等），表达出各组成零件的相互位置和装配关系，部件或机器的工作原理和结构特点。

　　（2）必要的尺寸　反映机器或部件的规格、性能、零件之间的相对位置及配合、部件的外形及安装所需要的尺寸。

　　（3）技术要求　说明机器或部件在装配、安装、调试和检验中应达到的要求，一般用文字写出。

　　（4）零件序号及明细表　对每个不同的零部件编写序号，并在明细表中填写名称、材料、数量等内容。

　　（5）标题栏　在图幅右下角填写部件或机器的名称、比例、图号及设计、审核人员签名等内容。

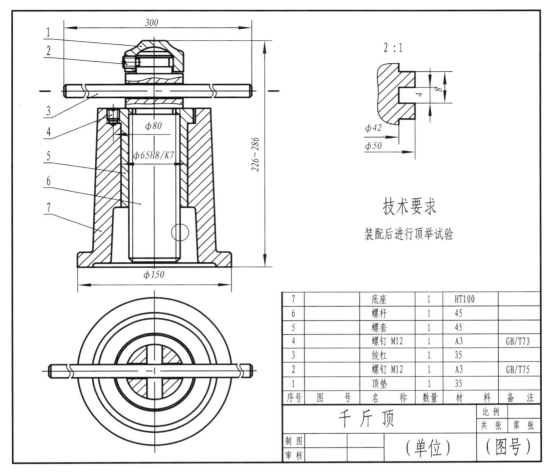

技术要求

装配后进行顶举试验

7		底座	1	HT100	
6		螺杆	1	45	
5		螺套	1	45	
4		螺钉 M12	1	A3	GB/T73
3		绞杠	1	35	
2		螺钉 M12	1	A3	GB/T75
1		顶垫	1	35	
序号	图　号	名　　称	数量	材　料	备　注

千斤顶　　比例　共张 第张

制图　审核　（单位）（图号）

图 9.1 - 2　千斤顶装配图

9.2　装配图的规定画法和表达方法

各种视图、剖视图、断面图等表达机件的方法都适用于装配图。本节介绍装配图的规定画法和特殊表达方法。

9.2.1　装配图的规定画法

装配图的规定画法在第 7 章 7.1.3 节"螺纹紧固件的连接"中已作过介绍，这里再进一步说明。

（1）两相邻零件的接触表面,画一条轮廓线。不接触的表面,应分别画出各自的轮廓线。

（2）相邻零件的剖面线的倾斜方向应相反，或者方向相同间距不同，以示区分。

（3）同一零件在各视图中的剖面线方向、间距应一致。

（4）当剖切平面沿纵向通过包括轴线或对称面在内的实心件时(如轴、手柄、键、销、螺钉、螺母、肋板等)，这些零件按不剖切绘制。如实心件上有些结构或装配关系需要表达时，可用局部剖的形式。

9.2.2　装配图的特殊表达方法

1. 沿零件的结合面剖切和拆卸画法

在装配图中，当某些零件遮住了其他需要表达的零件或装配关系时，可假想沿零件的结合面剖切，或假想将某些零件拆卸后再画图，需要说明时可加注"拆去××等"，如图 9.2 - 1 的滑动轴承的俯视图，其右半部分就是假想沿结合面切开。沿结合面剖切时，结合面上不画剖面线，被切断的连接件画剖面线。图 9.2 - 1 的齿轮油泵的左视图，采用的是拆卸画法。

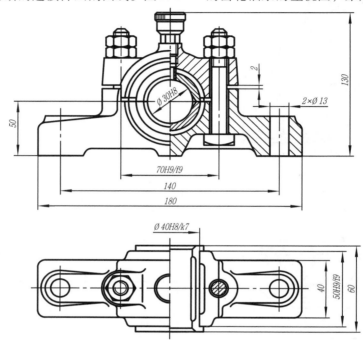

图 9.2 - 1　轴承座

2. 简化画法(如图 9.2 - 2 所示)

(1) 在装配图中若干相同的零件组(如螺栓连接等)，可仅画出一组，其余只需用点画线表示其装配位置。

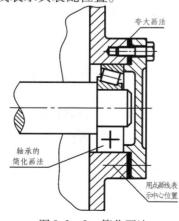

图 9.2 - 2　简化画法

(2) 在装配图中，零件的工艺结构(如倒角、退刀槽等)可省略不画，螺纹紧固件和滚动轴承均可按简化画法绘制。

(3) 宽度小于或等于 2 mm 的狭小断面，可用涂黑代替剖面符号。

3. 夸大画法

在装配图中的薄片、小间隙等，如按实际尺寸画出表示不明显时，允许把它们的厚度、间隙适当放大画出(如图 9.2 - 2 所示)。

4. 假想画法

当需要表示运动零件的极限位置时，极限位置的轮廓线可用双点画线表示，如图 1.1 - 13 所示。对于不属于本部件，但与本部件有装配关系的零（部）件也可以用双点画线表示（如图 9.7 - 2 所示）。

9.3 装配图中的尺寸

在装配图中只需标注以下五类尺寸：

（1）规格或性能尺寸 用以表明机器或部件的规格或性能，它是设计和选用产品时的主要依据，如图 9.2 - 1 中的 $\phi 30H8$。

（2）装配尺寸 包括零件之间有配合要求的尺寸及装配时需保证的相对位置尺寸，如图 9.2 - 1 中的 $\phi 40H8/k7$。

（3）安装尺寸 将部件安装到基座或其他部件上所需的尺寸，如图 9.2 - 1 中的安装孔的中心距尺寸 140。

（4）外形尺寸 表示机器（或部件）的总长、总宽、总高尺寸，供安装、包装、运输时参考，如图 9.2 - 1 中的尺寸 180、60、130。

（5）其他重要尺寸 指设计中经过计算或选定的重要尺寸，以及其他必须保证的尺寸等，如图 9.2 - 1 中的轴承孔的中心高尺寸 50。

上述各种尺寸并不是在每张装配图中必须标注齐全，应视具体情况而定。

9.4 装配图中的零、部件序号和明细表

在装配图中，应对每种零件编写序号，并在明细表中依据零件的序号说明零件的名称、数量、材料等项。标题栏用于填写机器的名称、规格、比例、图号及设计、制图、审核人员的签名等。

1. 零件序号

装配图中所有零、部件必须编写序号。《机械制图》的国家标准规定：

（1）相同的零、部件用一个序号，只标注一次；

（2）序号注写在指引线的水平线上或圆内，序号文字比该图尺寸数字大一号或两号，如图 9.4 - 1(a)所示；

（3）指引线自所指零件的轮廓线内引出，引出端点一圆点；若所指零件很薄，不宜画圆点时，可用箭头指向所指零件，如图 9.4 - 1(b)所示；

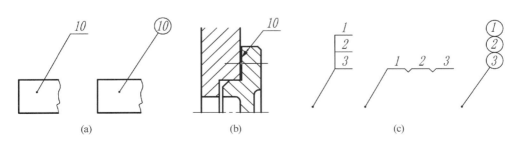

(a)　　　　　　　(b)　　　　　　　(c)

图 9.4 - 1 序号排列方法

（4）指引线相互不能相交；通过剖面线区域时，不能与剖面线平行；

（5）一组紧固件或装配关系清楚的零件组，可以采用公共指引线，如图9.4－1（c）所示；

（6）序号排列应按顺时针或逆时针方向在水平或垂直方向顺次排列整齐，且分布均匀；如图9.1－2所示。

2. 明细表

明细表是全部零、部件的详细目录。其内容和形式国家标准已有规定。学习时可参考图1.1－6所示格式。明细表中所填写的序号即是装配图中所编零件序号，序号自下而上顺序填写。

名称栏中，如是标准件除注写名称外，还应注写公称尺寸和代号。如"螺母M12"、"销B1.5×12"。

数量栏填写该装配体中同一规格零件的数量。

材料栏填写零件材料的牌号，如"Q235－A"、"45"、"HT150"。

备注栏内可填写零件的表面处理说明，如"发蓝"、"渗碳"等。也可填写该零件是否外购、借用件。还可填写齿轮的模数、齿数，如"$m=2$，$z=36$"。如是标准件，还应注写国家标准代号，如"GB/T 6170—2000"。

9.5　装配结构的合理性简介

在设计和绘制装配图的过程中，应该考虑装配结构的合理性，以保证部件的性能要求以及零件加工和装拆的方便。下面仅就常见的装配结构问题作一些介绍，以供画装配图时参考。

1. 两个零件接触面的数量

两个零件接触时，在同一方向接触面一般应只有一个，避免两组面同时接触，否则就要提高接触面处的尺寸精度，增加加工成本，如图9.5－1所示。

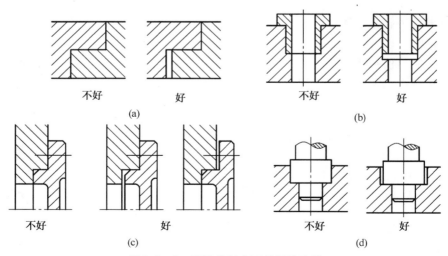

图9.5－1　零件接触表面的画法比较

2. 两零件接触处的结构

如轴与孔端面接触时，在拐角处孔边要倒角或轴根切槽，以保证两端面能紧密接触，如图 9.5 − 2 所示。

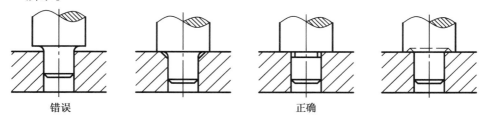

错误　　　　　　　　　　正确

图 9.5 − 2　轴孔接触结构的画法比较

3. 考虑维修、安装、拆卸的方便

滚动轴承安装在箱体孔及轴上时，按图 9.5 − 3(b)、(d)的情形是合理的，如按图 9.5 − 3(a)、(c)所示，则无法拆卸。

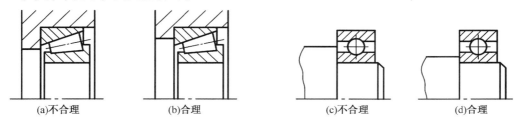

(a)不合理　　　(b)合理　　　(c)不合理　　　(d)合理

图 9.5 − 3　滚动轴承定位的画法比较

4. 密封装置的结构

在一些部件或机器中，常需要密封装置，以防止液体外流或灰尘进入。如图 9.5 − 4 所示的密封装置是用在泵和阀上的常见结构。为保证密封要求和机器正常运转，应采用图 9.5 − 4(a)所示结构。

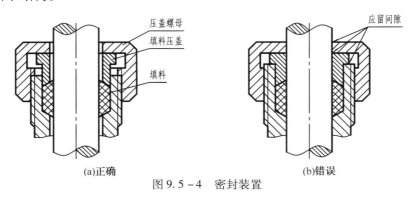

压盖螺母
填料压盖
填料

应留间隙

(a)正确　　　　　　　　　　(b)错误

图 9.5 − 4　密封装置

9.6　画　装　配　图

在设计新机器或改进原有设备时，都要画装配图。本节以图 9.1 − 1 所示千斤顶为例，

图 9.6 - 1　千斤顶分解图

简要介绍装配图的画法。

1. 了解和分析装配图

画图前应首先了解和分析机器或部件的性能、用途、工作原理、结构特征和零件之间的装配关系。图 9.6 - 1 是千斤顶分解的模型图，由此可了解到千斤顶的有关内容。

2. 确定视图表达方案

拟定表达方案，首先要选好主视图。应将装配体按其工作位置或自然位置放置，以反映主要装配关系和外形特征的视图作为主视图。其他视图用来配合主视图表达尚未清楚的装配关系和主要零件的结构形状。

3. 作图步骤

确定绘图比例和图纸幅面，图面布局；画底稿，先画作图基准线，再画主要零件［图 9.6 - 2(a)中的底座］；画与之相关的零件，先大后小，先主

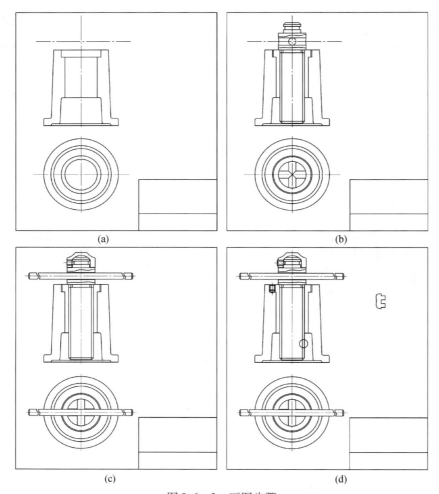

(a)　　　　　　　　　　　　(b)

(c)　　　　　　　　　　　　(d)

图 9.6 - 2　画图步骤

后次［如图9.6－2(b)、(c)、(d)所示］；描深，注尺寸，编写零件序号，填写标题栏、明细表和技术要求，完成全图，如图9.1－2所示。

9.7　读 装 配 图

作为工程技术人员，能够熟练地阅读装配图，是应该具备的能力之一。

读图的目的，是了解机器或部件的工作原理和用途；搞清楚零件间的相对位置、连接方式及拆装顺序；看懂零件的结构形状和作用。

下面以图9.7－2所示齿轮油泵的装配图为例，介绍读装配图的方法和步骤。

1. 概括了解

(1) 从标题栏和有关资料中了解部件的名称、用途。

(2) 从明细表中了解各零件的名称、数量，通过在图中查找它的位置，了解它们的作用。

(3) 分析视图，弄清楚各视图、剖视图、断面图之间的投影关系及表达意图。

齿轮油泵是液压系统中的能量转换装置。它是将输入的机械能(转矩)转换成液压能(压力油)输出到系统中。它是由泵体、左、右端盖、齿轮轴、密封零件及标准件等组成，共由15种零件装配而成。采用两个视图表达，主视图取全剖视，反映主要装配关系；左视图在半剖视(沿结合面假想去掉半个左端盖和垫片)的基础上又取了局部剖视，通过进、出油口的表达、齿轮啮合的表达，说明油泵的工作原理，同时表达了油泵的外形及安装结构情况。

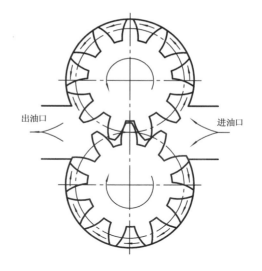

2. 分析工作原理、弄懂装配关系

油泵的工作原理是靠齿轮的齿间与泵体内表面及端盖所形成的密闭容积在齿轮转动过程中的变化，从一端油口吸油，另一端油口压油，如图9.7－1所示。泵体是油泵的一个基础件，内腔容纳一对齿轮，齿轮轴支承在两端

图9.7－1　齿轮油泵工作原理

泵盖上，泵盖用两个销子在泵体上定位，用6个螺钉固定在泵体上。为防止泵体与泵盖结合面处及输入齿轮轴伸出端漏油，分别用垫片6、密封圈9、轴套10、压紧螺母11密封(见图9.7－2)。

3. 分析零件

通过对零件的分析，进一步搞清楚每个零件的形状、零件间的装配关系、连接方法、配合关系及运动情况。

分析零件时，首先要分离零件，需借助于零件的序号、同一零件在不同视图上断面线方向、间距应一致的原则，将每个零件的投影找到。用形体分析法和线面分析法，看懂零件的结构形状。图9.7－3所示为齿轮泵右端盖的零件图。

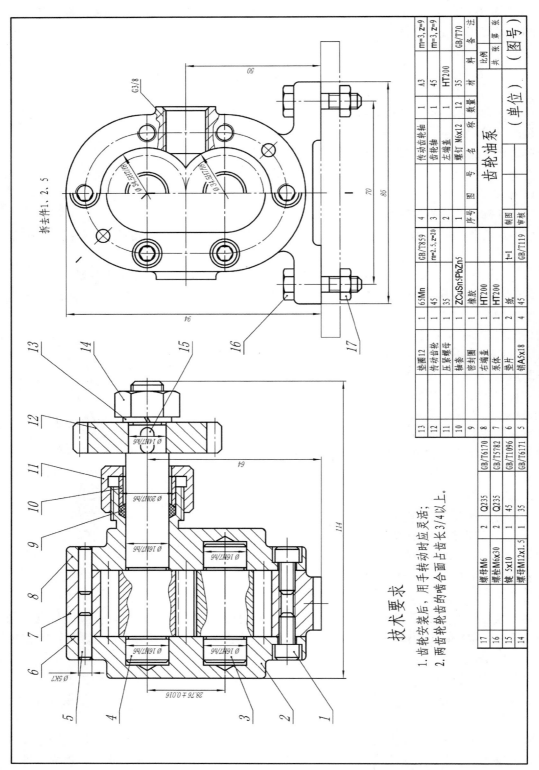

图 9.7－2　齿轮油泵装配图

技术要求

1. 齿轮安装后，用手转动时应灵活；
2. 两齿轮齿齿的啮合面占齿长3/4以上。

17	螺母M6	2	Q235	GB/T6170				
16	螺栓M6x30	2	Q235	GB/T5782				
15	键 5x10	1	45	GB/T1096				
14	螺母M12x1.5	1	35	GB/T6171				

13	垫圈12	1	65Mn	GB/T859	4	传动齿轮轴	1	A3	m=3, z=9
12	传动齿轮	1	45	m=2.5,z=20	3	齿轮轴	1	45	m=3, z=9
11	压紧螺母	1	35		2	左端盖	1	HT200	
10	轴套	1	ZCuSn5PbZn5		1	螺钉 M6x12	12	35	GB/T70
9	密封圈	1	橡胶		序号	名 称	数量	材 料	备 注
8	右端盖	1	HT200						
7	泵体	1	HT200			齿轮油泵			
6	垫片	2	纸						
5	销A5x18	4	45	GB/T119	图号			比例	
					制图			共 张 第 张	（单位）
					审核				（图号）

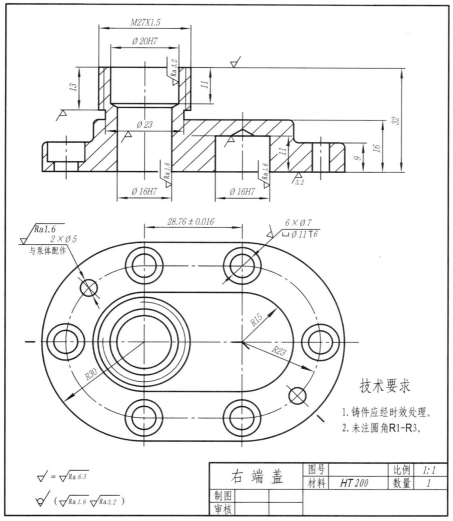

图9.7-3　右端盖零件图

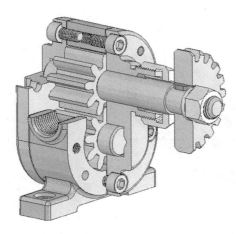

图 9.7 - 4　齿轮油泵装配模型

4. 归纳总结看懂全图

在搞清工作原理，看懂零件结构形状的基础上，进一步分析整体的拆装顺序。结合尺寸和技术要求，对部件进行归纳总结，形成对部件整体的全面认识，最终达到完全读懂装配图的目的，如图9.7 - 4 所示。

9.8　中国近代工程技术的先驱实践者

"徐寿(1818 ~ 1884)，字雪村，江苏无锡人，生于僻乡，幼孤，事母以孝闻，性质直无华。道、咸间，东南兵事起，遂弃举业，专研博物格致之学。咸丰十一年，从大学士曾国藩军，先后于安庆、江宁设机器局。"

徐寿(1818 ~ 1884)、徐建寅(1845 ~ 1901)、徐华封(1858 ~ 1928)父子及华蘅芳(1833 ~ 1902)是中国近代科学技术的先驱。他们一起制成了我国第一台船用蒸汽机、第一艘机动轮船、第一批兵舰、第一批工作母机、第一代枪炮及火药、第一部电话机等，与英国人傅兰雅合作翻译了一批重要的西方科技著作，其中有关工程图学的专著达十余种，培养了一批近代科技人才，为奠定和开拓我国近代科学技术，使传统的中国工程图学迅速走向近现代做出了历史性的贡献。

徐寿所译西方有关工程图学著作有《周幂知裁》(A Practical Workshop Companion for Tin Sheet Iron and Copper Plate worker)、《机动图说》(Examples of Producing and Transmitting Motion)、《测地绘图》(Outline of the Method of Conduction a Trigonometrically Survey)等。

徐建寅所译西方有关工程图学主要著作《运规约指》(Practical Geometry)、《器象显真》(The Engineer and Machinist's Drawing Book)。其中《器象显真》原书名按字面翻译应是《工程师与机械师制图手册》，而徐建寅给它起了一个非常中国化的名字，"器"可代表科学技术上的一切创造和制作，当然包括机器、机械之类；"象"在这里指的是图和图样之类，是制造器物或机械时必不可少的技术资料，"象"的内涵是言形状；"显真"之意，亦如徐建寅在书中所云"大小比例，无分毫之或失，方圆正侧，有尺寸之可凭。"即图样要真实反映器物的形状。

1879 年9 月，徐建寅以驻德使馆二等参赞的名义前往欧洲进行考察访问，历经两年，于1881 年12 月回国，这是我国科技人员第一次对西欧近代工业进行系统考察，在这两年中，徐建寅以他所具有的科技素质，特别是在工程图学方面的才能，出色地完成了定购铁甲兵舰的最佳设计方案，订购了当时世界上最先进的铁甲兵舰，并交报价最低的伏尔锵船厂制造，后作为北洋水师的主力舰的"镇远"和"定远"两舰。同时他还全面、系统地对德国、法国、英国等西欧工业进行了考察，他所撰写的《欧游杂录》涉及兵工、机械、化学、矿山、冶炼各个工业部门，对技术管理、生产管理、技术流程、图样绘制、制造工艺等进行了详细论述，体现了中国科技工作者的务实精神。1901 年徐建寅奉命制造无烟炸药，不幸罹难，以身殉职。

第10章 管道布置图

10.1 概　　述

化工工艺图通常包括工艺流程图、设备布置图和管道布置图。

工艺流程图主要是用来表明生产过程中的运行程序的图样，是一种示意性的工艺程序展开图，属于工程基础设计。一般需用标准规定的管线、泵、设备、阀件等的图形符号，表示流程的顺序、方向、层次、控制接点等，可注写必要的技术说明或代号。因为这种图并不用于管道安装，所以一般不标注尺寸和比例，如图 10.1－1 所示的局部工艺流程图。

设备布置图是采用若干平面图(水平剖面图)和必要的立面图，画出厂房建筑基本结构以及与设备安装定位有关的建筑物、构筑物(如墙、柱、楼板、设备安装孔洞、地沟、地坑及操作平台等)，再画出设备在厂房内外布置情况的图样。简单地说，设备布置图是简化了的建筑图附加上设备布置的内容。

管道布置图是表达车间(装置)内管道空间位置等的平、立面布置情况的图样。它通常需要以带控制点工艺流程图、设备布置图、有关的设备图以及土建、自控、电气专业等有关图样和资料作为依据，对管道做出适合工艺操作要求的合理布置设计。

管道布置图用标准规定的符号表示建筑、设备、阀件、仪表、管件等的相互位置关系，要求标有准确的尺寸和比例。图样上必须要注明施工数据、技术要求、设备型号、管件规格等，如图 10.1－2 所示的局部管道布置图。

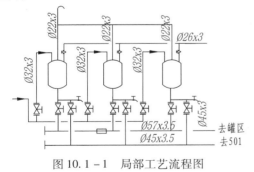

图 10.1－1　局部工艺流程图

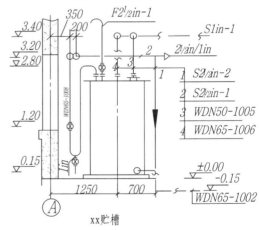

图 10.1－2　局部管道布置图

图线宽度及字体规定按 HG/T 20549—1998 规定；管道布置图和轴测图上管子、管件、阀门及管道特殊件图例按 HG/T 20549.2—1998 规定。

10.2　管道图示符号

管道图示符号包含管线、阀门、管件、连接等图示符号和物料代号等。

10.2.1 管线图示符号

管道公称直径 $DN \leqslant 300mm$ 的管道、弯头、三通用粗单实线绘制。$DN \geqslant 350mm$ 的管道用中粗双实线绘制。现将管道图中所常用的管线图示符号列于表 10.2 – 1 中。

表 10.2 – 1　常用的管线图示符号

名　称	图示符号	说　明	名　称	图示符号	说　明
主要管线		$b = 1$	保温管线		
埋地管线	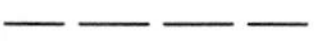	$b = 1$	汽伴热管		
辅助管线		$1/2b$	电伴热管		
仪表管线		$1/3b$	介质流向		
管线转折	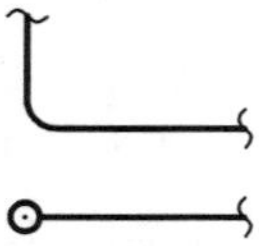	上转管	管线交叉	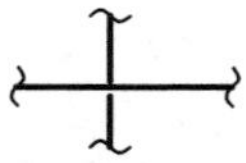	后、下断开管
		下转管		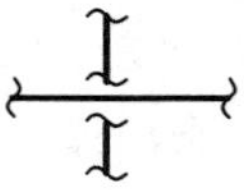	前、上断开管
	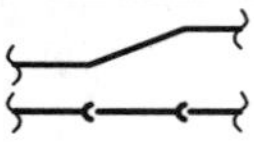	斜转管	管线重叠	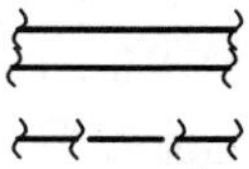	两叠管
管线相交	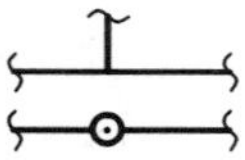	上交管		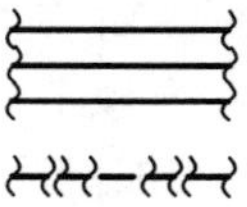	三叠管
	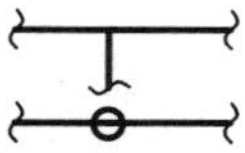	下交管		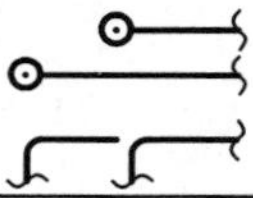	弯叠管

10.2.2 阀门图示符号

管路布置图中阀门图示符号列于表 10.2 – 2 中。

表 10.2 – 2　管路布置图中阀门符号图例

名　称	图　　例			
	管道布置各视图			轴测图
闸　阀				
截止阀				
节流阀				
止回阀				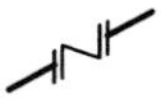
球　阀	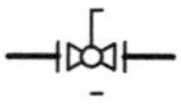	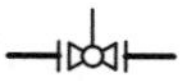		

10.2.3　管道连接符号

通常管线需要使用联接件将其连接起来，根据情况可选择不同的连接方式。现将所常用的管道连接符号列于表 10.2 – 3 中。

表 10.2 – 3　管路的连接图示符号

连接形式	图示符号	图示举例	连接形式	图示符号	图示举例
螺纹连接			承插连接		
法兰连接			焊接连接		

10.2.4　管件的表示法

三通、弯头、异径管为常用的管件，列于表 10.2 – 4 中。

表 10.2 – 4　管道布置图中管件符号图例

名　称		图　例	
		单线画法	双线画法
三　通	法兰连接		
	焊　接		
弯　头	法兰连接		
	焊　接		
异径管	同心法兰连接		
	偏心法兰连接		

10.2.5　管道的物料代号

在管道工程图样中，为了区别不同用途和物料的管线，常需要标明管线用途代号。现将管道图中所常用的物料代号列于表 10.2 – 5 中。

表 10.2 – 5　常用的管路物料代号

名　称	物料代号	英文名称	名　称	物料代号	英文名称
油	O	Oil	蒸　汽	S	Steam
水	W	Water	煤　气	CG	Coal Gas
空气	A	Air	天然气	NG	Natural Gas

管道中的其他物料代号，可用相应的英文名称的第一位大写字母表示。若类别代号重复时，则用前两位大写字母表示，也可采用该介质化合物分子式符号表示。

10.2.6　管道图示举例

图 10.2 – 1 展示了一段管道的空间位置关系。在图(a)中采用平面图和立面图两个视图

的表达方法，而图(b)为表示这段管道空间走向的轴侧图。

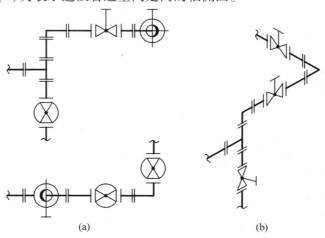

(a) (b)

图 10.2 - 1 管道表示法示例

10.3 管道布置图

　　管道布置图是进行管道安装施工的重要依据，必须遵照有关规定和管道符号进行绘制。下面简要介绍管道布置的基本原则、视图表达、尺寸标注。

10.3.1 管道布置的基本原则

　　管道的设计和布置需符合标准的要求，应遵循以下基本原则：

　　（1）首先全面地了解工程对管道布置的要求，充分了解工艺流程、建筑结构、设备及管口配置等情况，由此对工程管道做出合理的初步布置；

　　（2）冷热管道应分开布置，难避免时应热管在上冷管在下；有腐蚀物料的管道，应布置在平列管道的下侧或外侧。管道敷设应有坡度，坡度方向一般均沿物料流动方向；

　　（3）管道应集中架空布置，尽量走直线少拐弯，管道应避免出现'气袋'和'盲肠'；支管多的管道应布置在并行管道的外侧，分支气体管从上方引出，而液体管在下方引出；

　　（4）通过道路或受负荷地区的地下管道，应加保护措施。行走过道顶的管道至地面的高度应高于 2.2m，有一定重量的管道和阀门，一般不能支撑在设备上；

　　（5）阀门要布置在便于操作的部位，对开关频繁的阀门应按操作顺序排列；重要的阀门或易开错的阀门，相互间要拉开一定的距离，并涂刷不同的颜色。

10.3.2 管道布置图的绘制

1. 一般规定

　　（1）图幅　管道布置图图幅一般采用 A0，比较简单的也可采用 A1 或 A2，同区的图宜采用同一种图幅，图幅不宜加长或加宽。同一个装置（车间）也不应采用多种图幅。

　　（2）比例　常用比例为 1:25、1:30、1:50，也可用 1:100，但同区的或各分层的平面图应采用同一比例。

　　（3）单位　管道布置图中标高、坐标以米为单位，其他尺寸（如管段长度、管道间距）以毫米为单位，只注数字，不注单位。管道公称直径以毫米表示，如采用英制单位时应加注英寸符号，如 2″、3/4″。

（4）分区原则　由于车间（装置）范围比较大，为了清楚表达各工段管道布置情况，需要分区绘制管道布置图时，常以各工段或工序为单位划分区段。

2. 视图配置

管道布置图同样是采用正投影原理和规定符号绘制出来的一组视图，这组视图常以平面图为主，立面图、剖面图、向视图和局部放大图等作为辅助视图。

对多层建筑，应分层绘制管道平面布置图。若平面图上还有局部平面和操作平台，则应单独绘制局部管线的平面布置图。

平面图——相当于机械制图中的俯视图，是管道布置图中的主要图形，表达管道与建筑、设备、管件等之间的平面布置安装情况。管道平面布置图根据管道的复杂程度，可按建筑位置、楼板层次及安装标高等进行分区、分层的分别绘制。

立面图——相当于正面图或侧面图，主要用来表达管道与建筑、设备、管件等之间的立面布置安装情况。立面图多采用全剖视、局部剖视或阶梯剖视图进行表达，但必须对剖切位置、投影方向、视图名称进行标注，以便于表示各图之间的关系，如图 10.3 – 1 中 A—A 剖面图所示。

对于平面图和立面图中仍未表达清楚的部位，再根据需要选择向视图或局部放大图进行表达，并标注出视图名称和放大比例。

3. 建筑及构件

在管道布置图中，凡是与管道布置安装有关的建筑物、设备基础等，均应按比例照有关规定用细实线画出，如图 10.3 – 1 中所示。而与管道安装位置关系不大的门、窗等建筑构件可简化画出或不予表示。

4. 设备及管口

管道布置图中的设备，大致按比例用细实线绘制出其外形特征，但设备上与配管有关的接口应全部画出，如图 10.3 – 1 中管口"a、b、c、d"。要画出设备的安装位置及设备的中心线，如图 10.3 – 1 中的 E0812 换热器。必要时可另画出管道中的设备布置图。

5. 管道及管件

管道布置图中一般应绘制出全部工艺管道和辅助管道，当管道较复杂时也可分别画出。管道、管件应按标准规定的符号绘制，以表达出管道的走向和相互间的位置关系。

6. 管架及方位

管道通常用管架安装固定，管架的形式及位置一般采用符号在平面图上表示出来。管架安装于混凝土结构（Concrete）（代号 C）、地面基础（Foundation）（代号 F）、钢结构（Steel）（代号 S）、设备（Vessel）（代号 V）、墙（Wall）（代号 W）上。

管架有固定型（Anchor）（代号 A）、滑动型（Resting）（代号 R）、导向型（Guide）（代号 G）和复合型等，管架的图示符号如图 10.3 – 2 所示。

管道布置图中一般需要在图纸的右上角画出方位标记，以作为管道安装的定位基准。方位标记应与相应的建筑图及设备布置图相一致，箭头指向建筑北向，如图 10.3 – 3 所示。

7. 管道布置图分区简图

管道布置图一般应按分区索引图所划分的区域绘制。区域分界线用细线（0.7mm）表示，仅在区域分界线的四角用粗线（1.2mm），分界线外侧标注相邻图号或边界代号，对角处标

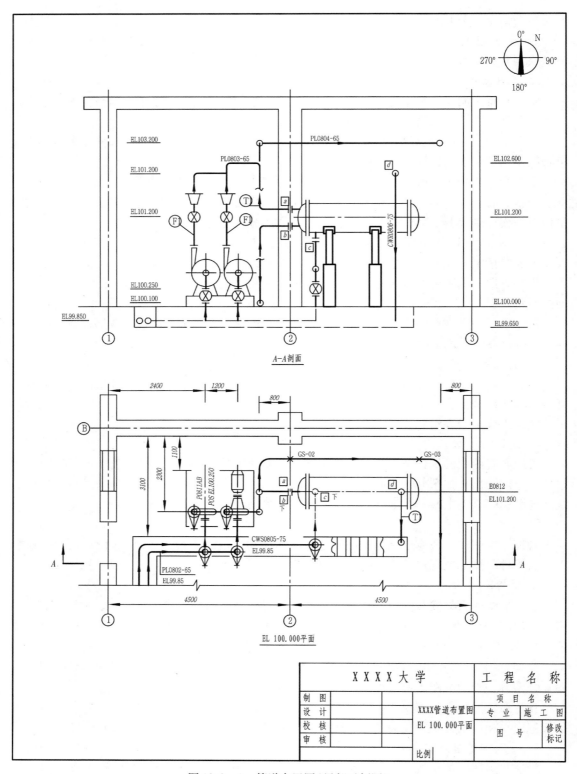

图 10.3 - 1 管道布置图(局部示例图)

注坐标，坐标的基准点(0点)可由项目来定(如以装置的某一端点作为0点)，也可按总图坐标来定，如图10.3－4所示。

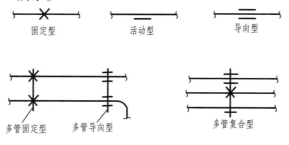

图10.3－2　管架符号

图10.3－3　方位标记

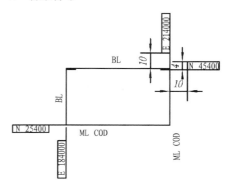

图10.3－4　管道总图坐标

BL—装置边界；ML—接续线，COD—接续图

10.3.3　管道的尺寸标注

在工程管道布置图中，需要标注管道的平面布置和安装标高尺寸，标注设备和管件的代码、编号及尺寸等，并注写必要的说明文字。

标注尺寸时常以建筑定位轴线、设备的中心线、管道的延长线等为尺寸界线；尺寸线的起始点可采用45°的短细斜线来代替箭头，尺寸常标注成连续的串联形式，如图10.3－1所示。

1. 建筑基础

在管道布置图中，通常需标注出建筑物或构件的定位轴线的编号，以作为管道布置的定位基准。并且标注出这些建筑定位轴线的间距尺寸和总体尺寸。

如图10.3－1所示，在各定位轴线的端部画一细实线圆成水平或垂直排列，并水平自左至右顺序以1、2、3…顺序编号，垂直自下而上以A、B、C…顺序编号。

2. 设备位置

设备是管道布置的主要定位基准，因此必须标注出所有设备的名称与位号，及标注出设备中心线的定位尺寸，并标注出相邻设备之间的定位安装尺寸。

3. 管道位置

管道的平面定位尺寸常以建筑定位轴线、房屋墙面、设备中心、设备管口等为基准进行标注。局部管道较密集时，可在其局部放大图上标注出尺寸。

管道的安装标高，一般标注管中心的标高，必要时也可注管底的标高，并标在立面图上管线的起始点、转弯处。以室内地平面 ±0.00 为基准，正标高前可不加（＋）号，而负标高前必须加（－）号。其标高符号及其标注见图 10.3 – 1 所示。

4. 管段代号

管道图中应标注出各管段的物料代号、管径尺寸、管段序号等。管段的有关代号一般标在管线的上方或左方，也可几条管线一起引出标注。引出时在各管线引出处画一斜线并顺序编号，指引线用细实线画且可以转折，管段的代号应顺序标注在水平细线的上方。当管道布置图只采用平面图表达时可在管段序号的后面标出其标高，如图 10.3 – 5 所示，WDN50 – 1005 表示管道中所走物料介质为水，管道公称直径为 50mm，第 10 装置（车间或工段）的第 5 根管线。

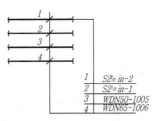

图 10.3 – 5 管段代号的标注

5. 管件管架

管道图中的阀门、仪表等管件，一般标注出安装尺寸或在立面图上标出安装标高。当在管道中使用的管件类型较多时，应在图中管件的符号旁分别注明其规格、型号等。如 GS – 11，AF – 12 等（GS – 11 表示生根于钢结构，序号为 11 的导向型管架，AF – 12 表示生根于地面基础，序号为 12 的固定型管架）。

10.4 读管道布置图

管道布置图是在设备布置图上增加了管道布置情况的图样。管道布置图中所解决的主要问题就是如何用管道把设备连接起来，阅读管道布置图应着重这个问题，弄清管道布置情况。读图的方法步骤如下：

1. 明确视图数量及关系

首先概括了解工程管道的视图配置、数量及各视图的表达重点内容。并初步了解图例、代号的含义，及非标准型管件、管架等的图样。然后浏览设备位号、管口表、施工要求以及各不同标高的平面布置图等。

2. 看懂管道的来龙去脉

首先根据流程次序，按照管道编号，逐条弄清管道的起始点及终止点的设备位号及管口。并依照布置图的投影关系、表达方法、图示符号及有关规定，搞清每条管道的来龙去脉、分支情况、安装位置，以及阀门、管件、仪表、管架等的布置情况。

3. 尺寸分析

通过对管道布置图中的尺寸分析，可了解管道、设备、管口、管件等的定位情况，以及它们间的相互距离关系。并对其他标注进行分析，从而可搞清各管道中的工艺物料、管道直径、阀门型号、管件规格、安装要求等。

在阅读过程中，还可参考施工流程图、设备布置图、管道轴测图等，以全面了解设备、管道、管件阀门、控制点的布置情况。

以图 10.3 - 1 为例,依上述步骤重新阅读、分析管道布置情况。

10.5　管道轴测图

管道轴测图又称管段图,也是管道布置设计中提供的一种图样。是表达一个设备至另一个设备(或另一管段)间的一段管道及其所附管件、阀门、控制点等具体配置情况的立体图样。

管道轴测图一般按正等轴测投影原理绘制,立体感强,便于识读,有利于施工。利用计算机绘图,绘制区域较大的管道轴测图,可以代替模型设计,避免在图样上不易发现的管道干涉等现象,设备和管道布置设计的重要图样,也是管道布置设计发展的趋势。

10.5.1　管道轴测图的内容

管道轴测图一般包括以下内容:

(1)图形　按正等轴测投影原理绘制的管段及其所附管件、阀门等的符号和图形。

(2)标注　注出管段代号及标高、管段所连接设备的位号、名称和安装尺寸等。

(3)方向标　表示安装方位的基准,北(N)向与管道布置图上的方向标的北向一致。

(4)材料表　列表说明管段所需要的材料、尺寸、规格、数量等。

(5)标题栏　注写图名、图号、比例、设计单位、设计阶段等。

(6)技术要求　预制管段的焊接、热处理、试压要求等。

10.5.2　管道轴测图的视图表达

管道轴测图不必按比例绘制,但阀门、管件等图形符号以及在管段中的位置比例要相对协调,图幅常用 A3,原则上一个管段号画一张管道轴测图。复杂的可适当断开,分成两张或几张画出,但仍用同一图号,注明页数,且分界线常以管道的自然断开点为界,如法兰、管件的焊接点或安装需要的现场焊接点等处。

管道轴测图中的管道一律用粗实线单线绘制,并在管道的适当位置画出管中介质流向箭头。管道轴测图中一些与坐标轴不平行的斜管,可用细实线绘制的平行四边形或长方体来表示所在的平面如图 10.5 - 1 所示。

(a)管道在水平　　　(b)管道在竖直　　　(c)管道任意倾斜
投影面内倾斜　　　投影面内倾斜

图 10.5 - 1　管道倾斜时的表示法

10.5.3　尺寸及标注

以下结合例图 10.5 - 2 简要介绍管道轴测图的尺寸及标注。

(1)管段、阀门、管件等应注出加工及安装所需全部尺寸。

(2)所有垂直管道不注长度尺寸,而以水平管道的标高"EL"表示。

(3)水平管道要标注的尺寸有:从所定基准到等径支管、管道改变走向处等尺寸,如图

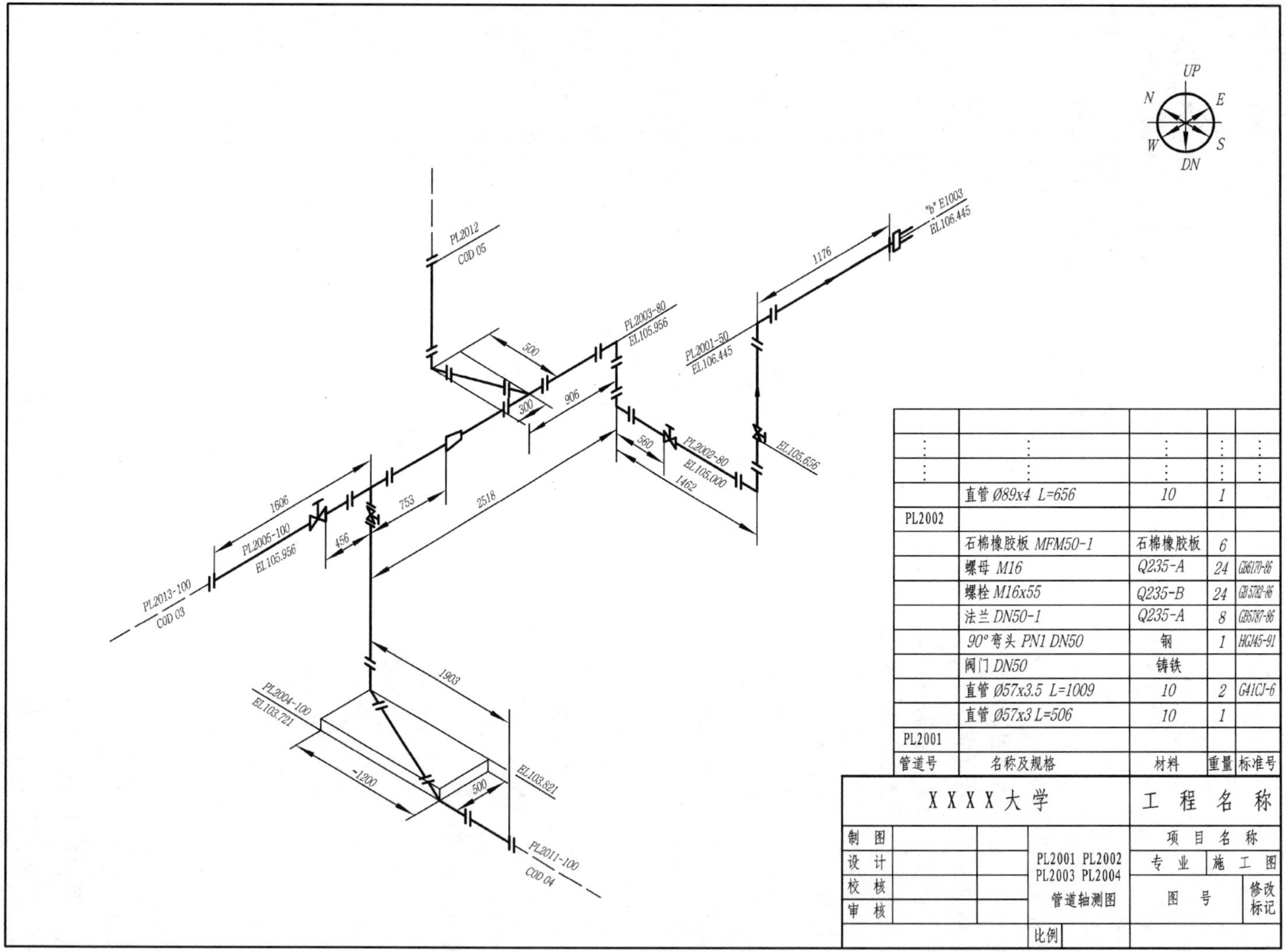
UP
N
E
W
S
DN
"b" E1003
EL106.445
1176
PL2001-50
EL106.445
EL105.656
PL2002-80
EL105.000
1462
560
PL2003-80
EL105.956
500
906
300
PL2012
COD 05
2518
753
456
1606
PL2005-100
EL105.956
PL2013-100
COD 03
1903
PL2004-100
EL103.721
~1200
500
EL103.821
PL2011-100
COD 04
直管 Ø89x4 L=656 | 10 | 1
PL2002
石棉橡胶板 MFM50-1 | 石棉橡胶板 | 6
螺母 M16 | Q235-A | 24 | GB6170-86
螺栓 M16x55 | Q235-B | 24 | GB5782-86
法兰 DN50-1 | Q235-A | 8 | GB5787-86
90°弯头 PN1 DN50 | 钢 | 1 | HGJ45-91
阀门 DN50 | 铸铁
直管 Ø57x3.5 L=1009 | 10 | 2 | G41CJ-6
直管 Ø57x3 L=506 | 10 | 1
PL2001
管道号 | 名称及规格 | 材料 | 重量 | 标准号
XXXX大学
工程名称
制图
设计
校核
审核
PL2001 PL2002
PL2003 PL2004
管道轴测图
比例
项目名称
专业
施工图
图号
修改标记

图 10.5－2　管道轴测图示例

10.5 – 2 中的尺寸"2518、906"。其准点尽可能与管道布置图上的一致，以便于校对。

（4）水平管道要标注的尺寸还有：从最邻近的主要基准点到每个独立的管道元件，如异径管、拆卸用的法兰，不等径支管的尺寸等，如图 10.5 – 2 中的尺寸"753、1462"。这些尺寸不应注成封闭尺寸。

（5）管道上带法兰的阀门和管道元件应注出主要基准点到阀门或管道元件的一个法兰面的定位尺寸，如图 10.5 – 2 中的尺寸"456"。

（6）偏置管应注出偏移尺寸，如图 10.5 – 2 中的尺寸"500、300"。

（7）不是管件与管件直连时，异径管一律以大端标注定位尺寸，如图中的尺寸"753"。

（8）管道号和管径注在管道的上方。水平向管道的标高"EL"注在管道的下方。只注标高时，可注在管道上或下方均可。

（9）为标注与设备管口相连接的尺寸，应用细实线画出管口和画出它的中心线，在管口近旁注出管口符号，在中心线旁注出设备的位号和中心线标高或管口法兰面（或端面）的标高，如图 10.5 – 2 中的 $\dfrac{\text{"b" E1003}}{EL106.445}$，表示管口"b"、第 10 主项（车间或工段）内的第 3 序号的换热器（Exchange），标高为 106.445m。

（10）比较复杂的管道若分成两张或两张以上的轴测图时，常以支管连接点、法兰、焊缝为分界点，界外部分用虚线画出一段，注出管道号、管径和轴测图接续图（Continued on Drawing）图号 COD×× ，如图中 COD03、COD04、COD05。

（11）管道的走向应按图纸右上角的方向标（圆直径为 15mm）的规定。这个方向标的北向（N）与管道布置图的方向标的北向（N）应一致，如图 10.5 – 2 中方向标。

第11章　三维设计软件——Solidworks 应用

11.1　Solidworks 软件简介

11.1.1　基本功能

（1）SolidWorks 2004 由零件、装配体、工程图组成，并且三者具有联动功能；

（2）可以生成二维工程图、三维零件模型，可以用三维零件模型建立二维工程图和三维装配体；零件、装配体、工程图之间的联动，保证了在一个视图上的改变能够自动地反映到其他视图；

（3）是一种尺寸驱动系统，可指定尺寸和各实体之间的关系；改变尺寸能改变零件的大小和形状，但可保留设计意图；

（4）具有特征造型的功能，一般由草图建立一个基本特征，然后加上更多的特征，再由特征建立零件；

（5）提供了特征管理器，用户同时查看特征管理器和属性管理器；

（6）具有灵活多样的帮助功能。

11.1.2　常用术语

（1）原点：三维实体中显示为两个蓝色箭头，代表模型的(0，0，0)；当草图激活时，草图原点显示为红色，代表草图的(0，0，0)。

（2）临时轴：是由模型中的圆椎和圆柱隐含生成的。

（3）基准面：是建立草图和特征实体所必需的参考面。

（4）基准轴：用于创建旋转几何体特征、实体阵列及定义基准面、特征方向的参考直线。

11.1.3　用户界面

Solidworks 2004 的用户界面如图 11.1－1 所示。

11.1.4　特征管理器设计树

设计树真实地记录零件设计过程中所做的每一步操作(如添加一个特征、绘制草图、圆角、钻孔等)，其特点是：

（1）设计中的每一步操作都用一个"项目名称"记录下来；

（2）直接拖动项目名称可以调整特征生成的顺序；

（3）双击特征名称，在模型上显示特征尺寸；

（4）在特征名称上缓慢点击两次，能更改特征的名称；

（5）在特征名称上单击右键，显示快捷菜单，如图 1.1－1 所示"右键菜单"。

11.1.5　快捷菜单

将光标移动到模型中的几何体、特征管理器设计树的项目上均能弹出右键快捷菜单，这两种快捷菜单有一些相同的选项：

（1）打开草图，进行编辑；

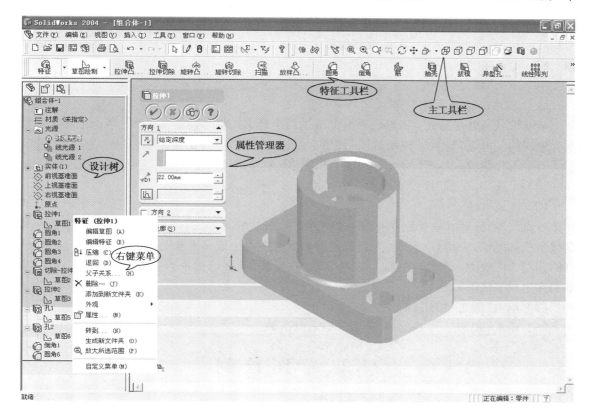

图 11.1 - 1　用户界面

（2）编辑特征，在特征属性管理对话框中改变尺寸；查看或更改项目的属性；

（3）"退回"命令，可将模型临时退回到先前的状态；

（4）在装配体视图中，可以打开装配体零部件进行编辑；

（5）进行"删除"操作。

在 SolidWorks 窗口边框上单击右键，弹出快捷菜单，访问工具栏清单，可以打开工具栏。

11.1.6　造型过程

创建模型的过程可以分为：创建草图，决定如何标注尺寸，应用几何关系；选择适当特征及最佳特征，确定特征的应用顺序；选择零部件的配合方式，生成装配体；生成二维工程图；根据需要将图形输出为多种格式的文件。

11.1.7　参考几何体

包括基准面、基准轴、坐标轴、坐标系和三维曲线，方便特征设计。

1. 生成基准面的操作步骤

（1）下拉菜单，单击"插入"→"参考几何体"→"基准面"；

（2）出现"基准面"属性管理器，选择相关选项和输入参数；

（3）生成方法：

等距平面（按指定距离生成一个平行于某基准面或表面的基准面）；两面夹角（通过一条已有的边线或轴线并与一个已有的平面、基准面成指定角度，生成新的基准面）；点和平行面(通过一点，平行于一个已有的基准面或平面)；点和直线(用一条直线和一个点确定为新的基准面)；曲面切平面(一个曲面和曲面上的一个边线或一个点，生成一个与曲面相切或相交成一定角度的基准面)；

(4)单击"确定"按钮。

2．生成基准轴的操作步骤

基准轴其实就是直线，有临时轴和基准轴两个概念；临时轴是生成圆柱或圆锥等实体是隐含生成的，可以"显示"或"隐藏"，使用下拉菜单"视图"→"临时轴"。

(1)下拉菜单，单击"插入"→"参考几何体"→"基准轴"；

(2)出现"基准轴"属性管理器，选择相关选项和输入参数；

(3)生成方法：

一直线/边线/轴(选择已存在的一条直线、边线、临时轴)；两平面(选择两个平面，其交线生成基准轴)；两点/顶点(点、顶点、端点、中点生成基准轴)；圆柱/圆锥面(选择已有的圆柱、圆锥面，由其临时轴生成基准轴)；点和曲面(通过一点并垂直于某一曲面或基准面而生成基准轴)；

(4)单击"确定"按钮；

(5)单击"视图"→"基准轴"命令，查看基准轴。

11.2　草　图　绘　制

11.2.1　草图绘制流程

(1)确定草图绘制的基准面——三个坐标平面、模型上的平面、指定平面……

(2)用"草图绘制"工具绘草图，例如直线、圆、圆弧……；

(3)用"草图绘制"工具对草图进行编辑加工，例如延伸、裁剪……

(4)使用"标注尺寸"工具确定草图的尺寸；

(5)对复杂图形添加几何关系，使草图处于完全定义；

(6)退出草图绘制模式，为3D特征造型做准备；

(7)再"编辑草图"：已绘制完成的草图需要修改，在特征管理器设计树中的草图名称上单击右键，在弹出的快捷菜单上选取"编辑草图"，进入草图绘制。

11.2.2　草图实体

1．原点

为草图提供定位点，多数草图都始于原点。也可利用"镜像"、"旋转"工具等建立草图实体之间的相等和对称关系。

2．基准面

标准基准面是前视基准面、上视基准面、后视基准面，用户可以根据需要添加和定位其他基准面；基准面是绘二维草图的平面，也可以理解为是实体的投影平面，实体的上、下或中间平面应位于此面上，同时决定了生成实体的拉伸方向。

3．尺寸

使用"智能尺寸"用来标注草图图形的长、宽、高、半径、直径、角度等定形尺寸，以及点、线、面之间的定位尺寸，从而决定零件的形状。更改尺寸，则零件的大小和形状随之改变。能否保持设计意图，取决于用户如何为零件标注尺寸。

　　4. 几何关系

　　用户可以用"推理"和"添加几何关系"在草图实体之间建立水平、垂直、同心、相切、相交等几何关系。仅靠尺寸不能够使一个草图处于完全定义的状态，使用"添加几何关系"命令为所有草图元素建立几何关系，将分散的个体组合成一个环环相扣的整体，意味着改变一个草图元素的形体，会影响整个草图形体。

11.2.3　草图的定义

　　草图可以有完全定义、欠定义、过定义三种。

　　1. 完全定义

　　完整而正确地描述了尺寸和几何关系，一般情况下，用黑色表示草图完全定义。意味着改变某元素的尺寸，则相关联的元素随之改变；

　　2. 欠定义

　　指几何关系未完全定义，元素可以移动或改变尺寸，当改变某一几何形体的尺寸时，其他本该关联的尺寸却没有改变。一般情况下，用蓝色表示草图欠定义，欠定义的草图名称前将有一个(.)的标记。

　　3. 过定义

　　指几何体被过多的尺寸和(或)几何关系互相约束，一般情况下，用红色表示草图过定义，过定义的草图名称前将有一个(+)的标记，当草图过定义时，一般系统将会给出提示。

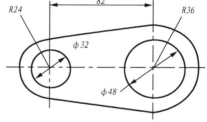

图 11.2 – 1

11.2.4　草图绘制举例

　　例题：在 Solidworks 中按草图绘制完成如图 11.2 – 1所示二维图形。

　　(1) 单击"草图绘制"，选择上视基准面，选择上视图投影方向，如图 11.2 – 2 所示；

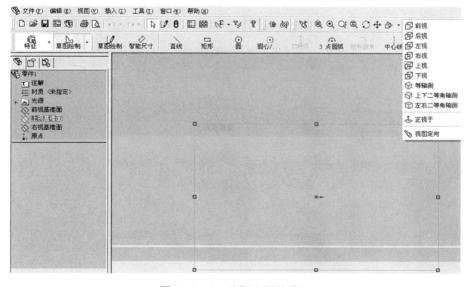

图 11.2 – 2　选择上视基准面

（2）各画两组圆，用"智能尺寸"标注尺寸，修改直径数值；再画两条直线与圆相交；如图 11.2-3 所示；

（3）添加几何关系：左边两个圆"同心"；右边两个圆"同心"，如图 11.2-4 所示；直线与圆相切，如图 11.2-5 所示；标注中心距"82"，如图 11.2-6 所示；

（4）图形定位：左边圆心与原点重合，如图 11.2-7 所示；左边圆心与右边圆心水平，如图 11.2-8 所示；则左右同心圆完全定义；

（5）裁剪多余的圆弧；退出草图绘制；如图 11.2-9 所示。

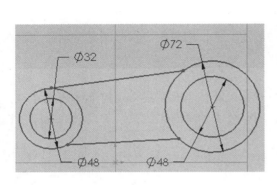

图 11.2-3　画草图并标注尺寸

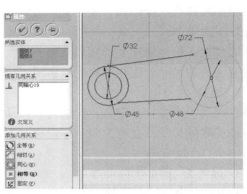

图 11.2-4　"同心"关系

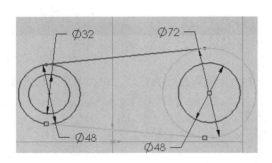

图 11.2-5　"相切"关系

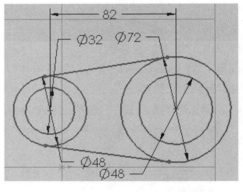

图 11.2-6　标定位尺寸

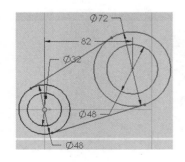

图 11.2-7　定位左侧圆心

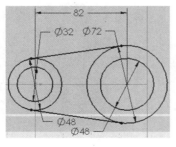

图 11.2-8　定位右侧圆心

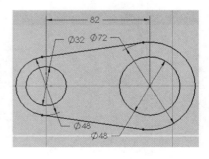

图 11.2-9　完成草图

11.3　组合体特征造型

例题：按照二维图形生成零件，如图 11.3 – 1 所示。

分析：该零件可分为底板、圆角、底板的 4 个孔、圆柱、圆柱内的阶梯孔等几部分，造型过程将按照零件的组成特点进行。

1. 建立新文档

主工具栏 ，新建 SolidWorks 文档对话框出现。有三种文件类型：零件、装配体、工程图，零件格式的文件保存为＊＊＊.prt。

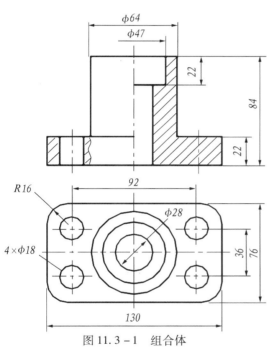

图 11.3 – 1　组合体

2. 特征拉伸 工具生成底板

选择"拉伸"特征，进入草图绘制状态。

（1）选择基准面：上视基准面。

（2）绘制矩形 工具：鼠标形状变为

，在任意位置，画任意尺寸的矩形。

（3）智能尺寸 ——标注定形尺寸，双击尺寸数字，修改长 130；宽 76；草图为蓝色。如图 11.3 – 2 所示。

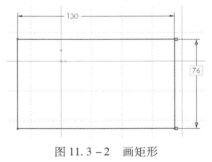

图 11.3 – 2　画矩形

（4）添加几何关系：单击矩形左下角点，按 Ctrl 键单击原点，选择"重合"，定位草图；

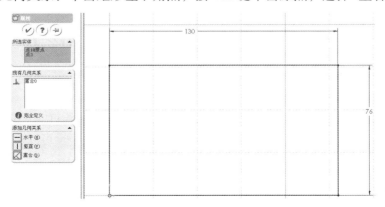

图 11.3 – 3　左下角点定位矩形

草图颜色由蓝色变为黑色；如图 11.3 - 3 所示。

或者：绘制矩形的中心线，使中心点与原点重合，方便以后绘图，如图 11.3 - 4 所示。

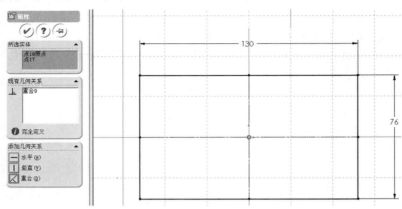

图 11.3 - 4　中心点定位矩形

（5）退出草图 <u>退出草图</u>，同时出现"拉伸属性管理框"；拉伸方向，拉伸终止条件选择"给定深度"，D1 输入 22；注意拉伸方向，如图 11.3 - 5 所示。单击√结束。

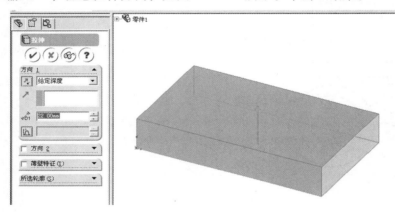

图 11.3 - 5　拉伸属性

拉伸 1 特征出现在 FeatureManager 设计树和图形区域中。

（6）单击标准工具栏上的保存 🖫，另存为对话框出现。在文件名框中键入"组合体"然后单击保存。程序会自动为文件名添加扩展名 . prt，并保存该文件。

3. 单击特征工具栏上的 🔘 圆角

（1）圆角类型选择：等半径；圆角项目：输入半径为 16；如图 11.3 - 6 所示。

（2）选择需倒圆角的边线，单击√；可以一次选择一条边线，也可以多选。

圆角 1 特征出现在 FeatureManager 设计树中。

4. 特征 🔳 拉伸切除 增加 4 个圆孔

（1）选择基准面：底板的上面，主工具栏 🔲 ▾ 调整视图为"上视图"；

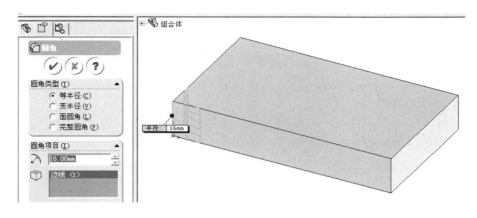

图 11.3 – 6　倒圆角

（2）绘制圆工具：在左下角位置画圆；

（3）智能尺寸 <>——标注圆的直径尺寸，双击尺寸数字，修改为 18；

（4）用定位尺寸定位圆：选中心线工具 中心线，绘制矩形中心线，系统自动找到矩形边线的中点；智能尺寸标注圆心与中心线的尺寸，修改数字为 46 和 18；

（5）生成 4 个圆：选圆、选一条中心线，单击 镜向实体 工具，则圆关于中心线镜像；重复操作，生成 4 个圆；如图 11.3 – 7 所示；

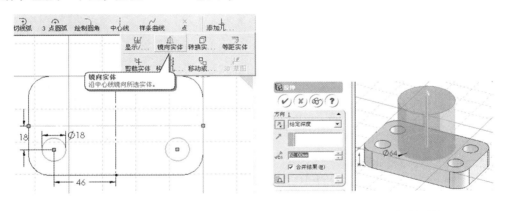

图 11.3 – 7　镜像圆孔　　　　　　　　图 11.3 – 8　拉伸圆柱

（6）退出草图 退出草图，同时出现"切除拉伸属性管理框"；终止条件选择"完全贯穿"，主工具栏 调整视图为"上下等轴测"。

5．特征拉伸 工具生成圆柱

基准面为底板上面；以中心线交点为圆心画圆，直径为 64；拉伸高度为 62；如图11.3 – 8。

6．生成 φ28 的通孔

（1）下拉菜单"插入"→"特征"→"钻孔"→"简单直孔"；按照提示"为孔中心选择平面

上的一位置",在圆柱顶面单击,选择"完全贯通",直径为28,单击√结束。注意,孔的中心点是选择面时鼠标单击的位置。

(2)定位孔的中心:设计树,在孔的草图名称上,右键单击,选择"编辑草图";选择 $\phi28$ 的圆,按住 Ctrl,选择顶面的大圆,选择"同心";如图 11 - 9 所示。

7. 生成 $\phi47$ 的阶梯孔

与前相似,孔的终止条件为"给定深度",深度为22,直径为47;编辑草图定位孔心,与 $\phi28$ 的圆同心;如图 11.3 - 10 所示。

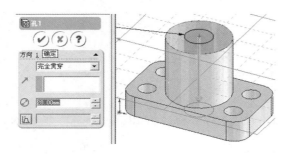

图 11.3 - 9 生成通孔

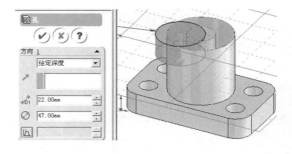

图 11.3 - 10 生成阶梯孔

当移动鼠标时,面、边线和顶点高亮显示以便区别出可选对象。另外,注意鼠标形状变为: ⊨ - 边线 ⊏ - 面 □ - 顶点

8. 编辑现有特征 (Editing Existing Features)

可以在任何时候编辑任何特征。

(1)单击标准视图⬚ ▾并选择上下二等角轴测;

(2)在 FeatureManager 设计树内,双击拉伸1,图形区域中显示特征的尺寸;双击22,修改对话框出现,将值设为30,然后单击重建模型 ❽ 用新尺寸更新特征。

9. 显示剖面视图(Displaying a Section View)

SolidWorks 可以随时显示模型的 3D 剖面视图。可以利用模型的面或基准面指定剖切平面。在以例1组合体为例,将使用对称基准面来切割模型视图。

(1)单击标准视图⬚ ▾,并选择上下二等角轴测;单击视图工具栏上的上色 ▱ 。

(2)单击视图工具栏上的剖面视图 ▨ ,剖面视图 Property Manager 出现;在剖面 1 下,前视基准面会默认出现在参考剖面框中;如图 11.3 - 11 所示。

(3)键入 -38 作为等距距离,然后按 Enter。剖切平面出现,距前视基准面后 38mm。

(4)切换至上视 ⬚ 上视 或前视 ⬚ 前视 视图,以便更好地理解剖面视图工具的原理。

(5)单击确定,零件的剖面视图出现。

(6)单击剖面视图 ▨ ,即会回到零件的完整显示,如图 11.3 - 12 所示。

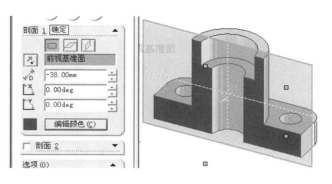

图 11.3 – 11　生成剖面视图

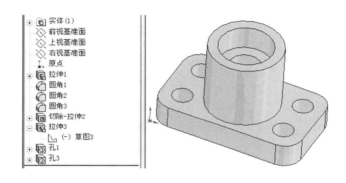

图 11.3 – 12　完成的造型及设计树

11.4　特征造型实例

以下的造型实例选自本教材配套的习题集。

【例 11 – 1】　棱柱的截切（选自习题集第 3 章第 7 题）

分析：该棱柱为正四棱柱，且以过上、下底面对角线的平面的法线方向为主投影方向，所以造型时应注意到此种情况，使拉伸棱柱的草图对角线为水平垂直的正交线段；截平面均为正垂面（上下两个水平面亦可看作是正垂面），所以利用一个平面多边形拉伸切除就可以得到要求的立体。

1. 打开 Solidworks，选择"前视基准面"为草图平面，用画直线命令画出一四边形；打开"添加几何关系"按钮，将四边设为全等且相邻两条边垂直，并以智能尺寸方式使边长为 100，如图 11.4 – 1 所示，退出草图；

2. 打开"特征 – 拉伸凸台"按钮，设置拉伸深度为 150，如图 11.4 – 2 所示。选择√按钮确认，可得所需的正四棱柱，如图 11.4 – 3 所示；

3. 选择"上视基准面"为草图平面，按图 11.4 – 4 画出草图；

4. 打开"特征 – 拉伸切除"按扭，设置拉伸方式为"两侧对称"，拉伸深度为 200（图 11.4 – 5），可得被平面剪切后的正四棱柱如图 11.4 – 6 所示。

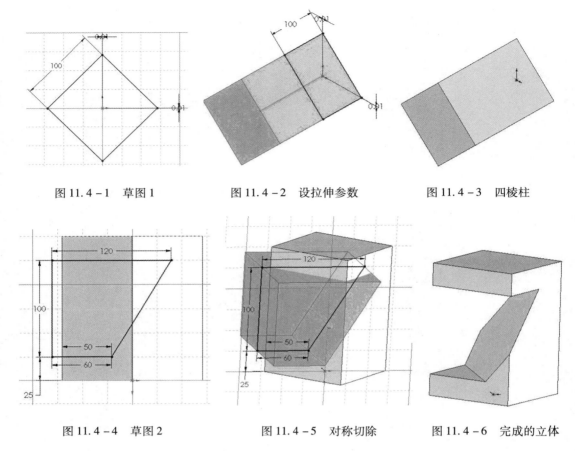

图 11.4-1　草图 1　　　　图 11.4-2　设拉伸参数　　　　图 11.4-3　四棱柱

图 11.4-4　草图 2　　　　图 11.4-5　对称切除　　　　图 11.4-6　完成的立体

【例 11-2】　圆筒的相贯

分析：该立体比较简单，只是在一个圆筒基本体上打了一个直径与圆筒内径相同的孔。

1. 打开 Solidworks 软件，点击"新建文件-零件"按钮；

2. 以"前视基准面"为草图平面，画两个同心圆，如图 11.4-7 所示，退出草图；

3. 点击"特征-拉伸凸台"，设置拉伸长度为 120，如图 11.4-8 所示，点击确定得图 11.4-9；

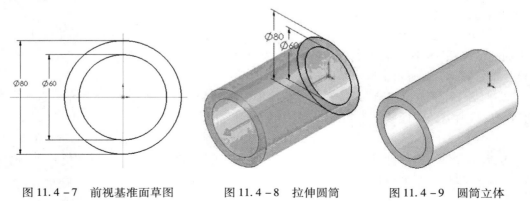

图 11.4-7　前视基准面草图　　　　图 11.4-8　拉伸圆筒　　　　图 11.4-9　圆筒立体

4. 以"上视基准面"为草图平面，如图 11.4 – 10 画出草图；

5. 点击"特征 – 拉伸切除"按钮，设置拉伸长度为 50，如图 11.4 – 11 所示，点击确定，图 11.4 – 12 为所需立体。图 11.4 – 13 是相贯体的剖视图。

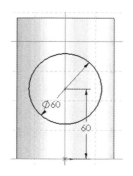

图 11.4 – 10　上视基准面画圆

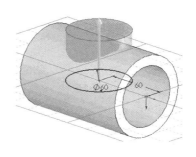

图 11.4 – 11　拉伸切除圆孔

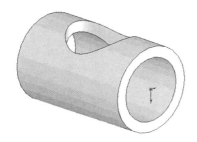

图 11.4 – 12　圆筒与孔相贯

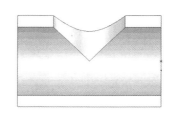

图 11.4 – 13　相贯线剖视图

【例 11 – 3】　底板 1 的造型［选自习题集第 4 章第 4 题(4)］

分析：该立体的基本体为四棱柱(长方体)，经将棱边倒圆角、在其上表面打孔、在底面开槽而成。

1. 打开 Solidworks，选择"新建文件 – 零件"；

2. 选择"前视基准面"为草图平面，如图 11.4 – 14 作出草图；

3. 点击"特征 – 拉伸凸台"按钮，设定拉伸长度为 12，如图 11.4 – 15 所示。点击确定按钮，得如图 11.4 – 16 所示的立体；

4. 点击"特征 – 圆角"，设定圆角半径为 9，选择四条棱边，如图 11.4 – 17 所示，点击确定按钮，得图 11.4 – 18 所示的立体；

5. 选择立体的上表面为草图平面，做如图 11.4 – 19 所示的草图，并点击"添加几何关系"，设定新画圆与圆角圆弧为同心关系；

6. 点击"特征 – 拉伸切除"，切除方式为"完全贯穿"，点击确定得如图 11.4 – 20 所示的立体；

7. 点击"特征 – 矩形阵列"，分别设定方向 1 为边线 1，排列距离为 36，数量为 2；方向 2 为边线 2，排列距离为 72，数量为 2，如图 11.4 – 21 所示。点击确定得如图 11.4 – 22 所示立体；

8. 选择立体的上水平面为草图平面，作图如图 11.4 – 23 所示；

9. 点击"特征 – 拉伸切除",设定切除方式为"完全贯穿",如图 11.4 – 24 所示,点击确定得如图 11.4 – 25 所示的立体。

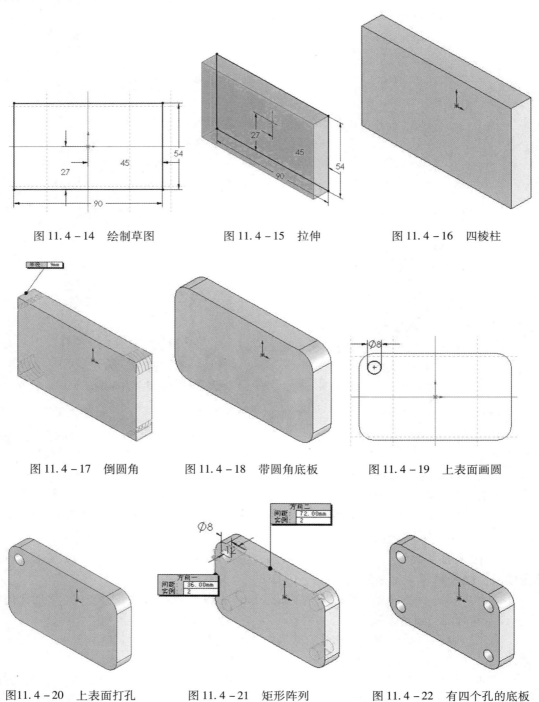

图 11.4 – 14　绘制草图　　　　图 11.4 – 15　拉伸　　　　图 11.4 – 16　四棱柱

图 11.4 – 17　倒圆角　　　　图 11.4 – 18　带圆角底板　　　　图 11.4 – 19　上表面画圆

图11.4 – 20　上表面打孔　　　　图 11.4 – 21　矩形阵列　　　　图 11.4 – 22　有四个孔的底板

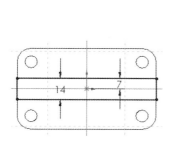 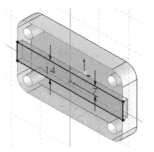 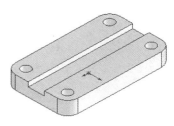

图 11.4 – 23　上表面画矩形　　图 11.4 – 24　拉伸切除　　图 11.4 – 25　完成的底板 1

【例 11 – 4】　底板 2 的造型［选自习题集第 4 章第 4 题(2)］

分析：该立体可以看作是由一个两端为小半圆弧的平面图形拉伸而成后，在立体的上面又叠加了一对小的凸台，然后切出长半圆槽而得到的。

1. 打开 Solidworks，点击"新建 – 零件"，以"前视基准面"为草图平面，作草图如图 11.4 – 26(注意利用图形的对称性和添加各元素之间的几何关系)；

2. 点击"特征 – 拉伸凸台"，设定拉伸长度为 15，点击"确定"后得图 11.4 – 27；

3. 以图 11.4 – 2 中立体的上表面为作图平面，作草图如图 11.4 – 28；

4. 点击"特征 – 拉伸凸台"，设定拉伸长度为 3，点击"确定"，得图 11.4 – 29；

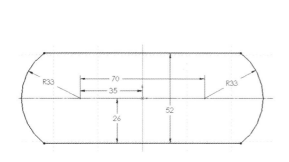 

图 11.4 – 26　底板草图　　　　　　　　　图 11.4 – 27　拉伸底板

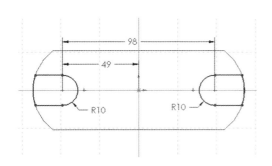 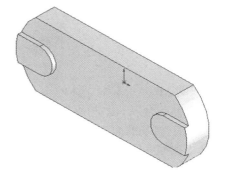

图 11.4 – 28　上表面画凸台草图　　　　　　图 11.4 – 29　拉伸凸台

5. 取图11.4－4中立体凸台上表面为作图平面，作草图如图11.4－30，点击"特征－拉伸切除"，切除方式设定为"完全贯穿"，点击确定得图11.4－31；

6. 点击"特征－镜像"，设定"右视基准面"为镜像平面，镜像特征为"切除拉伸1"如图11.4－32，点击确定，得所需立体如图11.4－33。

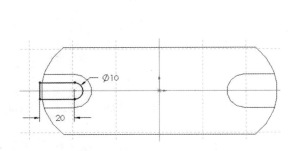

图11.4－30　上表面画长圆槽草图

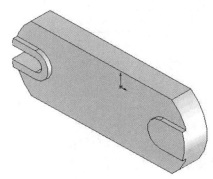

图11.4－31　拉伸切除长圆槽

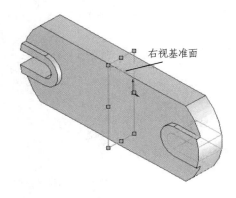

图11.4－32　镜像长圆槽

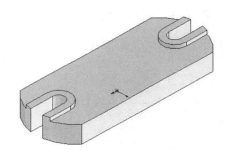

图11.4－33　完成的底板2

【例11－5】　零件1的造型（选自习题集第6章第11题）

该立体可以看作是由一块底板、一个圆柱以及一个带有通孔的半长圆柱体组合后，在顶部打出通孔的组合体。

1. 打开Solidworks，点击"新建－零件"，以"前视基准面"为草图平面，作草图如图11.4－34所示；

2. 点击"特征－拉伸凸台"，设定拉伸长度为14，点击确定，得如图11.4－35所示的立体；

3. 以图11.4－35中立体的上表面为草图平面，绘制如图11.4－36所示的草图；点击"特征－拉伸凸台"，设定拉伸长度为55，点击确定得如图11.4－37所示的立体；

4. 以"上视基准面"为草图平面，绘制如图11.4－38所示的草图；点击"特征－拉伸凸台"，设定拉伸方式为双向拉伸，拉伸长度为59，点击确定得如图11.4－39所示立体；

5. 以第4步所成形的长半圆柱体的前表面为草图平面，作如图11.4－40所示的草图；单击"特征－拉伸切除"，设定切除方式为"完全贯穿"，点击确定得如图11.4－41所示立体；

6. 以第3步所成形的圆柱的上表面为草图平面，作图如图11.4－42所示；点击"特征－

拉伸切除",设定切除方式为"完全贯穿",点击确定得如图 11.4 - 43 所示立体；

7. 以底板的上表面为草图平面,作草图如图 11.4 - 44(利用添加几何关系的方法确定两孔的位置);点击"特征 - 拉伸切除",设定切除方式为"完全贯穿",点击确定得如图 11.4 -45所示最终成形的立体。

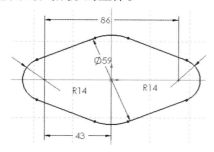

图 11.4 - 34　底板草图

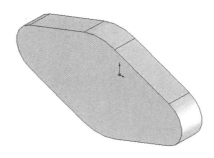

图 11.4 - 35　拉伸

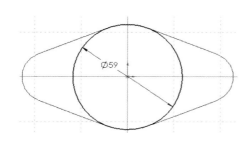

图 11.4 - 36　上表面画圆

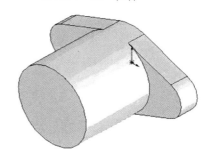

图 11.4 - 37　拉伸圆柱

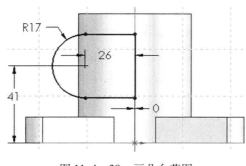

图 11.4 - 38　画凸台草图

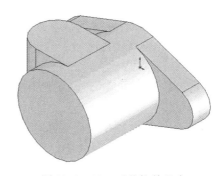

图 11.4 - 39　对称拉伸凸台

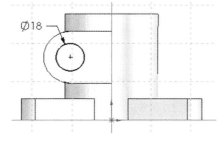

图 11.4 - 40　凸台表面画圆

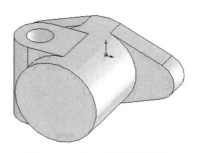

图 11.4 - 41　拉伸切除圆孔

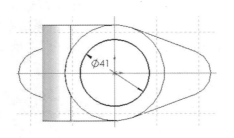

图 11.4 - 42　圆柱顶面画圆

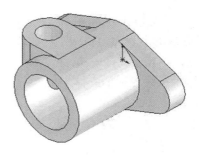

图 11.4 - 43　拉伸切除圆孔

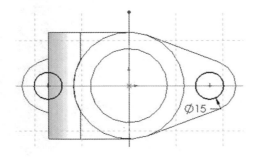

图 11.4 - 44　底板上表面画圆

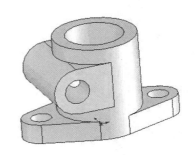

图 11.4 - 45　拉伸切除圆孔

【例 11 - 6】　零件 2 的造型［选自习题集第 4 章第 4 题(3)］

分析：该立体比较复杂，由一块底板与一个圆筒经由中间的连接板支承，又与一块肋板共同组合而成。由于底板的水平对称面与圆筒水平对称面属平行关系，所以圆筒的造型需要参考面。

1. 打开 Solidworks，以"前视基准面"为草图平面，绘制草图如图 11.4 - 46(利用前后对称关系，确定两长圆孔的位置)；点击"特征 - 拉伸凸台"，设定拉伸长度为 13，点击确定得如图 11.4 - 47 的立体；

2. 点击"特征 - 圆角"，设定圆角半径为 5，四条棱边为修改对象，点击确定得如图 11.4 - 48 的立体；

3. 以第 2 步所得立体的上表面为草图平面，作草图如图 11.4 - 49；以"上视基准面"为草图平面，作草图如图 11.4 - 50；点击"特征 - 扫描"，设定"扫描轮廓"为图 11.4 - 49 中所作草图、"扫描路径"为图 11.4 - 50 所作草图，点击确定得如图 11.4 - 51 所示立体；

4. 下拉菜单"插入/参考几何体/基准面"，设定参考对象为"前视基准面"，距离为 38，点击确定得如图 11.4 - 52 的基准面；

5. 以第 4 步所得基准面为草图平面，作草图如图 11.4 - 53；点击"特征 - 拉伸凸台"，设定拉伸方式为"双向拉伸"，拉伸长度为 26，点击确定得如图 11.4 - 54 的立体；

6. 以上一步得到的圆柱的上表面为草图平面，绘制草图如图 11.4 - 55；点击"特征 - 拉伸切除"，设定切除方式为"完全贯穿"，点击确定得如图 11.4 - 56 所示立体；

7. 以"上视基准面"为草图平面，绘制如图 11.4 - 57 的草图；点击"特征 - 筋"，设定"拉伸厚度"为 11，拉伸方向为"水平拉伸"(第一选项)，并选定"反转材料边"选项，点击确定得如图 11.4 - 58 所示立体。

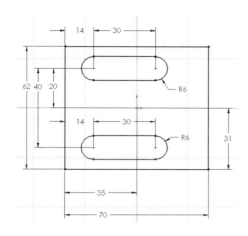

图 11.4－46　画底板草图

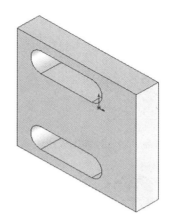

图 11.4－47　拉伸底板

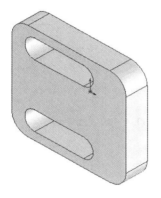

图 11.4－48　底板倒圆角

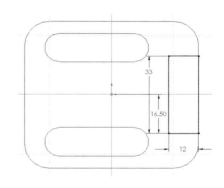

图 11.4－49　扫描截面草图

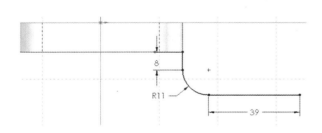

图 11.4－50　扫描路径草图

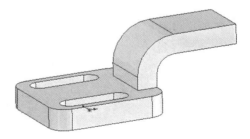

图 11.4－51　扫描生成连接板

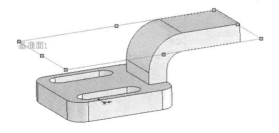

图 11.4－52　生成基准面

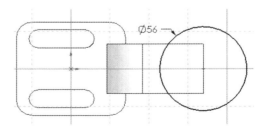

图 11.4－53　画圆

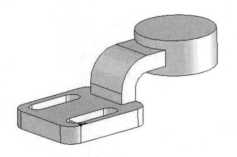

图 11.4 – 54　拉伸生成圆柱

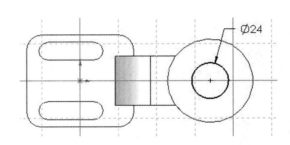

图 11.4 – 55　圆柱顶面画圆

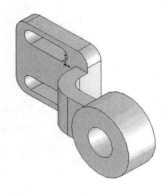

图 11.4 – 56　拉伸切除打孔

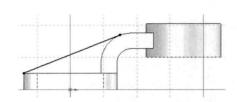

图 11.4 – 57　画肋板

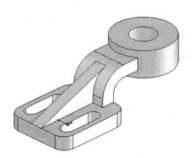

图 11.4 – 58　完成的零件 2

附 录

附 录 1

1 普通螺纹(GB/T 196—2003)

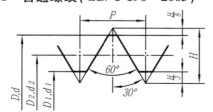

标记示例

公称直径24mm,螺距1.5mm,右旋的细牙普通螺纹:

M24×1.5

附表 1-1 直径与螺距系列、基本尺寸

mm

公称直径 (大径) D、d	螺 距 P		粗牙小径 D_1、d_1	公称直径 (大径) D、d	螺 距 P		粗牙小径 D_1、d_1
3	0.5	0.35	2.459	18	2.5	2, 1.5, 1	15.294
3.5	0.6		2.850	20	2.5		17.294
4	0.7	0.5	3.242	22	2.5		19.294
4.5	0.75		3.688	24	3		20.752
5	0.8		4.134	25	2	1.5, 1	22.835
5.5	0.5		4.959	26	1.5		24.376
6	1	0.75	4.917	27	3	2, 1.5, 1	23.752
7	1		5.917	28	2	1.5, 1	25.835
8	1.25	1, 0.75	6.647	30	3.5	3, 2, 1.5, 1	26.211
9	1.25		7.647	32	2	1.5	29.835
10	1.5	1.25, 1, 0.75	8.376	33	3.5	3, 2, 1.5	29.211
11	1.5	1, 1.75	9.376	35	1.5		33.376
12	1.75	1.5, 1.25, 1	10.106	36	4	3, 2, 1.5	31.670
14	2	1.5, 1.25, 1	11.835	38	1.5		36.376
15	1.5	1	13.376	39	4	3, 2, 1.5	34.670
16	2	1.5, 1	13.835	40	3	2, 1.5	36.752
17	1.5	1	15.376	42	4.5	4, 3, 2, 1.5	37.129

注:中径 D_2、d_2 未列入。

2 梯形螺纹(GB/T 5796.3—2005)

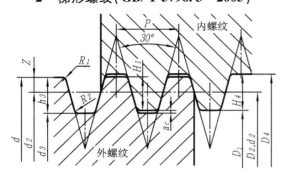

a_c——牙顶间隙;

D_4——设计牙型上的内螺纹大径,$D_4 = d + 2 a_c$;

D_2——设计牙型上的内螺纹中径,$D_2 = d_2 = d - H_1 = d - 0.5P$;

D_1——设计牙型上的内螺纹小径,$D_1 = d - 2H_1 = d - P$;

d——设计牙型上的外螺纹大径(公称直径);

d_2——设计牙型上的外螺纹中径,$d_2 = D_2 = d - H_1 = d - 0.5P$;

d_3——设计牙型上外螺纹小径,$d_3 = d - 2h_3 = d - P - 2a_c$;

H_1——设计牙型牙高;

H_4——设计牙型上的内螺纹牙高;

h_3——设计牙型上的外螺纹牙高;

P——螺距;

·251·

附表 1-2　梯形螺纹基本尺寸　　　　　　　　　　　　　　mm

公称直径 d 第一系列	第二系列	螺距 P	中径 $d_2=D_2$	大径 D_4	小径 d_3	小径 D_1	公称直径 d 第一系列	第二系列	螺距 P	中径 $d_2=D_2$	大径 D_4	小径 d_3	小径 D_1
8		1.5	7.250	8.300	6.200	6.500	32		3	30.500	32.500	28.500	29.000
	9	1.5	8.250	9.300	7.200	7.500			6	29.000	33.000	25.000	26.000
		2	8.000	9.500	6.500	7.000			10	27.000	33.000	21.000	22.000
10		1.5	9.250	10.300	8.200	8.500		34	3	23.500	34.5	30.5	31.000
		2	9.000	10.500	7.500	8.000			6	31.000	35.000	27.000	28.000
	11	2	10.000	11.500	8.500	9.000			10	29.000	35.000	23.000	24.000
		3	9.500	11.500	7.500	8.000		36	3	34.500	26.500	32.500	33.000
12		2	11.000	12.500	9.500	10.000			6	33.000	27.000	29.000	30.000
		3	10.50	12.500	8.500	9.000			10	1.000	27.000	25.000	26.00
	14	2	13.000	14.500	11.500	12.000		38	3	36.500	38.500	34.500	35.000
		3	12.500	14.500	10.500	11.000			7	34.500	39.000	30.000	31.000
16		2	15.000	16.500	13.500	14.000			10	33.000	39.000	27.000	28.000
		4	14.000	16.500	11.500	12.000	40		3	38.500	40.500	36.500	37.000
	18	2	17.000	18.500	15.500	16.000			7	36.500	41.000	32.000	33.000
		4	16.000	18.500	13.500	14.000			10	35.000	41.000	29.000	30.000
20		2	19.000	20.500	17.500	18.000		42	3	40.500	42.500	38.500	39.000
		4	18.000	20.500	15.500	16.000			7	38.500	43.000	34.000	35.000
	22	3	20.500	22.500	18.500	19.000			10	37.000	43.000	31.000	32.000
		5	19.500	22.500	16.500	17.000	44		3	42.500	44.5	40.5	41.000
		8	18.000	23.000	13.00	14.000			7	40.500	45.000	36.000	37.000
24		3	22.500	24.500	20.500	21.000			12	38.000	45.000	31.000	32.000
		5	21.500	24.500	18.500	19.000		46	3	44.500	46.500	42.500	43.000
		8	20.000	25.000	15.000	16.000			8	42.000	47.000	37.000	38.000
	26	3	24.500	26.500	22.500	23.000			12	40.000	47.000	33.000	34.000
		5	23.500	26.500	20.500	21.000	48		3	46.500	48.500	44.500	45.000
		8	22.000	27.000	17.000	18.000			8	44.000	49.000	39.000	40.000
28		3	26.500	28.500	24.500	25.000			12	42.000	49.000	35.000	36.000
		5	25.500	28.500	22.500	23.000		50	3	48.500	50.500	46.500	47.000
		8	14.000	29.000	19.000	20.000			8	46.000	51.000	41.000	42.000
	30	3	28.500	30.500	26.500	27.000			12	44.000	51.000	37.000	38.000
		6	27.000	31.000	23.000	24.000	52		3	50.500	52.500	48.500	49.000
		10	25.000	31.000	19.000	20.000			8	48.000	53.000	43.000	44.000
									12	46.000	53.000	39.000	40.000

3　管螺纹

55°非密封管螺纹（GB/T 7307—2001）

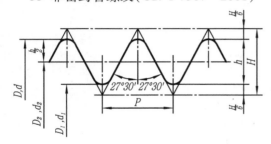

标记示例

尺寸代号 2，右旋，圆柱内螺纹：G 2

尺寸代号 3，右旋，A 级圆柱外螺纹：G 3 A

尺寸代号 2，左旋，圆柱内螺纹：G 2 LH

尺寸代号 4，左旋，B 级圆柱外螺纹：G 4 B－LH

附表 1-3　非密封管螺纹的基本尺寸　　　　　　　　　　mm

尺寸代号	每25.4mm内所含的牙数 n	螺距 P	牙高 h	基 本 直 径		
				大径 $d = D$	中径 $d_2 = D_2$	小径 $d_1 = D_1$
1/16	28	0.907	0.581	7.723	7.142	6.561
1/8	28	0.907	0.581	9.728	9.147	8.566
1/4	19	1.337	0.856	13.157	12.301	11.445
3/8	19	1.337	0.856	16.662	15.806	14.950
1/2	14	1.814	1.162	20.955	19.793	18.631
5/8	14	1.814	1.162	22.911	21.749	20.587
3/4	14	1.814	1.162	26.441	25.279	24.117
7/8	14	1.814	1.162	30.201	29.039	27.877
1	11	2.309	1.479	33.249	31.770	30.291
1⅛	11	2.309	1.479	37.897	36.418	34.939
1¼	11	2.309	1.479	41.910	40.431	38.952
1½	11	2.309	1.479	47.803	46.324	44.845
1¾	11	2.309	1.479	53.746	52.267	50.788
2	11	2.309	1.479	59.614	58.135	56.656
2¼	11	2.309	1.479	65.701	64.231	62.752
2½	11	2.309	1.479	75.184	73.705	72.226
2¾	11	2.309	1.479	81.534	80.055	78.576
3	11	2.309	1.479	87.884	86.405	84.926
3½	11	2.309	1.479	100.330	98.851	97.372
4	11	2.309	1.479	113.030	111.551	110.072
4½	11	2.309	1.479	125.730	124.251	122.772
5	11	2.309	1.479	138.430	136.951	135.472
5½	11	2.309	1.479	151.130	149.651	148.172
6	11	2.309	1.479	163.830	162.351	160.872

55°密封管螺纹　第 1 部分　圆柱内螺纹与圆锥外螺纹(GB/T 7306.1—2000)
　　　　　　　第 2 部分　圆锥内螺纹与圆锥外螺纹(GB/T 7306.2—2000)

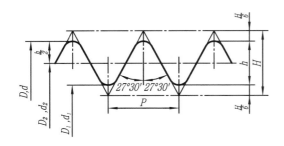

圆柱内螺纹与圆锥外螺纹标记示例
尺寸代号3/4,右旋,圆柱内螺纹：Rp 3/4
尺寸代号3,右旋,圆锥外螺纹：R_1 3
尺寸代号3/4,左旋,圆柱内螺纹：Rp 3/4LH

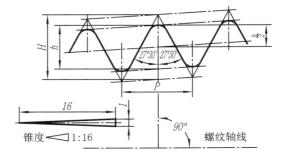

圆锥内螺纹与圆锥外螺纹标记示例
尺寸代号3/4,右旋,圆锥内螺纹：Rc 3/4
尺寸代号3,右旋,圆锥外螺纹：R_2 3
尺寸代号3/4,左旋,圆锥内螺纹：Rc 3/4LH

附表 1－4　螺纹的基本尺寸及其公差　　　　　　　　　　　mm

1	2	3	4	5	6	7	8	9	10	11	12	15
尺寸代号	每25.4mm内所含的牙数 n	螺距 P	牙高 h	基准平面内的基本直径			基 准 距 离					外螺纹的有效螺纹不小于（基准距离为基准）
				大径（基准直径）$d=D$	中径 $d_2=D_2$	小径 $d_1=D_1$	基本	极限偏差 $\pm T_1/2$		最大	最小	
								mm	圈数			
1/16	28	0.907	0.581	7.723	7.142	6.561	4	0.9	1	4.9	3.1	6.5
1/8	28	0.907	0.581	9.728	9.147	8.566	4	0.9	1	4.9	3.1	6.5
1/4	19	1.337	0.856	13.157	12.301	11.445	6	1.3	1	7.3	4.7	9.7
3/8	19	1.337	0.856	16.662	15.806	14.950	6.4	1.3	1	7.7	5.1	10.1
1/2	14	1.814	1.162	20.955	19.793	18.631	8.2	1.8	1	10.0	6.4	13.2
3/4	14	1.814	1.162	26.441	25.279	24.117	9.5	1.8	1	11.3	7.7	14.5
1	11	2.309	1.479	33.249	31.770	30.291	10.4	2.3	1	12.7	8.1	16.8
1¼	11	2.309	1.479	41.910	40.431	38.952	12.7	2.3	1	15.0	10.4	19.1
1½	11	2.309	1.479	47.803	46.324	44.845	12.7	2.3	1	15.0	10.4	19.1
2	11	2.309	1.479	59.614	58.135	56.656	15.9	2.3	1	18.2	13.6	23.4
2½	11	2.309	1.479	75.184	73.705	72.226	17.5	3.5	1	21	14.0	16.7
3	11	2.309	1.479	87.884	86.405	84.926	20.6	3.5	1½	24.1	17.1	19.8
4	11	2.309	1.479	113.030	111.551	110.072	25.4	3.5	1½	28.9	21.9	35.8
5	11	2.309	1.479	138.430	136.951	135.472	28.6	3.5	1½	32.1	25.1	40.1
6	11	2.309	1.479	163.830	162.351	160.872	28.6	3.5	1½	32.1	25.1	40.1

注：未列入 13、14、16、17、18、19 列。

附　录　2

1　螺栓——A 和 B 级（GB/T 5782—2000）

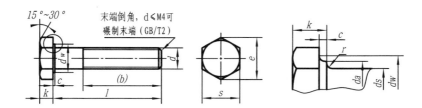

标记示例

螺纹规格 $d = $ M12 、公称长度 $l = $ 80mm、性能等级为 8.8 级，表面氧化、A 级的六角头螺栓：

螺栓 GB/T 5782 M12 × 80

附表 2 - 1　优选的螺纹规格　　　　　　　　　　　　　mm

螺纹规格 d			M5	M6	M8	M10	M12	M16	M20	M24	M30	M36	M42	M48	M56
b 参 考	$l_{公称} \leqslant 125$		16	18	22	26	30	38	46	54	66	—	—	—	—
	$125 < l_{公称} \leqslant 200$		22	24	28	32	36	44	52	60	72	84	96	108	—
	$l_{公称} > 200$		35	37	41	45	49	57	65	73	85	97	109	121	137
c max			0.5	0.5	0.6	0.6	0.6	0.8	0.8	0.8	0.8	0.8	1	1	1
d_a			5.7	6.8	9.2	11.2	13.7	17.7	22.4	26.4	33.4	39.4	45.6	52.6	63
d_s	max		5.00	6.00	8.00	10.00	12.00	16.00	20.00	24.00	30.00	36.00	42.00	48.00	56.00
	min	A	4.82	5.82	7.78	9.78	11.73	15.73	19.67	23.67	—	—	—	—	—
		B	4.70	5.70	7.64	9.64	11.57	15.57	19.48	23.48	29.48	35.38	41.38	47.38	55.26
d_w	min	A	6.88	8.88	11.63	14.63	16.63	22.49	28.19	33.61	—	—	—	—	—
		B	6.74	8.74	11.47	14.47	16.47	22	27.7	33.25	42.75	51.11	59.95	69.54	78.66
e	min	A	8.79	11.05	14.38	17.77	20.03	26.75	33.53	39.98	—	—	—	—	—
		B	8.63	10.89	14.20	17.59	19.85	26.17	32.95	39.55	50.85	60.79	72.02	82.6	93.56
k　公称			3.5	4	5.3	6.4	7.5	10	12.5	15	18.7	22.5	26	30	35
r　min			0.2	0.25	0.4	0.4	0.6	0.6	0.8	0.8	1	1	1.2	1.6	2
s　公称 = max			8.00	10.00	13.00	16.00	18.00	24.00	30.00	36.00	46	55.0	65.0	75.0	85.0
l（商品规格范围 及通用规格）			25 ~ 50	30 ~ 60	40 ~ 80	45 ~ 100	50 ~ 120	65 ~ 160	80 ~ 200	90 ~ 240	110 ~ 300	140 ~ 360	160 ~ 400	180 ~ 480	220 ~ 500
L 系列			20，25，30，35，40，45，50，(55)，60，(65)，70，80，90，100，110，120，130，140，150，160，180，200，220，240，260，280，300，320，340，360，380，400，420，440，460，480，500												

注：（1）A 和 B 为产品等级，A 级用于 $d = 1.6 \sim 24$mm 和 $l \leqslant 10d$ 或 $l \leqslant 150$mm（按较小值）的螺栓；B 级用于 $d > 24$mm 或 $l > 10d$ 或 $l > 150$mm（按较小值）的螺栓。

（2）材料为钢的螺栓性能等级有 5.6、8.8、9.8、10.9 级，其中 8.8 级为常用。

（3）表中未列出 M3、M4、M64 的螺纹规格。

2 螺母

六角螺母 – C 级（GB/T 41—2000）

1 型六角螺母 – A 级和 B 级（GB/T 6170—2000）

标记示例

螺母规格 D = M12、性能等级为 5 级、不经表面处理、C 级的六角螺母：

螺母 GB/T 41 M12

螺母规格 D = M12、性能等级为 8 级、不经表面处理、A 级的 1 型六角螺母：

螺母 GB/T 6170 M12

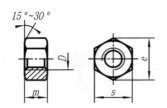

附表 2－2   mm

螺纹规格 D		M3	M4	M5	M6	M8	M10	M12	M16	M20	M24	M30	M36
e min	GB/T 41—2000	—	—	8.63	10.89	14.20	17.59	19.85	26.17	32.95	39.55	50.85	60.79
	CB/T 6170—2000	6.01	7.66	8.79	11.05	14.38	17.77	20.03	26.75	32.95	39.55	50.85	60.79
S 公称 = max	GB/T 41—2000	—	—	8	10	13	16	18	24	30	36	46	55
	GB/T 6170—2000	5.5	7	8	10	13	16	18	24	30	36	46	55
m max	GB/T 41—2000	—	—	5.6	6.1	7.9	9.5	12.2	15.9	18.7	22.3	26.4	31.5
	GB/T 6170—2000	2.4	3.2	4.7	5.2	6.8	8.4	10.8	14.8	18	21.5	25.6	31

注：（1）A 级用于 $D \leq 16$；B 级用于 $D > 16$，产品等级 A、B 由公差取值决定，A 级公差数值小。

（2）材料为钢的螺母：GB/T 6170 的性能等级有 6、8、10 级，8 级为常用；GB/T 41 的性能等级为 4 和 5 级。

（3）GB/T 41—2000 规定螺母的螺纹规格为 M5～M64；GB/T 6170—2000 规定螺母的螺纹规格为 M1.6～M64。

3 螺钉

开槽圆柱头螺钉（GB/T 65-2000） 开槽盘头螺钉（GB/T 67-2000）

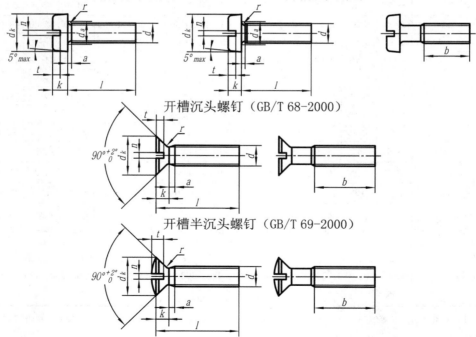

开槽沉头螺钉（GB/T 68-2000）

开槽半沉头螺钉（GB/T 69-2000）

标记示例

螺纹规格 d = M5、公称长度 l = 20mm、性能等级为 4.8 级、不经表面处理的开槽圆柱头螺钉

螺钉 GB/T 65 M5 × 20

附表 2－3   mm

螺纹规格 d		M1.6	M2	M2.5	M3	(M3.5)	M4	M5	M6	M8	M10
a max		0.7	0.8	0.9	1	1.2	1.4	1.6	2	2.5	3
b min		25				38					
n 公称		0.4	0.5	0.6	0.8	1	1.2	1.6	2	2.5	
GB/T 65	d_k max	3	3.8	4.5	5.5	6	7	8.5	10	13	16
	k max	1.1	1.4	1.8	2	2.4	2.6	3.3	3.9	5	6
	t min	0.45	0.6	0.7	0.85	1	1.1	1.3	1.6	2	2.4
	d_a max	2	2.6	3.1	3.6	4.1	4.7	5.7	6.8	9.2	11.2
	r min	0.1					0.2		0.25	0.4	
	l 范围(公称)	2~16	3~20	3~25	4~30	5~35	5~40	6~50	8~60	10~80	12~80
	全螺纹时最大长度	2~30	3~30	3~30	4~30	5~40	5~40	6~40	8~40	10~40	12~40
GB/T 67	d_k max	3.2	4	5	5.6	7	8	9.5	12	16	20
	k max	1	1.3	1.5	1.8	2.1	2.4	3	3.6	4.8	6
	t min	0.35	0.5	0.6	0.7	0.8	1	1.2	1.4	1.9	2.4
	d_a max	2	2.6	3.1	3.6	4.1	4.7	5.7	6.8	9.2	11.2
	r min	0.1					0.2		0.25	0.4	
	l 范围(公称)	2~16	2.5~20	3~25	4~30	5~35	5~40	6~50	8~60	10~80	12~80
	全螺纹时最大长度	2~30	2.5~30	3~30	4~30	5~40	5~40	6~40	8~40	10~40	12~40
GB/T 68 GB/T 69	d_k max	3	3.8	4.7	5.5	7.3	8.4	9.3	11.3	15.8	18.3
	k max	1	1.2	1.5	1.65	2.35	2.7	2.7	3.3	4.65	5
	r max	0.4	0.5	0.6	0.8	0.9	1	1.3	1.5	2	2.5
	t min GB/T 68	0.32	0.4	0.5	0.6	0.9	1	1.1	1.2	1.8	2
	t min GB/T 69	0.64	0.8	1	1.2	1.45	1.6	2	2.4	3.2	3.8
	$f\approx$	0.4	0.5	0.6	0.7	0.8	1	1.2	1.4	2	2.3
	l 范围(公称)	2.5~16	3~20	4~25	5~30	6~35	6~40	8~50	8~60	10~80	12~80
	全螺纹时最大长度	2.5~30	3~30	4~30	5~30	6~45	6~45	8~45	8~45	10~45	12~45
l 系列(公称)		2, 2.5, 3, 4, 5, 6, 8, 10, 12, (14), 16, 20, 25, 30, 35, 40, 45, 50, (55), 60, (65), 70, (75), 80									

开槽锥端紧定螺钉（GB/T 71-1985）　　　　开槽锥端定位螺钉（GB/T 72-1988）

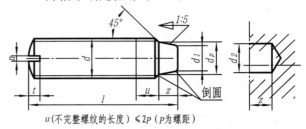

u(不完整螺纹的长度)$\leqslant 2P$（P为螺距）

开槽平端紧定螺钉（GB/T 73-1985）　　　　开槽凹端紧定螺钉（GB/T 74-1985）

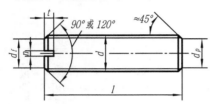
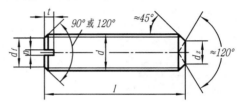

开槽长圆柱端紧定螺钉（GB/T 75-1985）

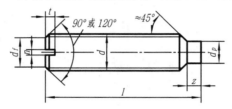

标记示例

螺纹规格 d = M5，公称长度 l = 12mm、性能等级为 12H 级、表面氧化的开槽锥端紧定螺钉：
螺钉 GB/T 71 M5×12

附表 2 – 4
mm

螺纹规格 d		M1.2	M1.6	M2	M2.5	M3	M4	M5	M6	M8	M10	M12
螺距 P		0.25	0.35	0.4	0.45	0.5	0.7	0.8	1	1.25	1.5	1.75
$d_f \approx$		螺纹小径										
n 公称		0.2	0.25			0.4		0.6	0.8	1	1.2	1.6	2
t max		0.52	0.74	0.84	0.95	1.05	1.42	1.63	2	2.5	3	3.6
$d_1 \approx$		—	—	—	—	1.7	2.1	2.5	3.4	4.7	6	7.3
d_2（推荐）		—	—	—	—	1.8	2.2	2.6	3.5	5	6.5	8
d_z max		—	0.8	1	1.2	1.4	2	2.5	3	5	6	8
d_t max		0.12	0.16	0.2	0.25	0.3	0.4	0.5	1.5	2	2.5	3
d_p max		0.6	0.8	1	1.5	2	2.5	3.5	4	5.5	7	8.5
z	GB/T 75	—	1.05	1.25	1.5	1.75	2.25	2.75	3.25	4.3	5.3	6.3
	GB/T 72				1.5		2	2.5	3	4	5	6
l 范围（公称）	GB/T 71	2～6	2～8	3～10	3～12	4～16	6～20	8～25	8～30	10～40	12～50	14～60
	GB/T 72	—	—	—	4～16	4～20	5～20	6～25	8～35	10～45	12～50
	GB/T 73	2～6	2～8	2～10	2.5～12	3～16	4～20	5～25	6～30	8～40	10～50	12～60
	GB/T 74	—	2～8	2.5～10	3～12	3～16	4～20	5～25	6～30	8～40	10～50	12～60
	GB/T 75	—	2.5～8	3～10	4～12	5～16	6～20	8～25	8～30	10～40	12～50	14～60
l 系列（公称）		2, 2.5, 3, 4, 5, 6, 8, 10, 12, (14), 16, 20, 25, 30, 35, 40, 45, 50, (55), 60										

4　双头螺柱

双头螺柱——$b_m = d$（GB/T 897—1988）

双头螺柱——$b_m = 1.25d$（GB/T 898—1988）

双头螺柱——$b_m = 1.5d$（GB/T 899—1988）

双头螺柱——$b_m = 2d$（GB/T 900—1988）

标记示例

两端均为粗牙普通螺纹，$d = 10\text{mm}$，$l = 50\text{mm}$，性能等级为4.8级，不经表面处理，B型，$b_m = 1d$ 的双头螺柱：

螺柱 GB/T 897 M10×50

旋入端为粗牙普通螺纹，紧固端为螺距 $P = 1\text{mm}$ 的细牙普通螺纹，$d = 10\text{mm}$，$l = 50\text{mm}$，性能等级为4.8级，不经表面处理，A 型 $b_m = 1.25d$ 的双头螺柱：

螺柱 GB/T 898 AM10—M10×1×50

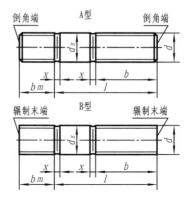

$d_s \approx$ 螺纹中径(仅适用于 B 型)

附表 2 - 5

mm

螺纹规格 d		M5	M6	M8	M10	M12	M16
b_m	GB/T 897	5	6	8	10	12	16
	GB/T 898	6	8	10	12	15	20
	GB/T 899	8	10	12	15	18	24
	GB/T 900	10	12	16	20	24	28
d		5	6	8	10	12	16
x		1.5P	1.5P	1.5P	1.5P	1.5P	1.5P
$\dfrac{l}{b}$		$\dfrac{16 \sim 22}{10}$	$\dfrac{22 \sim 22}{10}$	$\dfrac{20 \sim 22}{12}$	$\dfrac{25 \sim 28}{14}$	$\dfrac{25 \sim 30}{16}$	$\dfrac{30 \sim 38}{20}$
		$\dfrac{25 \sim 50}{16}$	$\dfrac{25 \sim 30}{14}$	$\dfrac{25 \sim 30}{16}$	$\dfrac{30 \sim 38}{16}$	$\dfrac{32 \sim 40}{20}$	$\dfrac{40 \sim 55}{30}$
			$\dfrac{32 \sim 75}{18}$	$\dfrac{32 \sim 90}{22}$	$\dfrac{40 \sim 120}{26}$	$\dfrac{45 \sim 120}{30}$	$\dfrac{60 \sim 120}{38}$
					$\dfrac{130}{32}$	$\dfrac{130 \sim 180}{36}$	$\dfrac{130 \sim 200}{44}$
螺纹规格 d		M20	M24	M30	M36	M42	M48
b_m	GB/T 897	20	24	30	36	42	48
	GB/T 898	25	30	38	45	52	60
	GB/T 899	30	36	45	54	65	72
	GB/T 900	40	48	60	72	84	96
d		20	24	30	36	42	48
x		1.5P	1.5P	1.5P	1.5P	1.5P	1.5P
$\dfrac{l}{b}$		$\dfrac{35 \sim 40}{25}$	$\dfrac{45 \sim 50}{30}$	$\dfrac{60 \sim 65}{40}$	$\dfrac{60 \sim 75}{45}$	$\dfrac{60 \sim 80}{50}$	$\dfrac{80 \sim 90}{60}$

续表

螺纹规格 d	M20	M24	M30	M36	M42	M48
$\dfrac{l}{b}$	$\dfrac{45\sim65}{35}$ $\dfrac{70\sim120}{46}$ $\dfrac{130\sim200}{52}$	$\dfrac{55\sim75}{45}$ $\dfrac{80\sim120}{54}$ $\dfrac{130\sim200}{60}$	$\dfrac{70\sim90}{50}$ $\dfrac{95\sim120}{60}$ $\dfrac{130\sim200}{72}$ $\dfrac{210\sim250}{85}$	$\dfrac{80\sim110}{60}$ $\dfrac{120}{78}$ $\dfrac{130\sim200}{84}$ $\dfrac{210\sim300}{91}$	$\dfrac{85\sim110}{70}$ $\dfrac{120}{90}$ $\dfrac{130\sim200}{96}$ $\dfrac{210\sim300}{109}$	$\dfrac{95\sim110}{80}$ $\dfrac{120}{102}$ $\dfrac{130\sim200}{108}$ $\dfrac{210\sim300}{121}$
l 系列（公称）	16，（18），20，（22），25，（28），30，（32），35，（38），40，45，50，（55），60，（65），70，（75），80，90，（95），100，110，120，130，140，150，160，170，180，190，200，210，220，230，240，250，260，280，300					

注：括号内数值尽可能不采用。$b_m = d$ 一般用于钢对钢；$b_m = (1.25\sim1.5)d$ 一般用于钢对铸铁；$b_m = 2d$ 一般用于钢对铝合金。

5 垫圈

小垫圈　A级（GB/T 848—2002）　　　平垫圈　倒角型　A级（GB/T 97.2—2002）
平垫圈　A级（GB/T 97.1—2002）

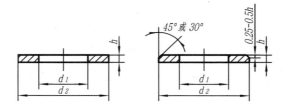

标记示例

标准系列、公称规格8mm，由钢制造的硬度等级为200HV级，不经表面处理、产品等级为A级的平垫圈：

垫圈 GB/T 97.1 8

附表 2－6　　　　　　　　　　mm

螺纹规格（螺纹大径）d		1.6	2	2.5	3	4	5	6	8	10	12	16	20	24	30	36
d_1	GB/T 848—2002	1.7	2.2	2.7	3.2	4.3	5.3	6.4	8.4	10.5	13	17	21	25	31	37
	GB/T 97.1—2002	1.7	2.2	2.7	3.2	4.3	5.3	6.4	8.4	10.5	13	17	21	25	31	37
	GB/T 97.2—2002	—	—	—	—	—	5.3	6.4	8.4	10.5	13	17	21	25	31	37
d_2	GB/T 848—2002	3.5	4.5	5	6	8	9	11	15	18	20	28	34	39	50	60
	GB/T 97.1—2002	4	5	6	7	9	10	12	16	20	24	30	37	44	56	66
	GB/T 97.2—2002	—	—	—	—	—	10	12	16	20	24	30	37	44	56	66
h	GB/T 848—2002	0.3	0.3	0.5	0.5	0.5	1	1.6	1.6	1.6	2	2.5	3	4	4	5
	GB/T 97.1—2002	0.3	0.3	0.5	0.5	0.8	1	1.6	1.6	2	2.5	3	3	4	4	5
	GB/T 97.2—2002	—	—	—	—	—	1	1.6	1.6	2	2.5	3	3	4	4	5

标准型弹簧垫圈(GB/T 93—1987)

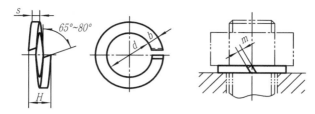

标记示例

规格 16mm，材料为 65Mn，表面氧化的标准型弹簧垫圈：

垫圈 GB/T 93 16

附表 2－7   mm

螺纹规格（螺纹大径）	3	4	5	6	8	10	12	(14)	16	(18)	20	(22)	24	(27)	30
d min	3.1	4.1	5.1	6.1	8.1	10.2	12.2	14.2	16.2	18.2	20.2	22.5	24.5	27.5	30.5
H min	1.6	2.2	2.6	3.2	4.2	5.2	6.2	7.2	8.2	9	10	11	12	13.6	15
$s(b)$（公称）	0.8	1.1	1.3	1.6	2.1	2.6	3.1	3.6	4.1	4.5	5	5.5	6	6.8	7.5
$m \leqslant$	0.4	0.55	0.65	0.8	1.05	1.3	1.55	1.8	2.05	2.25	2.5	2.75	3	3.4	3.75

注：（1）括号内的规格尽可能不采用。

（2）m 应大于零。

6 平键

平键 键槽的断面尺寸（GB/T 1095—2003）

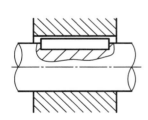 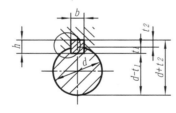

附表 2－8 普通平键键槽的尺寸与公差   mm

键尺寸 $b \times h$	键 槽										
	宽 度 b						深 度				半径 r
	基本尺寸	极 限 偏 差					轴 t_1		毂 t_2		
		松连接		正常连接		紧密连接	基本尺寸	极限偏差	基本尺寸	极限偏差	
		轴 H9	毂 D10	轴 N9	毂 Js9	轴和毂 P9					min	ax
2×2	2	+0.025 0	+0.060 +0.020	−0.004 −0.029	±0.0125	−0.006 −0.031	1.2		1		0.08	0.16
3×3	3						1.8		1.4			
4×4	4	+0.030 0	+0.078 +0.030	0 −0.030	±0.015	−0.015 −0.042	2.5	+0.10 0	1.8	+0.10 0		
5×5	5						3.0		2.3		0.16	0.25
6×6	6						3.5		2.8			

键尺寸 b×h	宽 度 b						深 度				半径 r	
	基本尺寸	极 限 偏 差					轴 t_1		毂 t_2			
		松连接		正常连接		紧密连接	基本尺寸	极限偏差	基本尺寸	极限偏差	min	ax
		轴 H9	毂 D10	轴 N9	毂 Js9	轴和毂 P9						
8×7	8	+0.036 0	+0.098 +0.040	0 −0.036	±0.018	−0.015 −0.051	4.0	+0.20 0	3.3	+0.20 0	0.16	0.25
10×8	10						5.0		3.3			
12×8	12	+0.043 0	+0.120 +0.050	0 −0.043	±0.0215	−0.018 −0.061	5.0		3.3		0.25	0.40
14×9	14						5.5		3.8			
16×10	16						6.0		4.3			
18×11	18						7.0		4.4			
20×12	20	+0.0520 0	+0.149 +0.065	0 −0.052	±0.026	−0.022 −0.074	7.0		4.9		0.40	0.60
22×14	22						9.0		5.4			
25×14	25						9.0		5.4			
28×16	28						10.0		6.4			
32×18	32	+0.062 0	+0.180 +0.080	0 −0.062	±0.031	−0.026 −0.088	11.0		7.4		0.70	1.00
36×20	36						12.0		8.4			
40×22	40						13.0		9.4			
45×25	45						15.0		10.4			
50×28	50						17.0	+0.3 0	11.4	+0.3 0		
56×32	56	+0.074 0	+0.220 +0.100	0 −0.074	±0.037	−0.032 −0.106	20.0		12.4		1.20	1.60
63×32	63						20.0		12.4			
70×36	70						22.0		14.4			
80×40	80						25.0		15.4			
90×45	90	+0.087 0	+0.260 +0.120	0 −0.087	±0.0435	−0.037 −0.124	28.0		17.4		2.00	2.50
100×50	100						31.0		19.4			

普通型 平键（GB/T 1096—2003）

标记示例

圆头普通平键（A 型），$b=18$mm，$h=11$mm，$L=100$m：GB/T 1096 键 18×11×100

方头普通平键（B 型），$b=18$mm，$h=11$mm，$L=100$m：GB/T 1096 键 B18×11×100

单圆头普通平键（C 型），$b=18$mm，$h=11$mm，$L=100$m：GB/T 1096 键 C18×11×100

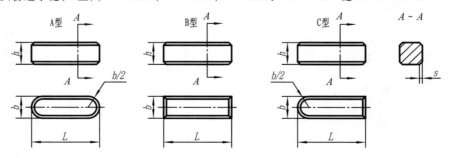

附表 2-9 普通平键的尺寸与公差 　　　　　mm

宽度 b	基本尺寸	2	3	4	5	6	8	10	12	14	16	18	20	22
	极限偏差(h8)	0 / −0.014		0 / −0.018			0 / −0.022		0 / −0.027				0 / −0.022	
高度 h	基本尺寸	2	3	4	5	6	7	8	8	9	10	11	12	14
极限偏差	矩形(h11)	—		—			0 / −0.090					0 / −0.110		
	方形(h8)	0 / −0.014		0 / −0.018			—							
倒角或倒圆 s		0.16 ~ 0.25		0.25 ~ 0.40			0.40 ~ 0.60					0.60 ~ 0.80		
长度 L		6~20	6~36	8~45	10~56	14~70	18~90	22~110	28~140	36~160	45~180	50~200	56~220	63~250

宽度 b	基本尺寸	25	28	32	36	40	45	50	56	63	70	80	90	100
	极限偏差(h8)	0 / −0.033			0 / −0.039				0 / −0.046			0 / −0.054		
高度 h	基本尺寸	14	16	18	20	22	25	28	32	32	36	40	45	50
极限偏差	矩形(h11)	0 / −0.110			0 / −0.130				0 / −0.160					
	方形(h8)	—												
倒角或倒圆 s		0.60 ~ 0.80			1.00 ~ 1.20				1.60 ~ 2.00			2.50 ~ 3.00		
长度 L（限偏差 h14）		70~280	80~320	90~360	100~400	100~400	110~450	125~500	140~500	160~500	180~500	200~500	220~500	250~500

长度基本尺寸 L	6、8、10、12、14、16、18、20、22、25、28、32、36、40、45、50、56、63、70、80、90、100、110、125、140、160、180、200、220、250、280、320、360、400、450、500

7　销

圆柱销—不淬硬钢和奥氏体不锈钢(GB/T 119.1—2000)

圆柱销—淬硬钢和马氏体不锈钢(GB/T 119.2—2000)

末端形状，由制造者确定，允许倒角或凹穴

标记示例

公称直径 $d = 8$mm、公差 m6、公称长度 $l = 30$mm、材料为钢、不经淬火、不经表面处理的圆柱销：

　　销　　GB/T 119.1　　8m6×30

公称直径 $d = 6$mm、公称长度 $l = 30$mm、材料为钢、普通淬火（A 型）、表面氧化处理的圆柱销：

　　销　　GB/T 119.2　　6×30

附表 2 – 10　　　　　　　　　　　　　　mm

公称直径 d		3	4	5	6	8	10	12	16	20	25	30	40	50
c≈		0.50	0.50	0.80	1.2	1.6	2.0	2.5	3.0	3.5	4.0	5.0	6.3	8.0
l（商品规格范围公称长度）	GB/T 119.1	8 ~ 30	8 ~ 40	10 ~ 50	12 ~ 60	14 ~ 80	18 ~ 95	22 ~ 140	26 ~ 180	35 ~ 200	50 ~ 200	60 ~ 200	80 ~ 200	95 ~ 200
	GB/T 119.2	8 ~ 30	10 ~ 40	12 ~ 50	14 ~ 60	18 ~ 80	22 ~ 100	26 ~ 100	40 ~ 100	50 ~ 100	—	—	—	—
l 系列		8, 10, 12, 14, 16, 18, 20, 22, 24, 26, 28, 30, 32, 35, 40, 45, 50, 60, 65, 70, 75, 80, 86, 90, 95, 100, 120, 140, 160, 180, 200													

注：（1）GB/T 119.1—2000 规定圆柱销的直径 $d = 0.6 \sim 50$mm，公称长度 $l = 2 \sim 200$mm，公差有 m6 和 h8。

（2）GB/T 119.2—2000 规定圆柱销的直径 $d = 1 \sim 20$mm，公称长度 $l = 3 \sim 100$mm，公差仅有 m6。

（3）当圆柱销公差为 h8 时，其表面粗糙度 $Ra \leqslant 1.6$um。

8　圆锥销（GB/T 117—2000）

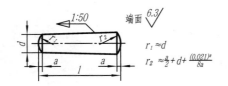

$$r_1 \approx d$$
$$r_2 \approx \frac{d}{2} + d + \frac{(0.021)a}{8a}$$

标记示例

公称直径 $d = 10$mm、公称长度 $l = 60$mm、材料为 35 钢、热处理硬度（28 ~ 38）HRC、表面氧化处理的 A 型圆锥销：

销　　　　GB/T 117 10×60

附表 2 – 11　　　　　　　　　　　　　　mm

公称直径 d　h10[1]	4	5	6	8	10	12	16	20	25	30	40	50
a≈	0.5	0.63	0.8	1	1.2	1.6	2	2.5	3	4	5	6.3
l（商品规格范围公称长度）	14 ~ 55	18 ~ 60	22 ~ 90	22 ~ 120	26 ~ 160	32 ~ 180	40 ~ 200	45 ~ 200	50 ~ 200	55 ~ 200	60 ~ 200	65 ~ 200
l 系列	2, 3, 4, 5, 6, 8, 10, 12, 14, 16, 18, 20, 22, 24, 26, 28, 30, 32, 35, 40, 45, 50, 55, 60, 65, 70, 75, 80, 85, 90, 95, 100, 120, 140, 160, 180, 200											

注：（1）其他公差，如 a11、c11 和 f8，由供需双方协议。

（2）公称长度大于 200mm，按 20mm 递增。

（3）标准规定圆锥销的公称直径 $d = 0.6 \sim 50$mm。

附　录　3

1　滚动轴承

深沟球轴承(GB/T 276—1994)

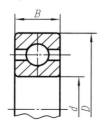

标记示例

类型代号 6　内圈孔径 $d = 60mm$、尺寸系列代号为(0)2 的深沟球轴承：

滚动轴承　6212 GB/T 276—1994

附表 3-1　　　　　　　　　　　　　　　　　　　mm

轴承代号	尺　　寸			轴承代号	尺　　寸		
	d	D	B		d	D	B
尺寸代号系列(1)0				尺寸代号系列(0)2			
606	6	17	6	6200	10	30	9
607	7	19	6	6201	12	32	10
608	8	22	7	6202	15	35	11
609	9	24	7	6203	17	40	12
6000	10	26	8	6204	20	47	14
6001	12	28	8	62/22	22	50	14
6002	15	32	9	6205	25	52	15
6003	17	35	10	62/28	28	58	16
6004	20	42	12	6206	30	62	16
60/22	22	44	12	62/32	32	65	17
6005	25	47	12	6207	35	72	17
60/28	28	52	12	6208	40	80	18
6006	30	55	13	6209	45	85	19
60/32	32	58	13	6210	50	90	20
6007	35	62	14	6211	55	100	21
6008	40	68	15	6212	60	110	22
6009	45	75	16	尺寸代号系列(0)3			
6010	50	80	16	633	3	13	5
6011	55	90	18	634	4	16	5
6012	60	95	18	635	5	19	6
尺寸代号系列(0)2				6300	10	35	11
623	3	10	4	6301	12	37	12
624	4	13	5	6302	15	42	13
625	5	16	5	6303	17	47	14
626	6	19	6	6304	20	52	15
627	7	22	7	63/22	22	56	16
628	8	24	8	6305	25	62	17
629	9	26	8	63/28	28	68	18

续表

轴承代号	尺寸			轴承代号	尺寸		
	d	D	B		d	D	B
尺寸代号系列(0)3				尺寸代号系列(0)4			
6306	30	72	19	6408	40	110	27
63/32	32	75	20	6409	45	120	29
6307	35	80	21	6410	50	130	31
6308	40	90	23	6411	55	140	33
6309	45	100	25	6412	60	150	35
6310	50	110	27	6413	65	160	37
6311	55	120	29	6414	70	180	42
631	60	130	31	6415	75	190	45
尺寸代号系列(0)4				6416	80	200	48
6403	17	62	17	6417	85	210	52
6404	20	72	19	6418	90	225	54
6405	25	80	21	6419	95	240	55
6406	30	90	23	6420	100	250	58
6407	35	100	25	6422	110	280	65

注：表中括号"（ ）"，表示该数字在轴承代号中省略。

2　圆锥滚子轴承（GB/T 297—1994）

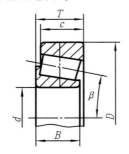

标记示例

内圈孔径 $d = 35$mm、尺寸系列代号为 03 的圆锥滚子轴承：

滚动轴承 30307 GB/T 297—1994

附表 3－2　　　　　　　　　　　　　　　　　　　　　　　　mm

轴承代号	尺寸					轴承代号	尺寸				
	d	D	T	B	C		d	D	T	B	C
尺寸系列代号 02						尺寸系列代号 02					
30202	15	35	11.75	11	10	30215	75	130	27.75	25	22
30203	17	40	13.25	12	11	30216	80	140	28.75	26	22
30204	20	47	15.25	14	12	30217	85	150	30.5	38	24
30205	25	52	16.25	15	13	30218	90	160	32.5	30	26
30206	30	62	17.25	16	14	30219	95	170	345	32	27
302/32	32	65	18.25	17	15	30220	100	180	37	34	29
30207	35	72	18.75	17	15	尺寸系列代号 03					
30208	40	80	19.75	18	16	30302	15	42	14.25	13	11
30209	45	85	20.75	19	16	30303	17	47	15.25	14	12
30210	50	90	21.75	20	17	30304	20	52	16.25	15	13
30211	55	100	22.75	21	18	30305	25	62	18.25	17	15
30212	60	110	23.75	22	19	30306	30	72	20.75	19	16
30213	65	120	24.75	23	20	30307	35	80	22.75	21	18
30214	70	125	26.75	24	21						

续表

轴承代号	尺 寸					轴承代号	尺 寸				
	d	D	T	B	C		d	D	T	B	C
尺寸系列代号03						尺寸系列代号30					
30308	40	90	25.25	23	20	33005	25	47	17	17	14
30309	45	100	27.25	25	22	33006	30	55	20	20	16
30310	50	110	29.25	27	23	33007	35	62	21	21	17
30311	55	120	31.5	29	25	33008	40	68	22	22	18
30312	60	130	33.5	31	26	33009	45	75	24	24	19
30313	65	140	36	33	28	33010	50	80	24	24	19
30314	70	150	38	35	30	33011	55	90	27	27	21
30315	75	160	40	37	31	33012	60	95	27	27	21
30316	80	170	42.5	39	33	33013	65	100	27	27	21
30317	85	180	44.5	41	34	33014	70	110	31	31	25.5
30318	90	190	46.5	43	36	33015	75	115	31	31	25.5
30319	95	200	49.5	45	38	33016	80	125	36	36	29.5
30320	100	215	51.5	47	39	尺寸系列代号31					
尺寸系列代号23						33108	40	75	26	26	20.5
32303	17	47	20.25	19	16	33109	45	80	26	26	20.5
32304	20	52	22.25	21	18	33110	50	85	26	26	20
32305	25	62	25.25	24	20	33111	55	95	30	30	23
32306	30	72	28.75	27	23	33112	60	100	30	30	23
32307	35	80	32.75	31	25	33113	65	110	34	34	26.5
32308	40	90	35.25	33	27	33114	70	120	37	37	29
32309	45	100	38.25	36	30	33115	75	125	37	37	29
32310	50	110	42.25	40	33	33116	80	130	37	37	29
32311	55	120	45.5	43	35						
32312	60	130	48.5	46	37						
32313	65	140	51	48	39						
32314	70	150	54	51	42						
32315	75	160	58	55	45						
32316	80	170	61.5	58	48						

3 推力球轴承(GB/T 301—1995)

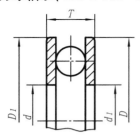

标记示例

内圈孔径 d = 30mm、尺寸系列代号为 13 的推力圆轴承：

滚动轴承 51306 GB/T 301—1995

附表 3 - 3 续表

轴承代号	尺 寸					轴承代号	尺 寸				
	d	D	T	d_1 min	D_1 max		d	D	T	d_1 min	D_1 max
尺寸系列代号 11						尺寸系列代号 13					
51104	20	35	10	21	35	51304	20	47	18	22	47
51105	25	42	11	26	42	51305	25	52	18	27	52
51106	30	47	11	32	47	51306	30	60	21	32	60
51107	35	52	12	37	52	51307	35	68	24	37	68
51108	40	60	13	42	60	51308	40	78	26	42	78
51109	45	65	14	47	65	51309	45	85	28	47	85
51110	50	70	14	52	70	51310	50	95	31	52	95
51111	55	78	16	57	78	51311	55	105	35	57	105
51112	60	85	17	62	85	51312	60	110	35	62	110
51113	65	90	18	67	90	51313	65	115	36	67	115
51114	70	95	18	72	95	51314	70	125	40	72	125
51115	75	100	19	77	100	51315	75	135	44	77	135
51116	80	105	19	82	105	51316	80	140	44	82	140
51117	85	110	19	87	110	51317	85	150	49	88	150
51118	90	120	22	92	120	51318	90	155	50	93	155
51120	100	135	25	102	135	51320	100	170	55	103	170
尺寸系列代号 12						尺寸系列代号 14					
51204	20	40	14	22	40	51404	25	60	24	27	60
51205	25	47	15	27	47	51405	30	70	28	32	70
51206	30	52	16	32	52	51406	35	80	32	37	80
51207	35	62	18	62	62	51407	40	90	36	42	90
51208	40	68	19	68	68	51408	45	100	39	47	100
51209	45	73	20	73	73	51409	50	110	43	52	110
51210	50	78	22	78	78	51410	55	120	48	57	120
51211	55	90	25	90	90	51411	60	130	51	62	130
51212	60	95	26	95	95	51412	65	140	56	68	140
51213	65	100	27	100	100	51413	70	150	60	73	150
51214	70	105	27	105	105	51414	75	160	65	78	160
51215	75	110	27	110	110	51415	80	170	68	83	170
51216	80	115	28	115	115	51416	85	180	72	88	177
51217	85	125	31	125	125	51417	90	190	77	93	187
51218	90	135	35	135	135	51418	100	210	85	103	205
51220	100	150	38	150	150	51420	110	230	95	113	225

注：推力球轴承有 51000 型和 52000 型。类型代号都是 5，尺寸系列代号分别为 11、12、13、14 和 21、22、23、24。52000 型推力球轴承的形式、尺寸可查阅 GB/T 301—1955。

附 录 4

1 零件倒圆与倒角（GB/T 6403.4—2008）

附表 4-1 倒圆与倒角、内角倒角、外角倒圆装配时 C_{max} 与 R_1 的关系

型式	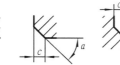	1. R、C 尺寸系列： 0.1，0.2，0.3，0.4，0.5，0.6，0.8，1.0，1.2，1.6，2.0，2.5，3.0，4.0，5.0，6.0，8.0，10，12，16，20，25，32，40，50。 2. α 一般用 45°，也可用 30° 或 60°。
装配方式		1. 倒角为 45°。 2. R_1、C_1 的偏差为正；R、C 的偏差为负。 3. 左起第三种装配方式，C 的最大值 C_{max} 与 R_1 的关系如下。

R_1	0.1	0.2	0.3	0.4	0.5	0.6	0.8	1.0	1.2	1.6	2.0	2.5	3.0	4.0	5.0	6.0	8.0	10	12	16	20	25
C_{max}	—	0.1	0.1	0.2	0.2	0.3	0.4	0.5	0.6	0.8	1.0	1.2	1.6	2.0	2.5	3.0	4.0	5.0	6.0	8.0	10	12

注：按上述关系装配时，内角与外角取值要适当，外角的倒圆或倒角过大会影响零件工作面；内角的倒圆或倒角过小会产生应力集中。

附表 4-2 与直径 ϕ 相应的倒角 C、倒圆 R 的推荐值　　　　　mm

ϕ	<3	>3~6	>6~10	>10~18	>18~30	>30~50	>50~80	>80~120	>120~180
C 或 R	0.2	0.4	0.6	0.8	1.0	1.6	2.0	2.5	3.0

ϕ	>180~250	>250~320	>320~400	>400~500	>500~630	>630~800	>800~1000	>1000~1250	>1250~1600
C 或 R	4.0	5.0	6.0	8.0	10	12	16	20	25

附表 4-3 砂轮越程槽（GB/T 6403.5—2008）　　　　　mm

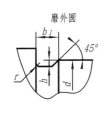 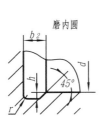	b_1	0.6	1.0	1.6	2.0	3.0	4.0	5.0	8.0	10
	b_2	2.0	3.0		4.0		5.0		8.0	10
	h	0.1	0.2		0.3	0.4		0.6	0.8	1.2
	r	0.2	0.5	0.8	1.0		1.6		2.0	3.0
	d		~10		10~50		50~100		100	

2 普通螺纹收尾、肩距、退刀槽、倒角(GB/T 3—1997)

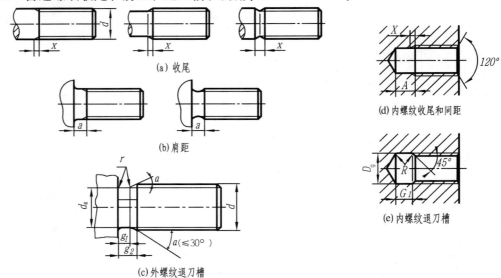

(a) 收尾

(b) 肩距

(c) 外螺纹退刀槽

(d) 内螺纹收尾和间距

(e) 内螺纹退刀槽

附表 4-4　外螺纹的收尾、肩距和退刀槽　　　　　　mm

螺距 P	收尾 x max		肩距 a max			退刀槽			
	一般	短的	一般	长的	短的	g_1 min	g_2 max	d_g	$r \approx$
0.5	1.25	0.7	1.5	2	1	0.8	1.5	$d-0.8$	0.2
0.6	1.5	0.75	1.8	2.4	1.2	0.9	1.8	$d-1$	0.4
0.7	1.75	0.9	2.1	2.8	1.4	1.1	2.1	$d-1.1$	0.4
0.75	1.9	1	2.25	3	1.5	1.2	2.25	$d-1.2$	0.4
0.8	2	1	2.4	3.2	1.6	1.3	2.4	$d-1.3$	0.4
1	2.5	1.25	3	4	2	1.6	3	$d-1.6$	0.6
1.25	3.2	1.6	4	5	2.5	2	3.75	$d-2$	0.6
1.5	3.8	1.9	4.5	6	3	2.5	4.5	$d-2.3$	0.8
1.75	4.3	2.2	5.3	7	3.5	3	5.25	$d-2.6$	1
2	5	2.5	6	8	4	3.4	6	$d-3$	1
2.5	6.3	3.2	7.5	10	5	4.4	7.5	$d-3.6$	1.2
3	7.5	3.8	9	12	6	5.2	9	$d-4.4$	1.6
3.5	9	4.5	10.5	14	7	6.2	10.5	$d-5$	1.6
4	10	5	12	16	8	7	12	$d-5.7$	2
4.5	11	5.5	13.5	18	9	8	13.5	$d-6.4$	2.5
5	12.5	6.3	15	20	10	9	15	$d-7$	2.5
5.5	14	7	16.5	22	11	11	17.5	$d-7.7$	3.2
6	15	7.5	18	24	12	11	18	$d-8.3$	3.2
参考值	$\approx 2.5P$	$\approx 1.25P$	$\approx 3P$	$=4P$	$=2P$	—	$\approx 3P$	—	—

　　注：(1) 应优先选用"一般"长度的收尾和肩距；"短"收尾和"短"肩距仅用于结构受限的螺纹件上；产品等级为 B 或 C 级的螺纹紧固件可采用"长"肩距。

　　(2) d 为螺纹公称直径代号。

　　(3) d_g 公差为：h13($d>3$mm)、h12($d \leqslant 3$mm)。

附表 4－5　内螺纹的收尾、肩距和退刀槽　　　　　　　　mm

螺距 P	收尾 X max		肩距 A		退刀槽			
					G_1		D_g	$R \approx$
	一般	短的	一般	长的	一般	短的		
0.5	2	1	3	4	2	1		0.2
0.6	2.4	1.2	3.2	4.8	2.4	1.2		0.3
0.7	2.8	1.4	3.5	5.6	2.8	1.4	D+0.3	0.4
0.75	3	1.5	3.8	6	3	1.5		0.4
0.8	3.2	1.6	4	6.4	3.2	1.6		0.4
1	4	2	5	8	4	2		0.5
1.25	5	2.5	6	10	5	2.5		0.6
1.5	6	3	7	12	6	3		0.8
1.75	7	3.5	9	14	7	3.5		0.9
2	8	4	10	16	8	4		1
2.5	10	5	12	18	10	5		1.2
3	12	6	14	22	12	6	D+0.5	1.5
3.5	14	7	16	24	14	7		1.8
4	16	8	18	26	16	8		2
4.5	18	9	21	29	18	9		2.2
5	20	10	23	32	20	10		2.5
5.5	22	11	25	35	22	11		2.8
6	24	12	28	38	24	12		3
参考值	=4P	=2P	≈(6~5)P	≈(8~6.5)P	=4P	=2P	—	≈0.5P

注：（1）应优先选用"一般"长度的收尾和肩距；容屑需要较大空间时可选用"长"肩距，结构受限制时可选用"短"收尾。

（2）"短"退刀槽仅在结构受限制时采用。

（3）D_g 公差为 H13。

（4）D 为螺纹公称直径代号。

附录 5　极限与配合

附表 5－1　轴的基本偏差数值

基本偏差	上 偏 差 (es)											
	a	b	c	cd	d	e	ef	f	fg	g	h	js
基本尺寸/mm	公 差 等 级											
大于 / 至	所 有 等 级											
— / 3	−270	−140	−60	−34	−20	−14	−10	−6	−4	−2	0	
3 / 6	−270	−140	−70	−46	−30	−20	−14	−10	−6	−4	0	
6 / 10	−280	−150	−80	−56	−40	−25	−18	−13	−8	−5	0	
10 / 14 ; 18 / 24	−290	−150	−95	—	−50	−32	—	−16	—	−6	0	
18 / 24 ; 24 / 30	−300	−160	−110	—	−65	−40	—	−20	—	−7	0	
30 / 40	−310	−170	−120	—	−80	−50	—	−25	—	−9	0	
40 / 50	−320	−180	−130									
50 / 65	−340	−190	−140	—	−100	−60	—	−30	—	−10	0	
65 / 80	−360	−200	150									
80 / 100	−380	−220	−170	—	−120	−72	—	−36	—	−12	0	
100 / 120	−410	−240	−180									
120 / 140	−460	−260	−200	—	−145	−85	—	−43	—	−14	0	
140 / 160	−520	−280	−210									
160 / 180	−580	−310	−230									
180 / 200	−660	−340	−240	—	−170	−100	—	−50	—	−15	0	
200 / 225	−740	−380	−260									
225 / 250	−820	−420	−280									
250 / 280	−920	−480	−300	—	−190	−110	—	−56	—	−17	0	
280 / 315	−1050	−540	−330									
315 / 355	−1200	−600	−360	—	−210	−125	—	−62	—	−18	0	
355 / 400	−1350	−680	−400									
400 / 450	−1500	−760	−440	—	−230	−135	—	68	—	−20	0	
450 / 500	−1650	−840	−480									

注：基本尺寸 >500mm 的偏差数值未列入。

js 列：偏差 ± = IT/2

（基轴制、基孔制）

（GB/T 1800.3—1998）　　　　　　　　　　　　　　　　　　　　　　　　　　　　μm

下 偏 差（ei）

j (5、6)	j (7)	j (8)	K (4~7)	K (≤3 >7)	m	n	p	r	s	t	u	v	x	y	z	za	zb	zc
公差等级																		
5、6	7	8	4~7	≤3 >7	所有等级													
−2	−4	−6	0	0	+2	+4	+6	+10	+14	—	+18	—	+20	—	+26	+32	+40	+60
−2	−4	—	+1	0	+4	+8	+12	+15	+19	—	+23	—	+28	—	+35	+42	+50	+80
−2	−5	—	+1	0	+6	+10	+15	+19	+23	—	+28	—	+34	—	+42	+52	+67	+97
−3	−6	—	+1	0	+7	+12	+18	+23	+28	—	+33	—	+40	—	+50	+64	+90	+130
												+39	+45	—	+60	+77	+108	+150
−4	−8	—	+2	0	+8	+15	+22	+28	+35	—	+41	+47	+54	+63	+73	+98	+136	+188
										+41	+48	+55	+64	+75	+88	+118	+160	+218
−5	−10	—	+2	0	+9	+17	+26	+34	+43	+48	+60	+68	+80	+94	+112	+148	+200	+274
										+54	+70	+81	+97	+114	+136	+180	+242	+325
−7	−12	—	+2	0	+11	+20	+32	+42	+53	+66	+87	102	+122	+144	+172	+226	+300	+405
								+43	+59	+75	+102	+120	+146	+174	+210	+274	+360	+480
−9	−15	—	+3	0	+13	+23	+37	+51	+71	+91	+124	+146	+178	+214	+258	+335	+445	+585
								+54	+79	+104	+144	+172	+210	+254	+310	+400	+525	+690
−11	−18	—	+3	0	+15	+27	+43	+63	+92	+122	+170	+202	+248	+300	+365	+470	+620	+800
								+65	+100	+134	+190	+228	+280	+340	+415	+535	+700	+900
								+68	+108	+146	+210	+252	+310	+380	+465	+600	+780	+1000
−13	−21	—	+4	0	+17	+31	+50	+77	+122	+166	+236	+284	+350	+425	+520	+670	+880	+1150
								+80	+130	+180	+258	+310	+385	+470	+575	+740	+960	+1250
								+84	+140	+196	+284	+340	+425	+520	+640	+820	+1050	+1350
−16	−26	—	+4	0	+20	+34	+56	+94	+158	+218	+315	+385	+475	+580	+710	+920	+1200	+1550
								+98	+170	+240	+350	+425	+525	+650	+790	+1000	+1300	+1700
−18	−28	—	+4	0	+21	+37	+62	+108	+190	+268	+390	+475	+590	+730	+900	+1150	+1500	+1900
								+114	+208	+294	+435	+530	+660	+820	+1000	+1300	+1650	+2100
−20	−32	—	+5	0	+28	+40	+68	+126	+232	+330	+490	+595	+740	+920	+1100	+1450	+1850	+2400
								+132	+252	+360	+540	+660	+820	+1000	+1250	+1600	+2100	+2600

附表 5－2　孔的基本偏差

基本偏差	下 偏 差（EI）												上 偏 差（ES）						
	A	B	C	CD	D	E	EF	F	FG	G	H	Js	J			K		M	
基本尺寸/mm	公 差 等 级																		
大于　至	所 有 等 级												6	7	8	≤8	>8	≤8	>8
—　3	+270	+140	+60	+34	+20	+14	+10	+6	+4	+2	0		+2	+4	+6	0	0	−2	−2
3　6	+270	+140	+70	46	+30	+20	14	+10	+6	+4	0		+5	+6	+10	−1+Δ	—	−4+Δ	−4
6　10	+280	+150	+80	56	+40	+25	18	+13	+8	+5	0		+5	+8	+12	−1+Δ	—	−6+Δ	−6
10　14	+290	+150	+95	—	+50	+32	—	+16	—	+6	0		+6	+10	+15	−1+Δ	—	−7+Δ	−7
14　18																			
18　24	+300	+160	+110	—	+65	+40	—	+20	—	+7	0		+8	+12	+20	−2+Δ	—	−8+Δ	−8
24　30																			
30　40	+310	+170	+120	—	+80	+50	—	+25	—	+9	0		+10	+14	+24	−2+Δ	—	−9+Δ	−9
40　50	+320	+180	+130																
50　65	+340	+190	+140	—	+100	+60	—	+30	—	+10	0		+13	+18	+28	−2+Δ	—	−11+Δ	−11
65　80	+360	+200	+150																
80　100	+380	+220	+170	—	+120	+72	—	+36	—	+12	0	偏差 ± = IT/2	+16	+22	+34	−3+Δ	—	−13+Δ	−13
100　120	+410	+240	+180																
120　140	+460	+260	+200	—	+145	+85	—	+43	—	+14	0		+18	+26	+41	−3+Δ	—	−15+Δ	−15
140　160	+520	+280	+210																
160　180	+580	+310	+230																
180　200	+660	+340	+240	—	+170	+100	—	+50	—	+15	0		+22	+30	+47	−4+Δ	—	−17+Δ	−17
200　225	+740	+380	+260																
225　250	+820	+420	+280																
250　280	+920	+480	+300	—	+190	+110	—	+56	—	+17	0		+25	+36	+55	−4+Δ	—	−20+Δ	−20
280　315	+1050	+540	+330																
315　355	+1200	+600	+360	—	+210	+125	—	+62	—	+18	0		+29	+39	+60	−4+Δ	—	−21+Δ	−21
355　400	+1350	+680	+400																
400　450	+1500	+760	+440	—	+230	+135	—	+68	—	+20	0		+33	+43	+66	−5+Δ	—	−23+Δ	−23
450　500	+1650	+840	+480																

注：基本尺寸 >500mm 的偏差数值未列入。

数值（GB/T 1800.3—1998）

上偏差（ES）														△					
N	P至ZC	P	R	S	T	U	V	X	Y	Z	ZA	ZB	ZC						
公差等级																			
≤8	>8	≤7	>7											3	4	5	6	7	8
−4 +△	−4	−6	−10	−14	—	−18	—	−20	—	−26	−32	−40	−60	0					
−8 +△	0	−12	−15	−19	—	−23	—	−28	—	−35	−42	−50	−80	1	1.5	1	3	4	6
−10 +△	0	−15	−19	−23	—	−28	—	−34	—	−42	−52	−67	−97	1	1.5	2	3	6	7
−12 +△	0	−18	−23	−28	—	−33	—	−40	—	−50	−64	−90	−130	1	2	3	3	7	9
							−39	−45	—	−60	−77	−108	−150						
−15 +△	0	−22	−28	−35	—	−41	−47	−54	−63	−73	−98	−136	−188	1.5	2	3	4	8	12
					−41	−48	−55	−64	−75	−88	−118	−160	−218						
−17 +△	0	−26	−34	−43	−48	−60	−68	−80	−94	−112	−148	−200	−274	1.5	3	4	5	9	14
					−54	−70	−81	−97	−114	−136	−180	−242	−325						
20 +△	0	−32	−41	−53	−66	−87	−102	−122	−144	−172	−226	−300	−405	2	3	5	6	11	16
			−43	−59	−75	−102	−120	−146	−174	−210	−274	−360	−480						
23 +△	0	−37	−51	−71	−91	−124	−146	−178	−214	−258	−335	−445	−585	2	4	5	7	13	19
			−54	−79	−104	−144	−172	−210	−254	−310	−400	−525	−690						
27 +△	0	−43	−63	−92	−122	−170	−202	−248	−300	−365	−470	−620	−800	3	4	6	7	15	23
			−65	−100	−134	−190	−228	−280	−340	−415	−535	−700	−900						
			−68	−108	−146	−210	−252	−310	−380	−465	−600	−780	−1000						
31 +△	0	−50	−77	−122	−166	−230	−284	−350	−425	−520	−670	−880	−1150	3	4	6	9	17	26
			−80	−130	−180	−258	−310	−385	−470	−575	−740	−960	−1250						
			−84	−140	−196	−284	−340	−425	−520	−640	−820	−1050	−1350						
34 +△	0	−56	−94	−158	−218	−315	−385	−475	−580	−710	−920	−1200	−1550	4	4	7	9	20	29
			−98	−170	−240	−350	−420	−525	−650	−790	−1000	−1300	−1700						
37 +△	0	−62	−108	−190	−268	−390	−475	−590	−730	−900	−1150	−1500	−1900	4	5	7	11	21	32
			−114	−208	−294	−435	−530	−660	−820	−1000	−1300	−1650	−2100						
40 +△	0	−68	−126	−232	−330	−490	−595	−740	−920	−1100	−1450	−1850	−2400	5	5	7	13	23	34
			−132	−252	−360	−540	−660	−820	−1000	−1250	−1600	−2100	−2600						

注（P至ZC 列，>8 级）：在 >7 级的相应数值上增加一个 △ 值。

附表 5 – 3　标准公差数值（GB/T 1800.3—1998）

基本尺寸/ mm		公 差 等 级																			
		IT01	IT0	IT1	IT2	IT3	IT4	IT5	IT6	IT7	IT8	IT9	IT10	IT11	IT12	IT13	IT14	IT15	IT16	IT17	IT18
大于	至	μm													mm						
—	3	0.3	0.5	0.8	1.2	2	3	4	6	10	14	25	40	60	0.1	0.14	0.25	0.4	0.6	1	1.4
3	6	0.4	0.6	1	1.5	2.5	4	5	8	12	18	30	48	75	0.12	0.18	0.3	0.48	0.75	1.2	1.8
6	10	0.4	0.6	1	1.5	2.5	4	6	9	15	22	36	58	90	0.15	0.22	0.36	0.58	0.9	1.5	2.2
10	18	0.5	0.8	1.2	2	3	5	8	11	18	27	43	70	110	0.18	0.27	0.43	0.7	1.1	1.8	2.7
18	30	0.6	1	1.5	2.5	4	6	9	13	21	33	52	84	130	0.2	0.33	0.52	0.84	1.3	2.1	3.3
30	50	0.6	1	1.5	3.5	4	7	11	16	25	39	62	100	160	0.25	0.39	0.62	1	1.6	2.5	3.9
50	80	0.8	1.2	2	3	5	8	13	19	30	46	74	120	190	0.3	0.46	0.74	1.2	1.9	3	4.6
80	120	1	1.5	2.5	4	6	10	15	22	35	54	87	140	220	0.35	0.54	0.87	1.4	2.2	3.5	5.4
120	180	1.2	2	3.5	5	8	12	18	25	40	63	100	160	250	0.4	0.63	1	1.6	2.5	4	6.3
180	250	2	3	4.5	7	10	14	20	29	46	72	115	185	290	0.46	0.72	1.15	1.85	2.9	4.6	7.2
250	315	2.5	4	6	8	12	16	23	32	52	81	130	210	320	0.52	0.81	1.3	2.1	3.2	5.2	8.1
315	400	3	5	7	9	13	18	25	36	57	89	140	230	360	0.57	0.89	1.4	2.3	3.6	5.7	8.9
400	500	4	6	8	10	15	20	27	40	63	97	155	250	400	0.63	0.97	1.55	2.5	4	6.3	9.7

注：基本尺寸小于 1mm 时，无 IT14 至 IT18。

附表 5 – 4　优先配合中轴的极限偏差（摘自 GB/T 1800.4—1999）

基本尺寸/ mm		公 差 带												
		c	d	f	g	h				k	n	p	s	u
大于	至	11	9	7	6	6	7	9	11	6	6	6	6	6
—	3	−60 −120	−20 −45	−6 −16	−2 −8	0 −6	0 −10	0 −25	0 −60	+6 0	+10 +4	+12 +6	+20 +14	+24 +18
3	6	−70 −145	−30 −60	−10 −22	−4 −12	0 −8	0 −12	0 −30	0 −75	+9 +1	+16 +8	+20 +12	+27 +19	+31 +23
6	10	−80 −170	−40 −76	−13 −28	−5 −14	0 −9	0 −15	0 −36	0 −90	+10 +1	+19 +10	+24 +15	+32 +23	+37 +28
10	14	−95 −205	−50 −93	−16 −34	−6 −17	0 −11	0 −18	0 −43	0 −110	+12 +1	+23 +12	+29 +18	+39 +28	+44 +33
14	18													
18	24	−110 −240	−65 −117	−20 −41	−7 −20	0 −13	0 −21	0 −52	0 −130	+15 +2	+28 +15	+35 +22	+48 +35	+54 +41
24	30													+61 +48
30	40	−120 −280	−80 −142	−25 −50	−9 −25	0 −16	0 −25	0 −62	0 −160	+18 +2	+33 +17	+42 +26	+42 +26	+76 +60
40	50	−130 −290												+86 +70

基本尺寸/mm		公差带											
		c	d	f	g	h				k	n	p	s	u
50	65	−140 −330	−100 −174	−30 −60	−10 −29	0 −19	0 −30	0 −74	0 −190	+21 +2	+39 +20	+51 +32	+72 +53	+106 +87
65	80	−150 −340											+78 +59	+121 +102
80	100	−170 −390	−120 −207	−36 −71	−12 −34	0 −22	0 −35	0 −87	0 −220	+25 +3	+45 +23	+59 +37	+93 +71	+146 +124
100	120	−180 −400											+101 +79	+166 +144
120	140	−200 −450	−145 −245	−43 −83	−14 −39	0 −25	0 −40	0 −100	0 −250	+28 +3	+52 +27	+68 +43	+117 +92	+195 +170
140	160	−210 −460											+125 +100	+215 +190
160	180	−230 −480											+133 +108	+235 +210

附表 5–5　优先配合中孔的极限偏差(摘自 GB/T 1800. 4—1999)　　mm

基本尺寸/mm		公差带											
		C	D	F	G	H				K	N	P	S	U
大于	至	11	9	8	7	7	8	9	11	7	7	7	7	7
—	3	+120 +60	+45 +20	+20 +6	+12 +2	+10 0	+14 0	+25 0	+60 0	0 −10	−4 −14	−6 −16	−14 −24	−18 −28
3	6	+145 +70	+60 +30	+28 +10	+16 +4	+12 0	+18 0	+30 0	+75 0	+3 −9	−4 −16	−8 −20	−15 −27	−19 −31
6	10	+170 +80	+76 +40	+35 +13	+20 +5	+15 0	+22 0	+36 0	+90 0	+5 −10	−4 −19	−9 −24	−17 −32	−22 −37
10	14	+205 +90	+93 +50	+43 +16	+24 +6	+18 0	+27 0	+43 0	+110 0	+6 −12	−5 −23	−11 −29	−21 −39	−26 −44
14	18													
18	24	+240 +110	+117 +65	+53 +20	+28 +7	+21 0	+33 0	+52 0	+130 0	+6 −15	−7 −28	−14 −35	−27 −48	−33 −54
24	30													−40 −61
30	40	+280 +120	+142 +80	+64 +25	+34 +9	+25 0	+39 0	+62 0	+160 0	+7 −18	−8 −23	−17 −42	−34 −59	−51 −76
40	50	+290 +130												−61 −86
50	65	+330 +140	+174 +100	+76 +30	+40 +10	+30 0	+46 0	+74 0	+190 0	+9 −21	−9 −39	−21 −51	−42 −72	−76 −106
65	80	+340 +150											−48 −78	−91 −121

基本尺寸/mm		公 差 带												
		C	D	F	G	H				K	N	P	S	U
大于	至	11	9	8	7	7	8	9	11	7	7	7	7	7
80	100	+390 +170	+207 +120	+90 +36	+47 +12	+35 0	+54 0	+87 0	+220 0	+10 −25	−10 −45	−24 −59	−58 −93	
100	120	+400 +180											−66 −101	
120	140	+450 +200	+245 +145	+106 +43	+54 +14	+40 0	+63 0	+100 0	+250 0	+12 −28	−12 −45	−28 −68	−77 −117	
140	160	+460 +210											−85 −125	
160	180	+480 +230											−93 −133	